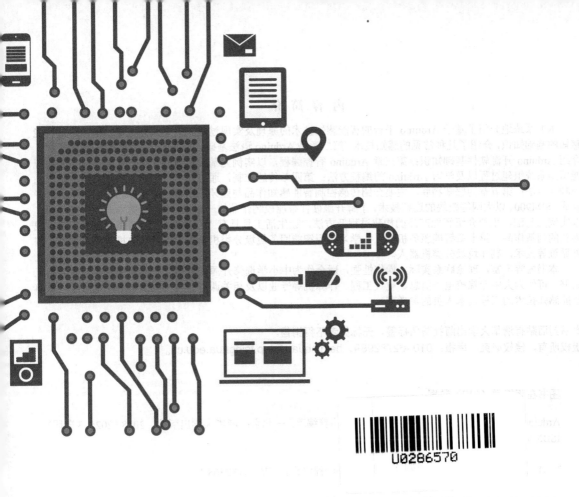

Arduino
创客之路

智能感知技术基础

刘伟善 编著

清华大学出版社
北京

内 容 简 介

本书系统地介绍了基于 Arduino 平台的智能感知技术的原理及实现过程。全书共分七章，第一章是智能感知的基础知识，介绍了几种常见的感知技术；第二章是 Arduino 语法基础，主要通过生动有趣的实验实例，介绍 Arduino 开源软件基础知识；第三章 Arduino 智控编程，以实例为基础，详细介绍了基于 Arduino 的智能感知系统组建过程以及学习 Arduino 的编程方法；第四章传感控制，通过多个范例介绍搭建传感控制作品的制作方法；第五章为感知物联，主要介绍传感控制智能感知作品与蓝牙、手机 App、WiFi、物联网、语音合成、SIM900、以太网等模块的连接技术，了解开源硬件智能控制作品的一般设计流程。第六章为智能生活，以实例为基础，主要介绍智能产品的构建过程及方法，让生活工具具有"互联网+"的功能，改善生活，成为新的创新作品。第七章智能服务机器人，学习运用智能服务垃圾分类机器人的舵机、电机、颜色识别、红外循迹等技术，制作垃圾分类机器人。

本书内容丰富，理论联系实际，操作性强，适合作为中小学选修开源硬件项目设计的课程或创客入门工具书，可作为大中专院校电子信息、电气工程、计算机等专业以及相关课程的教材或参考书，也可作为从事智能感知技术的工程技术人员的参考书。

本书封面贴有清华大学出版社防伪标签，无标签者不得销售。
版权所有，侵权必究。举报：010-62782989，beiqinquan@tup.tsinghua.edu.cn。

图书在版编目（CIP）数据

Arduino 创客之路：智能感知技术基础 / 刘伟善编著. —北京：清华大学出版社，2018（2025.3重印）
ISBN 978-7-302-50354-5

I. ① A… II. ①刘… III. 单片微型计算机-程序设计 IV. ①TP368.1

中国版本图书馆 CIP 数据核字（2018）第 117663 号

责任编辑：杜春杰
封面设计：刘　超
版式设计：楠竹文化
责任校对：马军令
责任印制：沈　露

出版发行：清华大学出版社
　　网　　址：https://www.tup.com.cn, https://www.wqxuetang.com
　　地　　址：北京清华大学学研大厦 A 座　　邮　编：100084
　　社 总 机：010-83470000　　邮　购：010-62786544
　　投稿与读者服务：010-62776969, c-service@tup.tsinghua.edu.cn
　　质量反馈：010-62772015, zhiliang@tup.tsinghua.edu.cn
印 装 者：三河市龙大印装有限公司
经　　销：全国新华书店
开　　本：185mm×260mm　　印　张：19.75　　字　数：502 千字
版　　次：2018 年 8 月第 1 版　　印　次：2025 年 3 月第 9 次印刷
定　　价：59.80 元

产品编号：079883-01

序

"创客"一词是近些年的新兴热词，让肯于研究、爱好创新的"不务正业"者，有了名正言顺的身份。然而形单力孤的创客们，创业都异常艰难，很多人都转而成为创客教育工作者。可惜的是，不是所有人都能胜任教师这个新岗位。

创客教育已经正式纳入我国的教育体系，其作为重要的素质教育手段，是培养学生创造能力、动手能力的最佳途径。面向青少年的创客教育，亟需一本优质的教材，而不是一本本堆砌起来的技术文档。本书作者是我国创客教育领域的一线工作者，也是知名先行者，其通过多年教育经验创作的教材正是这样一本实用优质的教材。

创客教育涉及非常多的学科知识，但其核心是信息技术，否则它就和传统上侧重创意和实践的劳技课、手工课没有区别了。然而现有的中小学信息技术教学内容无法支撑创客教育，在实际教学中存在大量的难点，尤其是计算机程序设计，单片机开发，以及涉及上位机、下位机甚至其他网络服务的物联网应用开发。本书作者循序渐进地介绍了计算机编程的基本方法，通过 Arduino 这种软硬件开发环境，既能让学生动手制造出创意发明作品，又能深入地理解计算机开发的奥妙所在。并且作者还将读者的视野从传统的电子发明，提升到未来智能计算时代的物联网应用，不仅讲解了移动互联 App 的简易开发，还介绍了人工智能技术的应用实践。

一本好书会引发大家的思考，本书在科普相关知识背景和技术的同时，更侧重于激发读者的创造性，通过真实的项目案例，指导学生创造出完整的作品。这正是难能可贵的地方，因此，强烈推荐从事创客教育的工作者们研读！

总之，不论您是想从事教学工作的资深创客，还是对 Arduino 开发抱有浓厚兴趣和好奇的读者，只要您想系统地学习和理解 Arduino 开发技术，那就请让这本书指导您前行吧！

刘雷
2018 年 7 月中科院计算所

前　言

随着"互联网+"的兴起，时代呼唤创客，中国创客教育的黄金时代已悄然到来。什么是创客？"创客"一词来源于英文单词"Maker"，泛指出于兴趣与爱好，努力把各种创意转变为现实的人。"创客"一词出现于2015年的《政府工作报告》，李克强总理在《政府工作报告》中专门提到"大众创业，万众创新"，这意味着我们的教育环境将形成一种新的生态学习方式。在创客教育中，学习者同时也是创造者，学习过程也是创造的过程，而学习结果就是将想法变为现实的成果，这与现代教育理念不谋而合。"创客意识"被纳入了学生发展核心素养，这对引导学生开展深入探究与实践，激活学生的创造性思维与创新意识，提升学科核心素养起到了积极的作用。

随着信息技术的飞速发展，层出不穷的新技术、新软件、新服务向人们涌来，造成"新课程不新"的滞后现象。面对学生"喜欢电脑，但不喜欢信息技术课"的问题，我总在想：教什么？拿什么课程内容来吸引学生？"教什么"的问题，直接影响学生学习的兴趣。例如，编程，学生只能停留在模仿阶段，不会独立编写，缺乏创新能力，新奇感过后就失去学下去的动力。于是，这几年来我一直在思考如何培养学生的创新能力。通过学习新兴的创客与创客教育概念，我认为它可以成为高中技术课程创新意识与实践能力培养的一个有力载体。2015年，我申报广东省教育科研规划课题《基于项目学习的高中创客教育实践研究》并获得立项。经历两年多的刻苦钻研，我开发了一门名为《Arduino创客之路——智能感知技术基础》的课程，试图在课程建设方面有所突破。

创客教育如何做，创客课程如何开展，国内除个别学校有探索外，尚无可参考的成熟模式。近几年，通过互联网查找相关资料，我研发出一种消防水带检测装置，解决了消防水带无法检测的难题，并获得了国家专利。后来又获得了消防应急灯的国家专利。沿着自己探索的创客之路，我发现公开的国家专利技术方案是培养学生创意的最好教育资源。因此，在编写本书时，每一节增设"想创就创"教学环节，引入相关专利技术方案摘要，激发学生创新思维，提高创新意识。

本书是一本开源硬件项目设计课程，作为教学课程，全书共分为七章。

第一章智能感知。概述智能感知和感知技术的发展现状，结合经典的智能产品分析智能感知产品的构成和智能产品的实现过程，并罗列常见的传感器及射频识别技术的产品RFID。第二章Arduino语法基础。介绍Arduino的基本语法，从一些生动有趣的电子实验项目实例出发，在实验过程中学习Arduino基础语法，把枯燥无味的语法变为有趣的活动课堂，让学生尽快掌握Arduino语言基础知识。第三章Arduino智控编程。通过一些生动有趣的智能控制案例，沿着程序的顺序、选择、循环等基本控制结构之路，学习如何使用Arduino语言编写智能感知控制程序并解决控制问题，掌握Arduino的基本语句、程序的基本控制结构以及智能控制程序设计的基本思想与方法，培养学生的计算思维及编程能力。第四章传感控制。通过多个范例介绍搭建传感控制产品的方法和流程；详细介绍基于开源硬件项目设计的一般流程；

利用开源设计工具、编程语言实现外部数据的输入、处理，利用输出数据驱动执行装置的运行。这些内容有益于激发学生创新的兴趣，培养学生动手实践的能力。第五章感知物联。通过开源硬件 Arduino 开发板分别与蓝牙、微信、网页、手机、App、WiFi、语音合成、SIM900、物联网、以太网等模块互联，开发智能感知应用项目；掌握智能感知的物与物联、人与物联的技术；了解开源硬件智能控制产品网络通信的一般设计流程。第六章智能生活。以学生校园生活实际应用案例为基础，让生活工具装上"互联网+"的功能，改善生活，成为新的创造；并引导学生综合运用前面所学的智控编程、传感控制、感知物联的知识来解决实际问题。第七章智能服务机器人。结合智能服务垃圾分类机器人制作实例，学习运用智能服务垃圾分类机器人的舵机、电机、颜色识别、红外循迹等技术，设计较为开放的任务，给学生充分的想象与创新空间。

使用本书时，建议通读目录，精读章首导言。章首导言叙述了该章的学习目的、学习目标和学习内容，让你对该章有一个总体认识，也让你在学完该章后进行自我评价时有个参照标准。在学习的过程中，你会发现书中有一些黑体字的栏目，如"知识链接""课堂任务""探究活动""程序设计""成果分享""思维拓展""想创就创"等，它们会帮助你更好地理解课文的内容，指导你开展学习活动。例如，"知识链接"是为完成学习目标而设置的相关知识内容；"课堂任务"是明确学习任务；"探究活动"是让你在学习活动中培养团体合作意识和创新意识，提高研究能力；"成果分享"是一项众创众智的举措，让你自觉践行开源的理念与知识分享的创客精神；"思维拓展"是告诉你在课本知识之外还可以做什么，构建创造性思维，引导创新。

本书的编写过程，得到了许多专家的关注。他们提出了很多宝贵的意见和建议，我深表谢意。孔祥兴老师给我提供了一节手机 App 控制 LED 灯的课程实例，在此一并表示感谢。

请跨入开源项目智能感知控制设计这座神秘的殿堂吧！在高层次、高品位的探究活动、思维拓展、想创就创的实践中，你不仅能获取知识和智慧，而且能从中体验 Arduino 程序设计和智能感知创造作品所蕴含的文化内涵，感悟传感控制和感知物联的奇妙，吸取人类精神文明的养分，激励你奋发向上，在求索和创新中让生命大放异彩！

由于编者水平有限，书中还有许多需要进一步完善的地方，恳请读者批评指正。

编者

2018 年 2 月 3 日

目 录

第一章 智能感知 ……………………………………………………………… 1
- 第一节 智能感知及其发展趋势 ………………………………………… 1
- 第二节 智能产品及实现过程 …………………………………………… 3
- 第三节 传感器技术 ……………………………………………………… 6
- 第四节 RFID 技术 ……………………………………………………… 10
- 本章学习评价 …………………………………………………………… 13

第二章 Arduino 语法基础 ……………………………………………………… 14
- 第一节 Arduino 开发板 ………………………………………………… 14
- 第二节 初探 Arduino 编程——Hello World! ………………………… 20
- 第三节 Arduino 程序框架——点亮 LED 灯 ………………………… 29
- 第四节 变量与常量——闪烁 LED 灯 ………………………………… 34
- 第五节 常用函数——调用函数的闪烁 LED 灯 ……………………… 37
- 第六节 Arduino 串口通信——Hello World! ………………………… 41
- 第七节 Arduino I/O 操作及数据类型——触摸开关 ………………… 44
- 本章学习评价 …………………………………………………………… 51

第三章 Arduino 智控编程 ……………………………………………………… 54
- 第一节 电位器控制 LED 灯闪烁 ……………………………………… 54
- 第二节 智能交通灯 ……………………………………………………… 57
- 第三节 带开关的 LED 灯 ……………………………………………… 61
- 第四节 Arduino 抢答器 ………………………………………………… 66
- 第五节 串口控制 LED 灯 ……………………………………………… 69
- 第六节 Arduino 广告灯 ………………………………………………… 73
- 第七节 光控蜂鸣器 ……………………………………………………… 76
- 第八节 数码管 …………………………………………………………… 78
- 本章学习评价 …………………………………………………………… 85

第四章 传感控制 ……………………………………………………………… 89
- 第一节 光控 LED 灯 …………………………………………………… 89
- 第二节 Arduino 串口温度计 …………………………………………… 93
- 第三节 消防火焰报警器 ………………………………………………… 95

第四节　红外人体感知灯 ································· 98
　　第五节　声控灯 ····································· 104
　　第六节　超声波测距仪 ································· 108
　　第七节　空气质量 PM2.5 检测仪 ·························· 112
　　第八节　雨水监控信号灯 ································ 115
　　本章学习评价 ······································· 119

第五章　感知物联 ·· 122
　　第一节　蓝牙灯 ····································· 122
　　第二节　手机 App 控制 LED 灯 ·························· 127
　　第三节　与 ESP8266 WiFi 物联上网 ······················ 148
　　第四节　网页通过 ENC28J60 模块远程控制灯 ················ 153
　　第五节　语音口令控制 LED 灯 ··························· 158
　　第六节　SIM900 GPRS 液化气短信报警器 ··················· 167
　　第七节　物联网控制灯 ································· 173
　　第八节　微信远程控制 LED 灯 ··························· 178
　　本章学习评价 ······································· 182

第六章　智能生活 ·· 185
　　第一节　红外遥控灯 ·································· 185
　　第二节　语音口令万能遥控器 ····························· 191
　　第三节　智能浇水系统 ································· 196
　　第四节　自动灭火器 ·································· 200
　　第五节　Arduino 音乐播放器 ···························· 203
　　第六节　Arduino 感温杯 ······························· 206
　　第七节　停车场汽车流量记录仪 ··························· 212
　　第八节　RFID-RC522 读取门禁 IC 卡信息 ·················· 218
　　本章学习评价 ······································· 221

第七章　智能服务机器人 ··································· 224
　　第一节　机器人红外循迹设计 ····························· 224
　　第二节　机器人电机设计与调试 ··························· 230
　　第三节　机器人颜色感知设计与调试 ························ 241
　　第四节　机器人手臂设计与调试 ··························· 247
　　第五节　机器人手臂行为动作设计 ························· 252
　　本章学习评价 ······································· 262

附录　Arduino 语法汇总表 ································· 265

参考文献 ·· 306

第一章 智能感知

随着人工智能技术的发展，以及市场需求的扩大，智能传感器应运而生。智能传感器作为网络化、智能化、系统化的自主感知器件，是实现智能制造和物联网的基础。在科技发达的今天，人们到处都可以看到智能感知的踪影，感受到智能感知给学习、工作和生活带来的方便。然而，在你惊叹智能感知的神奇，享受它所带来的便利的时候，是否了解智能感知解决问题的基本过程，知道其中的奥妙呢？

本章将结合一些智能感知产品的例子，通过智能感知构成、智能产品及其相关核心技术的介绍，揭开智能感知解决问题的神秘面纱，掌握智能感知、智能产品的基本概念，了解智能感知发展趋势和智能产品实现过程，让读者从中汲取人类智慧的养分，感悟智能感知解决问题的奇妙之道，以此提高利用信息技术解决问题的能力。

本章主要知识点：
➢ 智能感知及其发展趋势
➢ 智能产品及实现过程
➢ 传感器技术
➢ RFID 技术

第一节 智能感知及其发展趋势

一、智能感知

1970 年，世界上出现了第一次人工智能浪潮，通过第一代的人工智能神经网络算法证明了《数学原理》这本书中的绝大部分数学原理。1984 年，人工智能的第二次产业浪潮发生，当时霍普菲尔德网络被推出来，让人工智能的神经网络具备了历史记忆的功能。现在，我们认为人工智能的第三次大潮已经切实到来，人工智能已经不再是一个概念，而是可以进入行业的技术。从大家津津乐道的机器人领域，到社会生活的各个行业、方方面面，人工智能正在切实地影响着人们的生活，让社会生活更智慧、更便捷。

经过多年的研究，人工智能的主要发展方向包括：运算智能、感知智能、认知智能。这一观点如今得到业界广泛的认可。

运算智能，即快速计算和记忆存储能力。人工智能所涉及的各项技术的发展是不均衡的。现阶段计算机比较具有优势的是运算能力和存储能力。1996 年，IBM 的深蓝计算机战胜了当时的国际象棋冠军卡斯帕罗夫，从此，人类在这样的强运算型的比赛方面就不能战胜机器了。

感知智能，即视觉、听觉、触觉等感知能力。人和动物都具备能够通过各种智能感知能力与自然界进行交互的能力。汽车自动驾驶，就是通过激光、雷达等感知设备和人工智能算法实现这样的感知智能的。机器在感知世界方面，比人类还有优势，人类都是被动感知的，但是机器可以主动感知,例如,激光雷达、微波雷达和红外雷达。不管是 Big Dog 这样的感知机器人,还是汽车自动驾驶,因为充分利用了 DNN 和大数据的成果,使得机器在感知智能方面已越来越接近于人类。

认知智能。通俗讲是"能理解会思考"。人类因为有语言,才有概念,才有推理,所以概念、意识、观念等都是人类认知智能的表现。

二、智能感知构成

智能感知中的智能主要由语言、数学逻辑、空间、身体运动、音乐韵律、人际和内省(包括自我认知和自然认知)等构成。

1. 语言智能(Linguistic intelligence)

语言智能是指有效的运用口头语言或文字表达自己的思想并理解他人,灵活掌握语音、语义、语法,具备言语思维、言语表达和欣赏语言深层内涵的能力,将这些能力结合在一起并运用自如的能力。它适合的职业是:政治活动家、主持人、律师、演说家、编辑、作家、记者、教师等。

2. 数学逻辑智能(Logical-Mathematical intelligence)

数学逻辑智能是指有效地计算、测量、推理、归纳、分类,并进行复杂数学运算的能力。这项智能包括对逻辑的方式和关系、陈述和主张、功能及其他相关的抽象概念的敏感性。它适合的职业是:科学家、会计师、统计学家、工程师、电脑软体研发人员等。

3. 空间智能(Spatial intelligence)

空间智能是指准确感知视觉空间及周围一切事物,并且能把所感觉到的形象以图画的形式表现出来的能力。这项智能包括对色彩、线条、形状、形式、空间关系的敏感性。它适合的职业是:室内设计师、建筑师、摄影师、画家、飞行员等。

4. 身体运动智能(Bodily-Kinesthetic intelligence)

身体运动智能是指善于运用整个身体来表达思想和情感、灵巧地运用双手制作或操作物体的能力。这项智能包括特殊的身体技巧,如平衡、协调、敏捷、力量、弹性和速度以及由触觉所引起的能力。它适合的职业是:运动员、演员、舞蹈家、外科医生、机械师等。

5. 音乐智能(Musical intelligence)

音乐智能是指能够敏锐地感知音调、旋律、节奏、音色的能力。这项智能对节奏、音调、旋律或音色的敏感性强,具有较高的表演、创作及思考音乐的能力。它适合的职业是:歌唱家、作曲家、指挥家、音乐评论家、调琴师等。

6. 人际智能(Interpersonal intelligence)

人际智能是指能很好地理解别人和与人交往的能力。这项智能善于察觉他人的情绪、情感,体会他人的感觉、感受,辨别不同人际关系的暗示以及对这些暗示做出适当反应的能力。它适合的职业是:政治家、外交家、领导者、心理咨询师、公关人员、推销员等。

7. 自我认知智能（Intrapersonal intelligence）

自我认知智能是指善于自我认识和自知并据此做出适当行为的能力。这项智能能够认识自己的长处和短处，意识到自己的内在爱好、情绪、意向、脾气和自尊，拥有独立思考的能力。它适合的职业是：哲学家、政治家、思想家、心理学家等。

8. 自然认知智能（Naturalist intelligence）

自然认知智能是指善于观察自然界中的各种事物，对物体进行辨别和分类的能力。这项智能有着强烈的好奇心和求知欲，有着敏锐的观察能力，能了解各种事物的细微差别。它适合的职业是：天文学家、生物学家、地质学家、考古学家、环境设计师等。

三、智能感知发展趋势

根据麦肯锡预测，2016 到 2025 年，智能汽车应用平均每年能创造 2 100 亿～7 400 亿美元的价值，智慧城市应用平均每年能创造 9 300 亿～1.7 万亿美元的价值，智能工业应用平均每年能创造 1.2 万亿～3.7 万亿美元的价值，智能家居应用平均每年能创造 200 亿～350 亿美元的价值。包括智能汽车、智慧城市和能源、智能工业和商业以及智能家居和消费设备在内的物联网应用将深刻改变人们生活的方方面面，创造巨大的商业价值。

在这些物联网应用中，对传感器及 MCU（microprocessor control unit 微处理器控制单元的缩写）都有一定的要求，具体要求如下。

1）智能汽车需要大量先进的传感技术，包括运动感知、速度/位置传感、胎压传感以及高级驾驶辅助系统/驾驶人员监控等。同时还需要跨应用的控制技术。

2）在智慧城市和能源方面，智能路灯需要传感器来感知移动物体，对于 MCU 的需求则包括利用 LED 灯进行色彩和亮度的控制，以及对通信的管理；楼宇自动化对传感器的需求包括位置传感、语音交互以及市内测量和导航，对 MCU 的需求包括控制、通信管理以及传感器管理。

3）在智能工业和商业方面，工厂自动化对传感器的需求包括速度和位置的传感、角度和压力的测量，同时也需要 MCU 来进行自动化控制。

4）在智能家居和消费设备方面，智能家居对传感器的需求包括语音传感（警报触发）、智能抄表、位置感知、市内导航以及压力传感，对 MCU 的需求包括控制、通信管理以及传感器管理。

第二节　智能产品及实现过程

智能产品是发展智能制造的基础与前提，由软件平台、物理部件、技术感知部件和感知互联部件构成。物理部件由机械和电子零件构成；技术感知部件由传感器、微处理器、数据存储装置、控制装置和软件以及内置操作和用户界面等构成，如 Arduino，LabView 等；互联部件由接口、有线或无线连接协议等构成。技术感知部件能加强物理部件的功能和价值，而互联部件进一步强化技术感知部件的功能和价值，使信息可以在产品、运行系统、制造商和用户之间联通，并让部分价值和功能脱离物理产品本身存在。

智能产品具有监测、控制、优化和自主四个方面的功能。监测是指通过传感器和外部数据源，使智能产品能对产品的状态、运行和外部环境进行全面监测；在数据的帮助下，一旦环境和运行状态发生变化，产品就会向用户或相关方发出警告。控制是指可以通过产品内置或产品云中的命令和算法进行远程控制；算法可以让产品对条件和环境的特定变化做出反应。优化是指对实时数据或历史记录进行分析，植入算法，从而大幅提高产品的产出比、利用率和生产效率。自主是指将检测，控制和优化功能融合到一起，产品就能实现前所未有的自动化程度。

智能产品近来被越加频繁的提及，在科学技术飞速发展的今天，似乎没有做不到，只有想不到的设计，任何脑洞大开的概念都可以被设计出来。下面的一组智能产品，融合了最新的科技，让人们的生活在已经很便利的基础上，还要更加便利。

时下独生子女较多的大环境中，老年人在家中的看护一直是个问题（如图1-1所示），即便有人精心看护，老年人的安全总是无法得到100%的保护，而穿戴过多监控仪器和监控设备等方法，会给老人带来不适和紧张感。日本有企业为此开发了一款LED灯泡（如图1-2所示），内置激光雷达，可追踪感应灯具周围人的动作，通过分析雷达的反射波来测量天花板上的灯具与老年人的头部之间的距离，并将测量结果通过WiFi网络发送给服务器。当老人蹲下或摔倒时，天花板与头部之间的距离突然改变，因此能够迅速检测到身体状况的异常等，并通知远方的护理机构及家人。

新型激光雷达LED灯泡可以被安装在普通的灯座上，安装完成之后，它便可以持续监控房间内的人，比使用摄像头及人体传感器的看护系统更容易让人接受。

图1-1 老年人

图1-2 激光雷达LED灯

一、智能硬件开发流程

智能硬件开发实现流程一般可以分四个阶段，首先要确定一个完成时间，就是产品什么时候上市。因为每个环节都是可快可慢的，对应的成本及质量自然会略有差别。通常情况下，完成一个产品一般需要半年时间，少于四个月的，除非东西很简单，或者就是有现成的模具、方案，采购物料也很顺利，否则完成的东西一般都不会太好。下面介绍一下智能硬件开发流程的四个过程。

1）需求讨论调查阶段：建议安排至少一个月时间，主要事务：了解产品的市场需求，确定最终的功能列表等。

2）原型机设计阶段：需要2—3个月左右，主要事务：硬件、软件、结构等开发，估计要2周以上，打板、贴片等需要7—10天。

3）试产报检阶段：2 周到 4 周。一般情况下，2 周时间可以试产一个小批量（100pcs 以内）。主要事务：生产工艺及制程分解安排。

4）正式量产阶段：2 周左右产出第一批（1K 左右）。一般情况下，需要等到一些认证做完，接到正式订单才会开始大规模生产，这些一般都是外包。

二、智能硬件产品开发需要注意的事项

1）不要要求速度快，做硬件必须踏踏实实一点一滴做起来。正常的速度也要 3 个月的时间周期，可能很多人会问，某些地方的山寨为什么一个月能出货，这是因为快速出货的前提是基于标准件的组装，比如已经在量产的一个成品线路板（即 PCBA），只需要改一个外观或者包装，的确是可以快速地出货，但新设计的产品的环节太多，缺一不可。其中周期最长的磨具，一般都要 30 天的时间，印制电路板（即 PCB）的设计、样品到生产，一般也需要一个月以上的时间。

2）项目在进行过程中不要经常改动，这一点特别重要。硬件的改动非常麻烦，比如一些功能的增加，就必须要换芯片重新布一个线路板，而外观的改动会影响到磨具结构的改动，很有可能导致整个磨具损坏，并且大大拖延产品周期。

3）寻找已经有做过类似产品的方案商来合作。硬件产品其实如果细分出来也是很多的，千万不要以为做过 WiFi 就会做蓝牙，会做 MTK 的手机就会做高通的手机，任何不同的技术方案都要时间学习，都需要经验积累，如果找一个完全没有做过类似产品的团队合作，在时间和质量上，就不能有太高的期望。

4）不要太看重方案公司的规模。合作的过程，配合最重要。如果一个很有经验的小团队，愿意用 100%的时间做某个产品，那么这个一定是要优先选择的。很多大的方案公司都会同时接很多的产品同时开发，配合上反而不是很好。

5）不要以为硬件成本很低，利润会很高。一个简单产品的模具，最少也要准备 10 万元以上的模具费，所以做硬件也是要拼销量的，如果每个月没有几千的销量保证，还是应该慎重考虑。

6）选择合理偏上的价格，才是最优的选择。当然资金富裕可以直接选择大厂，但是初创公司切忌选择价格便宜的小厂，特别是磨具厂。磨具厂的选择直接影响到产品的外观和整体品质，是不可逆和不可优化的。

7）对品质要求高的产品，有几个环节是最重要的。①工业设计水平；②选择磨具厂家；③组装工厂品控。这 3 个环节确定了生产前、生产中和生产后的品质。而且在组装的工厂，最好外派一个驻厂员，这样才可以在最后一环保证产品的质量。

8）多接受行业内资深人士的意见，做产品是一个妥协的艺术，不要坚持那些高风险的工艺或不良率奇高的生产方式，控制成本不只表现在选择便宜的芯片和方案上，更多是在量产的过程中，在怎样控制不良率和提高生产速度上下功夫。

除此之外，互联网公司内部最好还是要有懂硬件研发生产流程的人，千万不要让一个完全不懂得人去跟进硬件产品，如果这种需要实际执行的人本身不懂业务，那么在合作过程中碰到的问题就很难解决。

第三节 传感器技术

传感器是构成物联网的基础单元，是物联网的耳目，是物联网获取相关信息的来源。具体来说，传感器是一种能够对当前状态进行识别的元器件，当特定的状态发生变化时，传感器能够立即察觉出来，并且能够向其他的元器件发出相应的信号，用来告知状态的变化。

关于传感器的概念，国家标准 GB/T 7665-87 是这样定义的："能感受规定的被测量并按照一定的规律转换成可用信号的器件或装置，通常由敏感元件和转换元件组成。"也就是说，传感器是一种检测装置，能感受到被测量的信息，并能将检测感受到的信息，按一定规律变换成为电信号或其他所需形式的信息输出，以满足信息的传输、处理、存储、显示、记录和控制等要求。它是实现自动检测和自动控制的首要环节。

一、传感器分类

传感器根据不同的标准可以分成不同的类别。按照被测参量，传感器可分为机械量参量（如位移传感器和速度传感器）、热工参量（如温度传感器和压力传感器）、物性参量（如 PH 传感器和氧含量传感器）。按照工作机理，传感器可分为物理传感器、化学传感器和生物传感器。物理传感器是利用物质的物理现象和效应感知并检测出待测对象信息的器件，化学传感器是利用化学反应来识别和检测信息的器件，生物传感器是利用生物化学反应的器件，由固定生物体材料和适当转换器件组合成的系统，与化学传感器有密切关系。按照能量转换，传感器可分为能量转换型传感器和能量控制型传感器。能量转化型传感器主要由能量变换元件构成，不需用外加电源，基于物理效应产生信息，如热敏电阻、光敏电阻等。能量控制型传感器是在信息变换过程中，需外加电源供给，如霍尔传感器、电容传感器。按传感器使用材料，传感器可分为半导体传感器、陶瓷传感器、复合材料传感器、金属材料传感器、高分子材料传感器、超导材料传感器、光纤材料传感器、纳米材料传感器等。按传感器输出信号，传感器可分为模拟传感器和数字传感器。数字传感器直接输出数字量，不需使用 A/D 转换器就可与计算机联机，提高系统可靠性和精确度，具有抗干扰能力强、适宜远距离传输等优点，是传感器发展方向之一。这类传感器目前有振弦式传感器和光栅传感器等。

二、传感器的应用

目前，传感技术广泛地应用在工业生产、日常生活和军事等各个领域。在工业生产领域，传感器技术是产品检验和质量控制的重要手段，同时也是产品智能化的基础。传感器技术在工业生产领域中广泛应用于产品的在线检测，如零件尺寸、产品缺陷的检测等，实现了产品质量控制的自动化，为现代品质管理提供了可靠保障。另外，传感器技术与运动控制技术、过程控制技术相结合，应用于装配定位等生产环节，促进了工业生产的自动化，提高了生产效率。

传感器技术在智能汽车生产中至关重要。传感器作为汽车电子自动化控制系统的信息源、关键部件和核心技术，其技术性能将直接影响到汽车的智能化水平。目前普通轿车约需要安装几十至近百只传感器，而豪华轿车上传感器的数量更是多达两百余只。发动机部分主要安装温度传感器、压力传感器、转速传感器、流量传感器、气体浓度和爆震传感器等，它们需要向发动机的电子控制单元（ECU）提供发动机的工作状况信息，对发动机的工作状况进行精确控制。汽车底盘使用了车速传感器、踏板传感器、加速度传感器、节气门传感器、发动机转速传感器、水温传感器、油温传感器等，从而实现了控制变速器系统、悬架系统、动力转向系统、制动防抱死系统等功能。车身部分安装有温度传感器、湿度传感器、风量传感器、日照传感器、车速传感器、加速度传感器、测距传感器、图像传感器等，有效地提高了汽车的安全性、可靠性和舒适性等。

在日常生活领域，传感技术也日益成为不可或缺的一部分。首先，传感器技术普遍应用于家用电器，如数码相机和数码摄像机的自动对焦；空调、冰箱、电饭煲等的温度检测；遥控接收的红外检测等。其次，商务办公中的扫描仪和红外传输数据装置等也采用了传感器技术。第三，医疗卫生事业中的数字体温计、电子血压计、血糖测试仪等设备同样是传感器技术的产物。

在军事科技领域，传感技术的应用主要体现为地面传感器，其特点是结构简单、便于携带、易于埋伏和伪装，可用于飞机空投、火炮发射或人工埋伏到交通线上或敌人出现的地段，用来执行预警、地面搜索和监视任务。当前军事领域使用的传感器主要有震动传感器、声响传感器、磁性传感器、红外传感器、电缆传感器、压力传感器和扰动传感器等。传感器技术在航空航天领域中的作用更是举足轻重，常用于火箭测控、飞行器测控等。

三、常用传感器

1. 人体红外线感应模块 HC-SR501

HC-SR501 是一个红外线感应模块，它依靠特定温度（36℃～38℃）的物体运动来判断人体，因此可以作为报警器的关键模块。在关键的地方，如门口，放上这样一个传感器，可以起到防盗的作用。它有两个调节旋钮，一个调节最远探测距离，一个调节延时时间。当人走过或停留在感应范围中，模块通过 D0 发送高电平信号。

如图 1-3 所示 HC-SR501 传感器的工作指标：工作电压：DC5V 至 20V；静态功耗：65μA；电平输出：0V～3.3V；延时时间：0.3s～18s 可调；封锁时间：0.2s；触发方式：L 不可重复，H 可重复，默认值为 H（跳帽选择）；感应范围：小于 120℃锥角，7m 以内；工作温度：−15℃—+70℃。

2. 烟雾及可燃气体检测模块 MQ-2

MQ-2 是一个烟雾感应模块，原理是用针对特殊气体或微粒敏感的电阻来判断是否存在可燃气体或烟雾颗粒。输出有两种方式，A0 口输出当前特殊气体含量参考值为 0—1023，基本上 100 以下的示数为正常。D0 口根据预先设定的参考值的阈值输出高电平或低电平信号。它可以作为液化气泄漏的预警装置，也可以作为判断火灾的辅助。

如图 1-4 所示 MQ-2 烟雾传感器的工作指标：检测范围：敏感气体，液化气，丙烷，氢气；升压芯片 PT1301；工作电压直流 2.5V—5.0V，接入 VCC 脚，GND 接地；产品尺寸 40.0mm×21.0mm；固定孔尺寸 2.0mm。

图 1-3　HC-SR501 传感器　　　　　图 1-4　MQ-2 烟雾感应模块

3. 温湿度检测模块 DHT-11

DHT-11 模块是常用的温湿度检测模块，常被用于空调、汽车内，使用方便。输出不同于其他模块，它的输出需要 Arduino 给两个电平信号，然后将数据以高低电平的形式发送。但幸运的是 Arduino 有相关的库，所以我们除非探究，否则不需要了解这个过程的具体实现。dht11 的库文件可以从百度下载，放在 Arduino 的 IDE 下的 libraries 文件下就可以使用了。

如图 1-5 所示 DHT-11 温湿度传感器的工作指标：湿度测量范围：20%—95%（0℃—50℃范围）；湿度测量误差：±5%；温度测量范围：0℃—50℃；温度测量误差：±2℃；工作电压 3.3V—5V，接入 VCC，GND 接地；输出形式：数字输出；设有固定螺栓孔，方便安装；小板 PCB 尺寸：3.2cm×1.4cm。

温度检测模块有很多种，如土壤温度传感器、雨水传感器等。

4. 光敏感应模块

用途：光线亮度检测，光线亮度传感器，具有方向性，只感应传感器正前方的光源，用于寻光效果更佳。

模块特色：

（1）可以检测周围环境的亮度和光强度（与光敏电阻比较，方向性比较好，可以感知固定方向的光源）；

（2）灵敏度可调（如图 1-6 所示数字电位器调节）；

图 1-5　DHT-11 温湿度模块　　　　　图 1-6　光敏二极管模块

（3）工作电压 3.3V—5V；

（4）数字开关量输出（0 和 1）；

（5）设有固定螺栓孔，方便安装；

（6）小板 PCB 尺寸：3.2cm×1.4cm。

如图 1-7 所示光敏二极管模块 PCB 的使用说明如下。

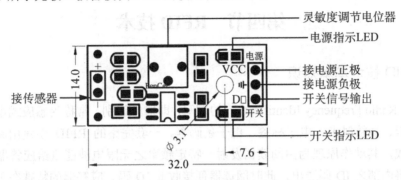

图 1-7　光敏二极管模块 PCB

（1）光敏二极管模块对环境光强最敏感，一般用来检测周围环境的亮度和光强，在大多数场合可以与光敏电阻传感器模块通用，两者区别在于，光敏二极管模块方向性较好，可以感知固定方向的光源。

（2）模块在无光条件或者光强达不到设定阈值时，D0 口输出高电平，当外界环境光强超过设定阈值时，模块 D0 输出低电平。

（3）小板数字量输出 D0 可以与单片机直接相连，通过单片机来检测高低电平，由此来检测环境的光强改变。

（4）小板数字量输出 D0 可以直接驱动继电器模块，由此可以组成一个光电开关。

5. Arduino 声音传感器 Sound Detector 声音检测模块

用途：如图 1-8 所示声音传感器是由一个小型驻极体麦克风和运算放大器构成。它可以将捕获的微小电压变化放大 100 倍左右，能够被微控制器轻松地识别，并进行 AD 转换，输出模拟电压值，使得您只需采集模拟量电压就可以读出声音的幅值，判断声音的大小。这么贴心的声音检测传感器您都不打算带回家？您还在等什么呢？声音传感器可在各种单片机控制器上应用，尤其在 Arduino 控制器上更为简单，通过 3P 传感器连接线插接到 Arduino 专用传感器扩展板上，可以非常容易地实现与声音相关的互动。

图 1-8　声音传感器

模块特色：①产品名称：声音传感器；②产品货号：RB-02S084；③工作电压：2.7V–5.5V；④数据类型：模拟输入；⑤尺寸：30mm×23mm；⑥引脚定义：S：信号输出，+：电源正极（VCC），−：电源地（GND）。

第四节 RFID 技术

一、RFID 技术基本知识

RFID 是 Radio Frequency Identification 的缩写,即射频识别。常称为感应式电子晶片或近接卡、感应卡、非接触卡、电子标签、电子条码等。一套完整的 RFID 系统由阅读器与应答器两部分组成,其动作原理为由阅读器发射一特定频率之无限电波能量给应答器,用以驱动应答器电路将内部之 ID 码送出,此时阅读器便接收此 ID 码。应答器的特殊在于免用电池、免接触、免刷卡,故不怕脏污,且晶片密码为世界唯一无法复制,安全性高、长寿命。RFID 的应用非常广泛,目前典型应用有动物晶片、汽车晶片防盗器、门禁管制、停车场管制、生产线自动化、物料管理。RFID 标签有两种:有源标签和无源标签。

最基本的 RFID 系统由三部分组成。一是标签,由耦合元件及芯片组成,每个标签具有唯一的电子编码,附着在物体上标识目标对象;二是阅读器,读取(有时还可以写入)标签信息的设备,可设计为手持式或固定式;三是天线,在标签和读取器间传递射频信号。电子标签中一般保存有约定格式的电子数据。在实际应用中,电子标签附着在待识别物体的表面,阅读器可无接触地读取并识别电子标签中所保存的电子数据,从而达到自动识别物体的目的。通常,阅读器与电脑相连,所读取的标签信息会被传送到电脑上进行下一步处理。

如图 1-9 所示,RFID 的工作原理是,阅读器通过天线发送出一定频率的射频信号,当标签进入磁场时产生感应电流从而获得能量,发送出自身编码等信息被读取器读取并解码后送至电脑主机进行有关处理。通常,阅读器发送时所使用的频率被称为 RFID 系统的工作频率,基本上划分为三个范围:低频(30KHz—300KHz)、高频(3MHz—30MHz)和超高频(300MHz—3GHz)。常见的工作频率有低频 125KHz、134.2KHz 及高频 13.56MHz 等。

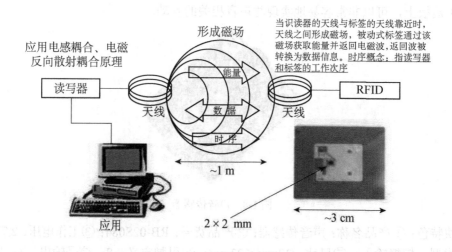

图 1-9 RFID 基本工作原理

RFID 分为被动标签（Passive tags）和主动标签（Active tags）两种。主动标签自身带有电池供电，读/写距离较远同时体积较大，与被动标签相比成本更高，也称为有源标签。被动标签由阅读器产生的磁场中获得工作所需的能量，成本很低并具有很长的使用寿命，比主动标签更小也更轻，读写距离则较近，也称为无源标签。

二、射频识别技术的产品分类

RFID 技术中所衍生的产品大概有三大类：无源 RFID 产品、有源 RFID 产品、半有源 RFID 产品。

无源 RFID 产品发展最早，也是发展最成熟、市场应用最广的产品。比如，公交卡、食堂餐卡、银行卡、宾馆门禁卡、二代身份证等，这个在我们的日常生活中随处可见，属于近距离接触式识别类。其产品的主要工作频率有低频 125KHz、高频 13.56MHz、超高频 433MHz、超高频 915MHz。

如图 1-10 所示，有源 RFID 产品，是最近几年慢慢发展起来的，其远距离自动识别的特性，决定了其巨大的应用空间和市场潜质。在远距离自动识别领域，如智能监狱，智能医院，智能停车场，智能交通，智慧城市，智慧地球及物联网等领域有重大应用。有源 RFID 在这个领域异军突起，属于远距离自动识别类。产品主要工作频率有超高频 433MHz，微波 2.45GHz 和 5.8GHz。

图 1-10 停车场有源 RFID 感应卡

有源 RFID 产品和无源 RFID 产品，其不同的特性决定了不同的应用领域和不同的应用模式，也有各自的优势所在。但在本书中，我们着重介绍于有源 RFID 和无源 RFID 之间的半有源 RFID 产品，该产品集有源 RFID 和无源 RFID 的优势于一体，在门禁进出管理、人员精确定位、区域定位管理、周界管理、电子围栏及安防报警等领域有着很大的优势。

半有源 RFID 产品，结合有源 RFID 产品及无源 RFID 产品的优势，在低频 125KHz 频率的触发下，让微波 2.45GHz 发挥优势。半有源 RFID 技术，也可以叫作低频激活触发技术，利用低频近距离精确定位、微波远距离识别和上传数据，来解决单纯的有源 RFID 和无源 RFID 没有办法实现的功能。简单地说，就是近距离激活定位，远距离识别及上传数据。

三、射频识别技术的应用领域

RFID 技术广泛应用在社会生产生活各领域。日常生活中我们经常要使用各式各样的数位识别卡，如信用卡、银行卡、金融 IC 卡等。大部分的识别卡都是与读卡机做接触式连接来读取数位资料，常见方法有磁条刷卡或 IC 晶片定点接触，这些用接触方式识别数位资料的做法，在长期使用下容易因磨损而造成资料判别错误，而且接触式识别卡有特定之接点，卡片有方向性，使用者常会因不当操作而无法正确判读资料。而如图 1-11 所示的 RFID 银行卡乃是针对常用之接触式识别系统之缺点加以改良，采用射频讯号以无线方式传送数位资料，因此识别卡不必与读卡机接触就能读写数位资料，这种非接触式之射频身份识别卡与读卡机之间无方向性之要求，且卡片可置于口袋、皮包内，不必取出而能直接识别，免除现代人经常要从数张卡片中找寻特定卡片的烦恼。

图 1-11　银行卡

和传统条形码识别技术相比，RFID 有以下优势。

（1）扫描速度快。条形码一次只能有一个条形码受到扫描，而 RFID 辨识器可同时辨识读取数个 RFID 标签。

（2）体积小型化、形状多样化。RFID 在读取上并不受尺寸大小与形状限制，不需为了读取精确度而配合纸张的固定尺寸和印刷品质。此外，RFID 标签更可往小型化与多样形态发展，以应用于不同产品。

（3）抗污染能力和耐久性。传统条形码的载体是纸张，因此容易受到污染，但 RFID 对水、油和化学药品等物质具有很强抵抗性。此外，由于条形码是附于塑料袋或外包装纸箱上，所以特别容易受到折损，RFID 卷标是将数据存在芯片中，因此可以免受污损。

（4）可重复使用。现在的条形码印刷上去之后就无法更改，RFID 标签则可以重复地新增、修改、删除 RFID 卷标内储存的数据，方便信息的更新。

（5）穿透性和无屏障阅读。在被覆盖的情况下，RFID 能够穿透纸张、木材和塑料等非金属或非透明的材质，并能够进行穿透性通信。而条形码扫描机必须在近距离而且没有物体阻挡的情况下，才可以辨读条形码。

（6）数据的记忆容量大。一维条形码的容量是 50 字节，二维条形码最大的容量可储存 2 至 3 000 字符，RFID 最大的容量则有数兆字节。随着记忆载体的发展，数据容量也有不断扩大的趋势。未来物品所需携带的资料量会越来越大，对卷标所能扩充容量的需求也相应增加。

（7）安全性。由于 RFID 承载的是电子式信息，其数据内容可经由密码保护，使其内容不易被伪造及变造。

近年来，RFID 因其所具备的远距离读取、高储存量等特性而备受瞩目。它不仅可以帮助一个企业大幅提高货物、信息管理的效率，还可以让销售企业和制造企业互联，从而更加准确地接收反馈信息，控制需求信息，优化整个供应链。

本章学习评价

完成下列各题，并通过本章的学习、实践，综合评价自己在知识与技能、解决实际问题的能力以及相关情感态度与价值观的形成等方面，是否达到了本章的学习目标。

1. 人工智能的主要发展方向：_____、_____、_____。这一观点如今得到业界广泛的认可。

2. 智能感知中的智能主要有由_____、_____、_____、_____、_____、人际和内省（包括自我认知和自然认知）等构成。

3. 智能产品具有_____、_____、优化和自主等四个方面的功能。_____是指通过传感器和外部数据源，使智能产品能对产品的状态、运行和外部环境进行全面监测；在数据的帮助下，一旦环境和运行状态发生变化，产品就会向用户或相关方发出警告。_____是指可以通过产品内置或产品云中的命令和算法进行远程控制；算法可以让产品对条件和环境的特定变化做出反应。优化是指对实时数据或历史记录进行分析，植入算法，从而大幅提高产品的产出比、利用率和生产效率。自主是指将检测、控制和优化功能融合到一起，产品就能实现前所未有的自动化程度。

4. _____是一种能够对当前状态进行识别的元器件，当特定的状态发生变化时，传感器能够立即察觉出来，并且能够向其他的元器件发出相应的信号，用来告知状态的变化。

5. 在日常生活领域，传感技术也日益成为不可或缺的一部分。请你列举六个传感器：_____、_____、_____、_____、_____、_____等。

6. RFID 是 Radio Frequency Identification 的缩写，即_____。常称为感应式电子晶片或近接卡、感应卡、非接触卡、电子标签、电子条码等。一套完整 RFID 系统由_____与_____两部分组成，其动作原理为由阅读器发射一特定频率之无限电波能量给应答器，用以驱动应答器电路将内部之 ID 码送出，此时阅读器便接收此 ID 码。

7. RFID 技术中所衍生的产品大概有三大类：_____、_____、半有源 RFID 产品。

8. 本章对我启发最大的是_____
_____。

9. 我还不太理解的内容有_____
_____。

10. 我还学会了_____
_____。

11. 我还想学习_____
_____。

12. 经过本章的学习，你认为智能产品由哪几部分组成？能画个结构示意图？

13. 通过互联网搜索，举例说明智能感知产品要解决的关键技术有哪些？

第二章　Arduino 语法基础

欢迎来到 Arduino 的世界！Arduino 是一个开源的开发平台，在全世界范围内成千上万的人正在用它开发制作一个又一个电子产品，这些电子产品包括从平时生活的小物件到时下流行的 3D 打印机，它降低了电子开发的门槛，即使是从零开始的入门者也能迅速上手，制作有趣的东西，这便是开源 Arduino 的魅力。

Arduino 语言是建立在 C/C++基础上的，其实也就是基础的 C 语言，Arduino 语言只不过把 AVR 单片机（微控制器）相关的一些参数设置成函数，不用我们去了解他的底层，让我们不了解 AVR 单片机（微控制器）的朋友也能轻松上手[①]，更重要的是 Arduino 是面向过程编程的一种智能控制高级语言，成为智能感知领域中的创客好帮手。由于篇幅有限，本章仅对 Arduino 语言基础进行简单的介绍。此后章节中，我们还会穿插介绍一些特殊用法及编程技巧。通过本章的介绍，学生对 Arduino 会有一个更全面的认识。

在前面的学习中，我们了解智能感知技术及其发展历程，初步形成了对智能产品开发流程及方法的认识，领略了智能感知的奇妙之道，感悟到智能感知程序设计是关键环节。那么，智能控制程序如何设计？

本章将从一些生动有趣的项目实例出发，从做实验过程中学习 Arduino 基础语法，把枯燥无味的语法变为有趣的活动课堂，让学生尽快掌握 Arduino 语言基础知识。

本章主要知识点：

➢ Arduino 开发板简介
➢ Arduino 程序架构
➢ Arduino 变量与常量
➢ Arduino 常用函数
➢ Arduino 数据类型
➢ Arduino 串口通信
➢ Arduino 输入/输出

第一节　Arduino 开发板

什么是 Arduino？相信很多读者会有这个疑问，也需要一个全面而准确的答案。不仅是读者，很多使用 Arduino 的人也许对这个问题都难以给出一个准确的说法，甚至认为手中的开发板就是 Arduino，其实这并不准确。那么，Arduino 究竟该如何理解呢？

---

① 本句出处：https://wenku.baidu.com/view/92c2d44eaa00b52acfc7ca92.html

一、Arduino 不只是电路板

Arduino 是一种开源的电子平台，该平台最初主要基于 AVR 单片机的微控制器和相应的开发软件，目前在国内正受到电子发烧友的广泛关注。自从 2005 年 Arduino 腾空出世以来，其硬件和开发环境一直进行着更新迭代。现在 Arduino 已经有十几年的发展历史，因此市场上称为 Arduino 的电路板已经有各式各样的版本了。Arduino 开发团队正式发布的是 Arduino Uno R3 和 Arduino Mega 2560 R3，如图 2-1 和图 2-2 所示。

图 2-1　Arduino Uno R3

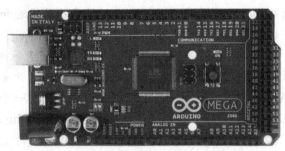

图 2-2　Arduino Mega 2560 R3

Arduino 能通过各种各样的传感器来感知环境，通过控制灯光、马达和其他的装置来反馈、影响环境。板子上的微控制器可以通过 Arduino 的编程语言来编写程序，编译成二进制文件，烧录进微控制器。对 Arduino 的编程是利用 Arduino 编程语言（基于 Wiring）和 Arduino 开发环境（基于 Processing）来实现的。

二、Arduino 发展历程

Arduino 项目起源于意大利，该名字在意大利是男性用名，音译为"阿尔杜伊诺"，意思为"强壮的朋友"，通常作为专有名词。其创始团队成员包括：Massimo Banzi、David Cuartielles、Tom Igoe、Gianluca Martino、David Mellis 和 Nicholas Zambetti 6 人。Arduino 的出现并不是偶然，Arduino 最初是为一些非电子工程专业的学生设计的。

Massimo Banzi 之前是意大利 Ivrea 一家高科技设计学校的老师。他的学生们经常抱怨找不到便宜好用的微控制器。2005 年冬天，Massimo Banzi 跟 David Cuartielles 讨论了这个问题。David Cuartielles 是一个西班牙籍晶片工程师，当时在这所学校做访问学者。两人决定设计自己的电路板，并引入了 Banzi 的学生 David Mellis 为电路板设计编程语言。两天以后，David Mellis 就写出了程式码。又过了三天，电路板就完工了。Massimo Banzi 喜欢去一家名叫 di Re Arduino 的酒吧，该酒吧是以 1 000 年前意大利国王 Arduino 的名字命名的。为了纪念这个地方，Massimo Banzi 将这块电路板命名为 Arduino。

Arduino 发展至今，已经有了多种型号及众多衍生控制器推出。

三、Arduino 程序的开发过程

由于 Arduino 主要是为了非电子专业和业余爱好者使用而设计的，所以 Arduino 被设计成一个小型控制器的形式，通过连接到计算机进行控制。Arduino 开发过程如下。

（1）开发者设计并连接好电路。

（2）将电路连接到计算机上进行编程。
（3）将编译通过的程序下载到控制板中进行观测。
（4）最后不断修改代码进行调试以达到预期效果。

小提示

为什么要使用 Arduino

在嵌入式开发中，根据不同的功能开发者会用到各种不同的开发平台。而 Arduino 作为新兴开发平台，在短时间内受到很多人的欢迎和使用，这跟其设计的原理和思想是密切相关的。

首先，Arduino 无论是硬件还是软件都是开源的，这就意味着所有人都可以查看和下载其源码、图表、设计等资源，并且用来做任何开发都可以。用户可以购买克隆开发板和基于 Arduino 的开发板，甚至可以自己动手制作一个开发板。但是自己制作的不能继续使用 Arduino 这个名称，可以自己命名，比如 Robotduino。

其次，正如林纳斯·本纳第克特·托瓦兹的 Linux 操作系统一样，开源还意味着所有人可以下载使用并且参与研究和改进 Arduino，这也是 Arduino 更新换代如此迅速的原因。全世界各种电子爱好者用 Arduino 开发出各种有意思的电子互动产品。有人用它制作了一个自动除草机，去上班的时候打开，不久花园里的杂草就被清除干净了！有人用它制作微博机器人，配合一些传感器监测植物的状态，并及时发微博来提醒主人，植物什么时间该浇水、施肥、除草等，非常有趣。

Arduino 可以和 LED、点阵显示板、电机、各类传感器、按钮、以太网卡等各类可以输出输入数据或被控制的任何东西连接，在互联网上各种资源十分丰富，各种案例、资料可以帮助用户迅速制作自己想要制作的电子设备。

在应用方面，Arduino 突破了传统的依靠键盘、鼠标等外界设备进行交互的局限，可以更方便地进行双人或者多人互动，还可以通过 Flash、Processing 等应用程序与 Arduino 进行交互。

四、Arduino 硬件的分类

在了解 Arduino 起源以及使用 Arduino 制作的各种电子产品之后，接下来让我们对 Arduino 硬件和开发板，以及其他扩展硬件进行初步的了解和学习。

1. Arduino 开发板

Arduino 开发板设计得非常简洁，一块 AVR 单片机、一个晶振或振荡器和一个 5V 的直流电源。常见的开发板通过一条 USB 数据线连接计算机。Arduino 有各式各样的开发板，其中最通用的是 Arduino UNO。另外，还有很多小型的、微型的、基于蓝牙和 WiFi 的变种开发板。还有一款新增的开发板叫作 Arduino Mega 2560，它提供了更多的 I/O 引脚和更大的存储空间，并且启动更加迅速。以 Arduino UNO 为例，Arduino UNO 的处理器核心是 ATmega 328，同时具有 14 路数字输入/输出口（其中 6 路可作为 PWM 输出），6 路模拟输入，一个 16MHz 的晶体振荡器，一个 USB 口，一个电源插座，一个 ICSP header 和一个复位按钮。因为 Arduino UNO 开发板的基础构成在一个表里显示不下，所以这里特意设计了两个表来展示，如表 2-1 所示。

表 2-1　Arduino UNO 开发板基本概要构成（ATmega328）

处理器	工作电压	输入电压	数字 I/O 脚	模拟输入脚	串口
ATmega328	5V	6-20V	14	6	1
IO 脚直流电流	3.3V 脚直流电流	程序存储器	SRAM	EEPROM	工作时钟
40 mA	50 mA	32 KB	2 KB	1 KB	16 MHz

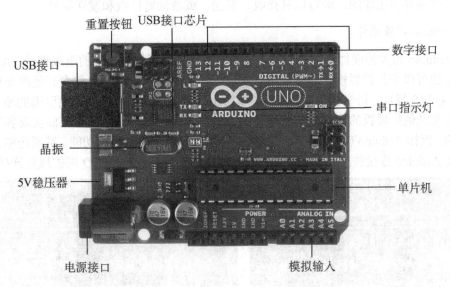

图 2-3　Arduino UNO R3 功能标注

Arduino UNO 可以通过以下三种方式供电，能自动选择供电方式：外部直流电源通过电源插座供电；电池连接电源连接器的 GND 和 VIN 引脚；USB 接口直接供电，图 2-3 所示的稳压器可以把输入的 7V～12V 电压稳定到 5V。

在电源接口上方，一个右侧引出 3 个引脚，左侧一个比较大的引脚细看会发现上面有 AMST1117 的字样，其实这个芯片是个三端 5V 稳压器，电源口的电源经过它稳压之后才给板子输入，其实电源适配器内已经有稳压器，但是电池没有。可以理解为它是一个安检员，一切从电源口经过的电源都必须过它这一关，这个安检员对不同的电源会进行区别对待。

首先，AMS1117 的片上微调把基准电压调整到 1.5% 的误差以内，而且电流限制也得到了调整，以尽量减少因稳压器和电源电路超载而造成的压力。再者根据输入电压的不同而输出不同的电压，可提供 1.8V、2.5V、2.85V、3.3V、5V 稳定输出，电流最大可达 800mA，内部的工作原理这里不必去探究，读者只需要知道，当输入 5V 的时候输出为 3.3V，输入 9V 的时候输出才为 5V，所以用 9V（9V～12V 均可，但是过高的电源会烧坏板子）电源供电的原因就在这，如使用 5V 的适配器与 Arduino 连接，之后连接外设做实验，会发现一些传感器没有反应，这就是为什么某些传感器需要 5V 的信号源，可是板子最高输出只能达到 3.3V。

重置按钮和重置接口都用于重启单片机，就像重启电脑一样。若利用重置接口来重启单片机，应暂时将接口设置为 0V 即可重启。

GND 引脚为接地引脚，也就是 0V。A0～A5 引脚为模拟输入的 6 个接口，可以用来测量连接到引脚上的电压，测量值可以通过串口显示出来。当然也可以用作数字信号的输入输出。

Arduino 同样需要串口进行通信，图 2-3 所示的串口指示灯在串口工作的时候会闪烁。Arduino 通信在编译程序和下载程序时进行，同时还可以与其他设备进行通信。而与其他设备进行通信时则需要连接 RX（接收）和 TX（发送）引脚。ATmega 328 芯片中内置的串口通信硬件是可以通过同步和异步模式工作的。同步模式需要专用的信号来表示时钟信息，而 Arduino 的串口（USART 外围设备，即通用同步/异步接收发送装置）工作在异步模式下，这和大多数 PC 的串口是一致的。数字引脚 0 和 1 分别标注着 RX 和 TX，表明这两个可以当作串口的引脚是异步工作的，即可以只接收、发送，或者同时接收和发送信号。

2. Arduino 扩展硬件

与 Arduino 相关的硬件除了核心开发板外，各种扩展板也是重要的组成部分。Arduino 开发板设计的可以安装扩展板，即盾板进行扩展。它们是一些电路板，包含其他的元件，如网络模块、GPRS 模块、语音模块等。在图 2-3 所示的开发板两侧可以插其他引脚的地方就是可以用于安装其他扩展板的地方。它被设计为类似积木、通过一层层的叠加而实现各种各样的扩展功能。例如 Arduino UNO 同 W5100 网络扩展板可以实现上网的功能，堆插传感器扩展板可以扩展 Arduino 连接传感器的接口。图 2-4 和图 2-5 为 Arduino UNO 同扩展板连接的例子。

图 2-4　Arduino UNO 与一块原型扩展板连接　　图 2-5　Arduino UNO 与网络扩展板连接

虽然 Arduino 开发板支持很多扩展板来扩展功能，但其扩展插座中引脚的间距并不严格规整。仔细观察开发板会发现上面两个最远的引脚之间距离为 4.064mm，这与标准的 2.54mm 网格的面包板及其他扩展工具并不兼容，尽管要求改正的呼声很强烈，但是这个误差却很难改正，一旦改正将使得原来的大量扩展板变得不兼容，所以这个误差便没有去改动。

虽然这个误差没有改动，但是很多公司和个人在生产 Arduino 兼容的产品时兼顾增加了额外两行 2.54mm 的针孔来解决这个问题，另外美国 Gravitech（www.gravitech.us）公司完全舍弃了扩展板兼容来解决这个问题。

五、Arduino 未来展望

Arduino 自诞生以来，简单、廉价的特点使得 Arduino 如同雨后春笋般迅速风靡全球，在不断发展的同时，Arduino 也在发挥着更重要的作用。本节将对 Arduino 发展的特点和未来发展做一点总结和展望。

1. 创客文化

在介绍 Arduino 发展前景之前，首先需要了解逐渐兴起的"创客"文化。什么是"创客"？"创客"一词来源于英文单词"Maker"，泛指出于兴趣与爱好，努力把各种创意转变为现实的人。其实就是热爱生活，愿意亲手创新为生活增加乐趣的一群人。他们精力旺盛，坚信世界会因为自己的创意而改变。

创客文化兴起于国外，经过一段时间红红火火的发展，如今已经成为一种潮流。国内也不示弱，一些硬件发烧友了解到国外的创客文化后被其深深吸引，经过圈子中的口口相传，大量的硬件、软件、创意人才聚集在了一起。各种社区、空间、论坛的建立使得创客文化在中国真正流行起来。北京、上海、深圳已经发展成为中国创客文化的三大中心。

那么，是什么推动创客文化如此迅猛发展呢？众所周知，硬件的学习和开发是有一定的难度的，人人都想通过简单的方式实现自己的创意，于是开源硬件应运而生。而开源硬件平台中知名度较高的应该就是日渐强大的 Arduino 了。

Arduino 作为一款开源硬件平台，一开始被设计的目标人群就是非电子专业尤其是艺术家学习使用的，让他们更容易实现自己的创意。当然，这不是说 Arduino 性能不强，有些业余，而是表明 Arduino 很简单，易上手。Arduino 内部封装了很多函数和大量的传感器函数库，即使不懂软件开发和电子设计的人也可以借助 Arduino 很快创作出属于自己的作品。可以说 Arduino 与创客文化是相辅相成的。

一方面，Arduino 简单易上手、成本低廉这两大优势让更多的人都能有条件和能力加入创客大军；另一方面，创客大军的日益扩大也促进了 Arduino 的发展。各种各样的社区、论坛的完善，不同的人、不同的环境、不同的创意每时每刻都在对 Arduino 进行扩展和完善。在 2011 年举行的 Google I/O 开发者大会上，Google 公司发布了基于 Arduino 的 Android Open Accessory 标准和 ADK 工具，这使得大家对 Arduino 的巨大的发展前景十分看好。

Arduino 发展潜力巨大，既可以让创客根据创意改造成为一个小玩具，也可以大规模制作成工业产品。国内外 Arduino 社区良好的运作和维护使得几乎每一个创意都能找到实现的理论和实验基础，相信随着城市的不断发展，人们对生活创新的不断追求，会有越来越多的人听说 Arduino、了解 Arduino、玩转 Arduino。

2. 快速原型设计

纵观计算机语言的发展，从 0 和 1 相间的二进制语言到汇编语言，从 K&R 的 C 语言到现在各式各样的高级语言，计算机语言正在逐渐变成更自由、更易学易懂的大众化语言。硬件的发展已经逐渐降低软件开发的复杂性，编程的门槛正在逐渐降低。曾有人预言：未来的时代，程序员将要消失，编程不再是局限人们思维和灵感的桎梏。在软件行业飞速发展的现在，几乎任何具有良好逻辑思维能力的人只要对某些产品感兴趣，就可以通过互联网获得足够的资源从而成为一名软件开发人员。

而 Arduino 的出现，让人们看到了不仅是软件，硬件的开发也越来越简单和廉价。不必从底层开始学习开发计算机的特性让更多的人从零上手，将自己的灵感用最快的速度转化成现实。以 Arduino 为其中代表的开源硬件，降低了入行的门槛，从而设计电子产品不再是专业领域电子工程师的专利，自学成才的电子工程师正在逐渐成为可能。

开源硬件将会使得软件同硬件、互联网产业更好的结合到一起，在未来的一段时间里，开源硬件将会有非常好的发展，最终形成硬件产品少儿化、平民化、普及化的趋势。同时，Arduino 的简单易学也会成为一些电子爱好者进入电子行业的一块基石，随着使用 Arduino 制作电子产品的深入，相应的也会对硬件进行更深层次的探索。在简单易学的前提下，比一开始就学习单片机、汇编入行要简单有趣得多。

Arduino 开源和自由的设计无疑是全世界电子爱好者的福音,大量的资源和资料让很多人快速学习 Arduino,开发一个电子产品开始变得简单。互联网的飞速发展让科技的脚步加快,互联网产品正在变得更简单。利用 Arduino,电子爱好者们可以快速设计出原型,从而根据反馈改进出更加稳定可靠的版本。如图 2-6 所示 Arduino 基本结构图。

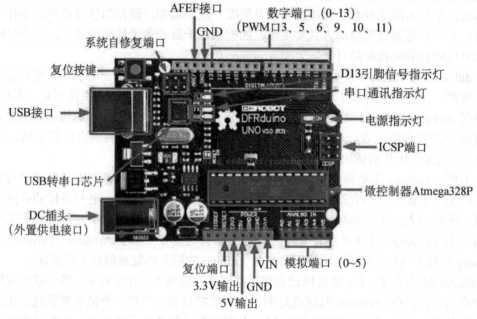

图 2-6　Arduino 基本结构图

3. 版权与付费

为了保持设计的开放源码理念,因为版权法可以监管开源软件,却很难用在硬件上,Arduino 决定采用 Creative Commons 许可。Creative Commons(CC)是为保护开放版权行为而出现的类似 GPL 的一种许可(license)。在 Creative Commons 许可下,任何人都被允许生产电路板的复制品,还能重新设计,甚至销售原设计的复制品。你不需要付版税,甚至不用取得 Arduino 团队的许可。然而,如果你重新发布了引用设计,你必须说明原始 Arduino 团队的贡献。如果你调整或改动了电路板,你的最新设计必须使用相同或类似的 Creative Commons 许可,以保证新版本的 Arduino 电路板也会一样的自由和开放。唯一被保留的只有 Arduino 这个名字。它被注册成了商标。如果有人想用这个名字卖电路板,那他们必须付一点商标费用给 Arduino 的核心开发团队成员。

第二节　初探 Arduino 编程——Hello World!

知识链接

经过上一节的简单介绍,大家已经对 Arduino 有了一些了解。本节开始进行 Arduino 入门级学习,从安装 IDE(Integrated Development Environment)环境开始,逐步开始第一次编写程序、下载程序。本节还将学习 Arduino 语言和语法，并帮助读者熟练地使用 Arduino 编程完成一些小实验项目。

一、搭建开发环境

在安装 IDE，即集成开发环境之前，需要了解一些有关嵌入式软件的相关知识。

1. 交叉编译

Arduino 做好的电子产品不能直接运行，需要利用电脑将程序烧到单片机里面。很多嵌入式系统需要从一台计算机上编程，将写好的程序下载到开发板中进行测试和实际运行。因此跨平台开发在嵌入式系统软件开发中很常见。所谓交叉编译，就是在一个平台上生成另一个平台上可以执行的代码。开发人员在电脑上将程序写好，编译生成单片机执行的程序，就是一个交叉编译的过程。

编译器最主要的一个功能就是将程序转化为执行该程序的处理器能够识别的代码，因为单片机上不具备直接编程的环境，因此利用 Arduino 编程需要两台计算机：Arduino 单片机和 PC。这里的 Arduino 单片机叫作目标计算机，而 PC 则被称为宿主计算机，也就是通用计算机。Arduino 用的开发环境被设计成在主流的操作系统上均能运行，包括 Windows、Linux、Mac OS 三个主流操作系统平台。

2. 在 Windows 上安装 IDE

给 Arduino 编程需要用到 IDE（集成开发环境），这是一款免费的软件。在这款软件上编程需要使用 Arduino 的语言，这是一种解释型语言，写好的程序被称为 sketch，编译通过后就可以下载到开发板中。在 Arduino 的官方网站上可以下载这款官方设计的软件及源码、教程和文档。Arduino IDE 的官方下载地址为：http://arduino.cc/en/Main/Software。

首先要安装 Ardruino 驱动程序，安装好驱动程序之后还要选择串口，否则编译好的程序无法上传，切记哦。下面讲一下 Arduino 驱动安装的方法。

第一次 Arduino uno 板子连接电脑时，会弹出如图 2-7 所示界面。

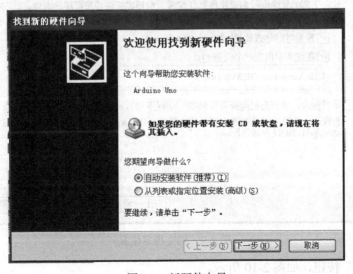

图 2-7 新硬件向导

选择第二个"从列表或指定位置安装"选项,单击"下一步"按钮,如图 2-8 所示。

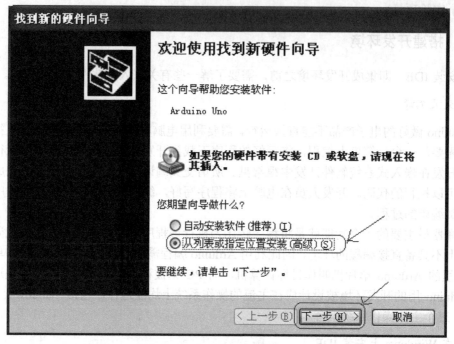

图 2-8　从列表指定位置安装

找到 Arduino 安装位置的 drivers 文件夹,然后单击"下一步"按钮,如图 2-9 所示。

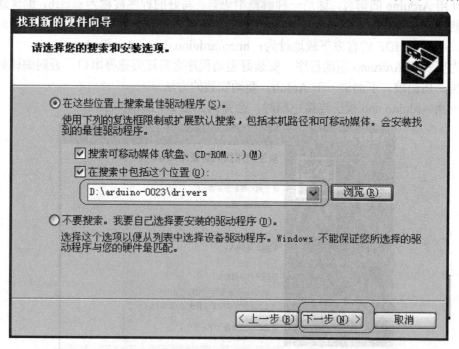

图 2-9　浏览指定位置

单击"完成"按钮,如图 2-10 所示。

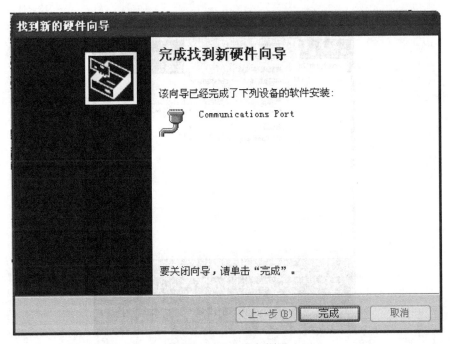

图 2-10　完成安装

这样驱动就装好了。鼠标移动到"我的电脑",右键选择"设备"或设备管理器,如图 2-11 所示。

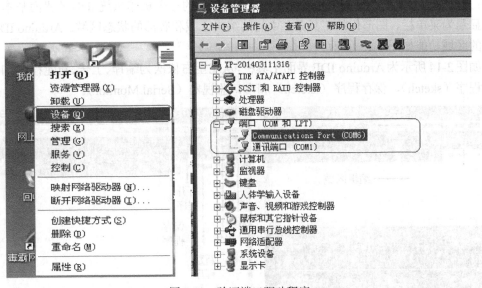

图 2-11　验证端口驱动程序

没有出现感叹号,说明驱动已经安装好了。安装上面驱动程序时,注意要先把硬件连接到电脑上再进行安装。安装好之后,要选择 Arduino 硬件所接的串口,如图 2-12 串口图所示。

图 2-12 Arduino 串口图

3. Arduino IDE 介绍

在安装完 Arduino IDE 后，进入 Arduino 安装目录，打开 Arduino.exe 文件，进入初始界面。打开软件会发现这个开发环境非常简洁（上面提到的三个操作系统 IDE 的界面基本一致），依次显示为菜单栏、图形化的工具条、中间的编辑区域和底部的状态区域。Arduino IDE 用户界面的区域功能如图 2-13 所示。

如图 2-14 所示为 Arduino IDE 界面工具栏，从左至右依次为编译、上传、新建程序（sketch）、打开程序（sketch）、保存程序（sketch）和串口监视器（Serial Monitor）。

图 2-13 Arduino IDE 用户界面　　　　图 2-14 Arduino IDE 工具栏

编辑器窗口选用一致的选项卡结构来管理多个程序，编辑器光标所在的行号在当前屏幕的左下角。

1）文件菜单

写好的程序通过文件的形式保存在计算机时，需要使用文件（File）菜单，文件菜单常用的选项包括：

新建文件（New）；
打开文件（Open）；
保存文件（Save）；
文件另存为（Save as）；
关闭文件（Close）；
程序示例（Examples）；
打印文件（Print）。

其他选项，如"程序库"是打开最近编辑和使用的程序，"参数设置"可以设置程序库的位置、语言、编辑器字体大小、输出时的详细信息、更新文件后缀（用后缀名.ino 代替原来的.pde 后缀）。"上传"选项是对绝大多数支持的 Arduino I/O 电路板使用传统的 Arduino 引导装载程序来上传。

2）编辑菜单

紧邻文件菜单右侧的是编辑（Edit）菜单，编辑菜单顾名思义是编辑文本时常用的选项集合。常用的编辑选项为恢复（Undo）、重做（Redo）、剪切（Cut）、复制（Copy）、粘贴（Paste）、全选（Select all）和查找（Find）。这些选项的快捷键也和 Microsoft Windows 应用程序的编辑快捷键相同。恢复为 Ctrl+Z、剪切为 Ctrl+X、复制为 Ctrl+C、粘贴为 Ctrl+V、全选为 Ctrl+A、查找为 Ctrl+F。此外，编辑菜单还提供了其他选项，如"注释（Comment）"和"取消注释（Uncomment）"，Arduino 编辑器中使用"//"代表注释。还有"增加缩进"和"减少缩进"选项、"复制到论坛"和"复制为 HTML"等选项。

3）程序菜单

程序（Sketch）菜单包括与程序相关功能的菜单项。主要包括："编译/校验（Verify）"，和工具条中的编译相同。"显示程序文件夹（Show Sketch Folder）"，会打开当前程序的文件夹。"增加文件（Add File）"，可以将一个其他程序复制到当前程序中，并在编辑器窗口的新选项卡中打开。"导入库（Import Library）"，导入所引用的 Arduino 库文件。

4）工具菜单

工具（Tools）菜单是一个与 Arduino 开发板相关的工具和设置集合。主要包括：

"自动格式化（Auto Format）"，可以整理代码的格式，包括缩进、括号，使程序更易读和规范。"程序打包（Archive Sketch）"，将程序文件夹中的所有文件均整合到一个压缩文件中，以便将文件备份或者分享。

"修复编码并重新装载（Fix Encoding & Reload）"，在打开一个程序时发现由于编码问题导致无法显示程序中的非英文字符时使用的，如一些汉字无法显示或者出现乱码时，可以使用另外的编码方式重新打开文件。

"串口监视器（Serial Monitor）"，是一个非常实用而且常用的选项，类似即时聊天的通信工具，PC 与 Arduino 开发板连接的串口"交谈"的内容会在该串口显示器中显示出来，如图 2-15 所示。在串口监视器运行时，如果要与 Arduino 开发板通信，需要在串口监视器顶部的输入栏中输入相应的字符或字符串，再单击发送（Send）按钮就能发送信息给 Arduino。在使用串口监视器时，需要先设置串口波特率，当 Arduino 与 PC 的串口波特率相同时，两者才能够进行通讯。Windows PC 的串口波特率的设置在计算机设备管理器中的端口属性中设置。

"串口"，需要手动设置系统中可用的串口时选择的，在每次插拔一个 Arduino 电路板时，这个菜单的菜单项都会自动更新，也可手动选择哪个串口接开发板。

"板卡"，用来选择串口连接的 Arduino 开发板型号，当连接不同型号的开发板时需要根据开发板的型号到"板卡"选项中选择相应的开发板。

"烧写 Bootloader"，将 Arduino 开发板变成一个芯片编程器，也称为 AVRISP 烧写器，读者可以到 Arduino 中文社区查找相关内容。

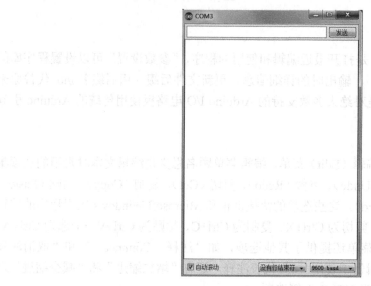

图 2-15 Arduino 串口监视器

5）帮助菜单

帮助（Help）菜单是使用 Arduino IDE 时可以迅速查找帮助的选项集合。包括快速入门、问题排查和参考手册，可以及时帮助了解开发环境，解决一些遇到的问题。访问 Arduino 官方网站的快速链接也在帮助菜单中，下载 IDE 后首先查看帮助菜单是个不错的习惯。

二、初探 Arduino 编程

在学习一些语言时，比如 C 语言，经典的入门程序就是 Hello World！简短的两个单词敲开了 C 语言的大门，让学习 C 语言者感觉非常简单而有趣，同时这个简单的程序延伸了很多深刻的话题，比如主函数、输入输出、编译过程等等。Hello World！程序便是 C 语言的敲门砖。

课堂任务

首先先来练习一个不需要其他辅助元件，只需要一块 Arduino 和一根下载线的简单实验，让我们的 Arduino 说出"Hello World！"，这是一个让 Arduino 和 PC 机通信的实验，这也是一个入门试验，希望可以带领大家进入 Arduino 的世界。

探究活动

1. 所需器材。这个实验我们需要用到的实验硬件有：Arduino 控制器一块；USB 下载导线一根，如图 2-16 和图 2-17 所示。

图 2-16　Arduino 控制器

图 2-17　USB 下载线

2. 硬件连接。我们按照上面所讲的将 Arduino 的驱动安装好后，打开 Arduino 软件，编写一段程序让 Arduino 接收到我们发的指令就显示"Hello World!"字符串，当然您也可以让 Arduino 不用接受任何指令就直接不断回显"Hello World!"，其实很简单，一条 if() 语句就可以让你的 Arduino 听从你的指令了，我们再借用一下 Arduino 自带的数字 13 脚的 LED，让 Arduino 接收到指令时 LED 闪烁一下，打开监视器窗口，键盘输入"R"，监视器窗口会回复显示"Hello World!"，实验就大功告成了。

程序设计

下面给大家一段参考程序。把下面程序上传（或称下载）到 Arduino 主板。

```
int val;//定义变量val
int ledpin=13;//定义数字接口13
void setup()
{
Serial.begin(9600);//设置波特率为9600,这里要跟软件设置相一致。当接入特定设备（如蓝牙）时，我们也要跟其他设备的波特率达到一致。
pinMode(ledpin,OUTPUT);//设置数字 13 口为输出接口,Arduino 上我们用到的 I/O 口都要进行类似这样的定义。
}
void loop()
{
val=Serial.read();//读取 PC 机发送给 Arduino 的指令或字符，并将该指令或字符赋给val
if(val=='R')//判断接收到的指令或字符是否为"R"
{//如果接收到的是"R"字符
digitalWrite(ledpin,HIGH);//点亮数字 13 口 LED
delay(500);
digitalWrite(ledpin,LOW);//熄灭数字 13 口 LED
delay(500);
Serial.println("Hello World!");//显示"Hello World!"字符串
}
}
```

成果分享

请其他创客一起测试你的"Hello World!",同组的同学可以互相验证,然后大家一起谈谈第一次尝试 Arduino 编程的感受,也可以推荐一位同学到分享平台作经验介绍。下面两个图就是本程序执行结果,如图 2-18 串口监视器所示。

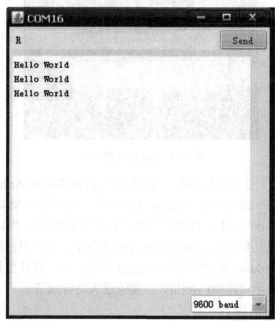

图 2-18 串口监视图

思维拓展

当程序编写好之后,关闭前需要将文件保存到一个目录中。如果是开发一个项目,编写的 Sketch 可能不止一个,负责不同部分和模块开发的人员都各自编写好 Sketch,最后综合 Sketeh 时发现程序特别难以阅读,并且很多变量名称不一致,修改起来非常麻烦,这就需要一个规范的开发流程。

在软件工程中,软件项目开发有很多不同的模型适用于不同的开发需求,例如瀑布模型、螺旋模型等。由于嵌入式项目 bug 排查起来比较费力,为了开发一个稳定的嵌入式系统,往往采用"增量"式模型,即在功能最简单、最基本的系统基础上逐渐扩展其功能。因此,在编写程序之前,必须对程序所实现的功能有一个详细的规划,对整个系统的基本功能需求有一个清晰的定义。在编写程序时应当约定好各种变量、函数名称,并做好注释和文档记录。不同的模块在开发过程中需要不断地测试,也要做好详细的开发和测试记录。

编写程序时也是同样道理,增量式模型要求迅速将系统整体的基本功能实现出来,对于不同的功能可以利用不同的函数进行实现和测试,而不必在主程序中直接定义和实现,这样既快捷又清晰易读。

第三节 Arduino 程序框架——点亮 LED 灯

知识链接

1. Arduino 程序的架构大体可分为 3 个部分，在程序 2-3 中包含了完整的 Arduino 基本程序框架。一般的 Arduino 的程序结构如下：

```
//定义变量与常量子力学 （可以省略）
void setup()
{
//针脚的输出/输入类型、配置串口、引入类库文件
}
Void loop()
{
//要执行的语句
}
```

（1）声明变量及接口的名称。

（2）setup()。在 Arduino 程序运行时首先要调用 setup()函数，用于初始化变量、设置针脚的输出/输入类型、配置串口、引入类库文件等等。每次 Arduino 上电或重启后，setup()函数只运行一次。

（3）loop()。在 setup()函数中初始化和定义变量，然后执行 loop()函数。顾名思义，该函数在程序运行过程中不断地循环，根据反馈，相应地改变执行情况。通过该函数动态控制 Arduino 主控板。

2. void 只用在函数声明中。它表示，该函数将不会被返回任何数据到它被调用的函数中。如下例：在"setup"和"loop"被执行之后，没有数据被返回到高一级的程序中。

程序 2-3：闪灯程序

```
int LEDpin =13;
void setup()
{
  pinMode(LEDpin, OUTPUT);          //将 13 引脚设置为输出引脚
Serial.begin(9600);
}
void loop()
{
  digitalWrite(LEDpin, HIGH);       //13 引脚输出高电平，即将小灯点亮
  delay(1000);
  digitalWrite(LEDpin, LOW);        //13 引脚输出低电平，即将小灯熄灭
  delay(1000);
}
```

这是一个简单的实现 LED 灯闪烁的程序，在这个程序里，int LEDpin = 13；就是上面架构的第一部分，用来声明变量及接口。void setup()函数则将 LEDpin 引脚的模式设为输出模式。在 void loop()中则循环执行点亮熄灭 LED 灯，实现 LED 灯的闪烁。

3. pinMode（接口名称，OUTPUT 或 INPUT）：将指定的接口定义为输入或输出接口，用在 setup()函数里。

4. Serial.begin（波特率），设置串行每秒传输数据的速率（波特率）。在与计算机进行通讯时，可以使用下面这些值：300、1 200、2 400、4 800、9 600、14 400、19 200、28 800、38 400、57 600 或 115 200，一般 9 600、57 600 和 115 200 比较常见。除此之外还可以使用其他需要的特定数值，如与 0 号或 1 号引脚通信就需要特殊的波特率。该函数用在 setup()函数里。

Arduino 官方团队提供了一套标准的 Arduino 函数库，如表 2-1 所示。

表 2-1　Arduino 标准库文件

库文件名	说明
EEPROM	读写程序库
Ethernet	以太网控制器程序库
LiquidCrystal	LCD 控制程序库
Servo	舵机控制程序库
SoftwareSerial	任何数字 IO 口模拟串口程序库
Stepper	步进电机控制程序库
Matrix	LED 矩阵控制程序库
Sprite	LED 矩阵图像处理控制程序库
Wire	TWI/I2C 总线程序库

在标准函数库中，有些函数会经常用到。如小灯闪烁的数字 I/O 口输入输出模式定义函数 pinMode(pin, mode)、时间函数中的延时函数 delay(ms)、串口定义波特率函数 Serial.begin (speed) 和串口输出数据函数 Serial.print (data)。了解和掌握这些常用函数可以帮助开发人员使用 Arduino 实现各种各样的功能。

5. Hello World 做了什么。刚才说的闪灯程序不只是让开发板上的 LED 灯进行闪烁。在程序的背后，再思考一下，LED 是如何用编写好的程序来驱动单片机工作的呢，是不是开发板在 Arduino 的语言驱动下直接工作？

在解决这个问题之前，先来了解一下计算机语言的工作原理。对于计算机来说，进行开发的语言并不是计算机直接可以读懂的。那么计算机能够看懂什么语言呢？有经验的读者肯定会说，二进制语言。是的，计算机的脑子只能看懂两个字符，即 0 和 1。以一个最简单的说明为例，假如计算机会说话，那么它的启动方式可看做是两种可能：一种是通电，一种是断电。可以把通电看成是 1，断电看作是 0。那么计算机中的很多零部件也是一样，工作起来的状态为 1，不工作的状态为 0。计算机中的数据通过存储器储存起来，处理器通过一串 0 和 1 组成的地址，找到存储器中数据的位置，对数据进行一系列操作，从而有条不紊地完成了各个程序的执行任务。

因此，在 Arduino IDE 编程并下载程序到开发板的过程，实际上是编译器将程序翻译为机器语言（即二进制语言）的过程。计算机将二进制的指令传送到单片机程序闪存中，单片机识别指令后进行工作。图 2-19 是从编写好的程序到 Arduino 开发板运行程序的流程。

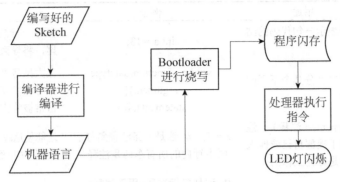

图 2-19　从代码到开发板

Arduino 编译器的作用除了是一位必不可少的翻译官外，还是一位一丝不苟的检察官。写好的程序在编译器翻译成机器语言之前，需要检查程序是否存在语法错误，如果不符合程序框架，或者有些函数没有定义或者使用错误，还有变量类型不正确，编译器都会尽职尽责地检查出来，并明确错误位置。没有编译器，程序编写好后将无法进行解释和分析，也就无法转化成相应的机器语言。

6. 程序中的特殊符号及其用途举例如下。

例如：{}（花括号）大括号（也称为"括号"或"大括号"）是 C 编程语言中的一个重要组成部分。对于初学者，以及由 BASIC 语言转向学习 C 语言的程序员，经常不清楚如何使用括号。毕竟，大括号还会在"return 函数""endif 条件句"以及"loop 函数"中被使用到。它们被用来区分几个不同的结构，下面列出的，有时可能使初学者混乱。

左大括号"{"必须与一个右大括号"}"形成闭合。这是一个常常被称为括号平衡的条件。在 Arduino IDE（集成开发环境）中有一个方便的功能来检查大括号是否平衡。只需选择一个括号，甚至单击紧接括号的插入点就能知道这个括号的"伴侣括号"。目前此功能稍微有些错误，因为 IDE 会经常会认为在注释中的括号是不正确的。

由于大括号被用在不同的地方，这有一种很好的编程习惯以避免错误：输入一个大括号后，同时也输入另一个大括号以达到平衡。然后在你的括号之间输入回车，然后再插入语句。这样一来，你的括号就不会变得不平衡了。

不平衡的括号常可导致许多错误，比如令人费解的编译器错误，有时很难在一个程序找到这个错误。由于其不同的用法，括号也是一个程序中非常重要的语法，如果括号发生错误，往往会极大地影响程序的意义。

大括号中的主要用途如下：

```
void myfunction(datatype argument){
  statements(s)
}
```

在 Arduino 程序中，括号在编程中具到很重要的位置，没有括号基本不可能成为 Arduino 程序，像括号使用频率那么高的还有很多特殊符号，如表 2-2 所示。

表 2-2 Arduino 特殊符号

元素	用途	例子	提示
;（分号）	用于表示一句代码的结束	int a = 13;	在每一行忘记使用分号作为结尾，将导致一个编译错误。
{}（花括号）	被用来区分几个不同的结构	void myfunction(datatype argument){ statements(s) }	左大括号"{"必须与一个右大括号"}"形成闭合。这是一个常常被称为括号平衡的条件。
//（单行注释）	Comments（注释）。注释用于提醒自己或他人程序是如何工作的。	x = 5; // 这是一条注释斜杠后面本行内的所有东西是注释。	这能使这段代码成为注释而保留在程序中，而编译器能忽略它们。
/* */（多行注释）	注释的唯一作用就是使你自己理解或帮你回忆你的程序是怎么工作的或提醒他人你的程序是如何工作的。	/* 这是多行注释-用于注释一段代码 if(gwb == 0){ // 在多行注释内可使用单行注释 x = 3; /* 但不允许使用新的多行注释-这是无效的。	这个方法用于寻找问题代码或当编译器提示出错或错误很隐蔽时很有效。

课堂任务

任务 1：初步体验编写一个 Arduino 程序，成功点亮一个 LED 灯；

任务 2：修改程序让它闪烁；

任务 3：修改程序并增加两个不同颜色的 LED 灯，让这三个 LED 灯循环闪烁，如图 2-20 所示。

探究活动

1. 所需器材：面包板 1 个，Arduino 主板 1 个，USB 下载导线 1 条，LED 灯 3 个，导线若干。
2. 硬件连接。我们先设计好自己的电路，右图就是我设计的电路（可能大家发现了，电路图上 Arduino 主板上的 0-13 脚是正极，对应真实 LED 比较长的那只脚），大家可以看到，实际的电路不一定像电路图设计上那么理想，所以我们会进行变通，我们的实际电路就是这样，将负极（LED 灯的比较短的脚）全部接到了面包板上部，然后将集线板上部的负极和 Arduino 主板上的 GND（地线）负极联通，完成电路，任务三实物连接如图 2-20 所示。（为什么黄色 LED 灯的长脚要串联一个电阻再接 Arduino 主板的正极？）

图 2-20 流水灯实物连接

然后，蓝色的 USB 接插入电脑的 USB 接口。

3. 编写程序。在电脑上启动 Arduino 软件，手工录入相关程序（对于初学者来说，我建议每条程序都用手工录入，有利更快掌握 Arduino 编程方法）。编好程序代码之后，首先进行编译。等编译成功之后，再进行下载程序到 Arduino 主板，此过程有人也称之为上传程序代码。下载完程序之后就可以看见 LED 灯每半秒闪一次，这个就是传说中的流水灯。

程序设计

任务一：点亮 LED 灯

```
void setup() {
        pinMode(1,OUTPUT);
                }
         void loop(){
             digitalWrite(1,HIGH);
                     }
```

任务二：让 LED 灯闪烁

```
int LEDpin =3;
void setup()
{
 pinMode(LEDpin, OUTPUT);      //将 3 引脚设置为输出引脚
 Serial.begin(9600);
}
void loop()
{
 digitalWrite(LEDpin, HIGH);   //3 引脚输出高电平，即将小灯点亮
 delay(1000);
 digitalWrite(LEDpin, LOW);    //3 引脚输出低电平，即将小灯熄灭
 delay(1000);
}
```

任务三：让三个 LED 灯闪烁

根据任务一和任务二的知识，任务三的程序学习者可尝试自己设计。

成果分享

完成任务三的准创客，你成功完成了闪烁流水灯的制作，当然，闪烁的方法千变万化，LED 的摆放方式也是千变万化，希望大家自己多思考多研究，将自己制作的闪烁灯拍成 DV 视频和制作过程发到朋友圈，让朋友、老师、同事、亲人与您一起分享，并收集他们的建议和意见。根据收集回来的建议和意见，进一步研究，进一步修改作品。

思维拓展

本实验只是点亮 1-3 个灯的程序设计，如果要接四个不同的 LED 灯，并让它们闪烁，如何修改程序呢？在哪里增加语句？又如何接入 Arduino 主板？要让四个不同颜色的 LED 灯按一定规律闪烁，又如何编程？

同学们，再回去看看程序，这个程序结构就是顺序结构。顺序结构有什么特征？什么叫

赋值语句？特别要注意 pinMode（LEDPin，OUTPUT）、digitalWrite（LEDPin，HIGH）和 delay（1000）等几个函数的作用，能说出来？

同学们，上面程序中的括号有几种？每一种括号有什么作用，可以互换么？为什么？另外，有没有留意每句语句后的分号，有些语句有分号，有些语句又没有分号？为什么？

想创就创

1. 同学们，请你制作一个由若干个 LED 组成的数字或字母灯，并让它同时闪烁。要求：所有程序必须手工输入，不能复制粘贴。

2. 程序不变，把 LED 灯换成继电器，如何接线，观察现象，并思考如果换成继电器之后可以用来做什么工业用途。

第四节　变量与常量——闪烁 LED 灯

加载第一个程序后，要想写出一个完整的程序，需要了解和掌握 Arduino 语言，本节将对 Arduino 语言做一个初步讲解，首先介绍变量和常量。

知识链接

一、变量

变量来源于数学，是计算机语言中能储存计算结果或者能表示某些值的一种抽象概念。通俗来说可以认为是给一个值命名。当定义一个变量时，必须指定变量的类型。如果变量全是整数，这种变量称为整型（int），那么如果要定义一个名为 LED 的变量值为 11，变量应该这样声明：

```
int led =11;
```

一般变量的声明方法为类型名+变量名=变量初始化值。变量名的写法约定为首字母小写，如果是单词组合则中间每个单词的首字母都应该大写，例如 ledPin、ledCount 等，一般把这种拼写方式称为小鹿拼写法（pumpy case）或者骆驼拼写法（camel case）。

变量的作用范围又称为作用域，变量的作用范围与该变量在哪儿声明有关，大致分为如下两种。

1. 全局变量：若在程序开头的声明区或是在没有大括号限制的声明区，所声明的变量作用域为整个程序。即整个程序都可以使用这个变量代表的值或范围，不局限于某个括号范围内。

2. 局部变量：若在大括号内的声明区所声明的变量，其作用域将局限于大括号内。若在主程序与各函数中都声明了相同名称的变量，当离开主程序或函数时，该局部变量将自动消失。

使用变量还有一个好处，就是可以避免使用魔数。在一些程序代码中，代码中出现但没有解释的数字常量或字符串称为魔数（magic number）或魔字符串（magic string）。魔数的出现使得程序的可阅读性降低了很多，而且难以进行维护。如果在某个程序中使用了魔数，那么在几个月（或几年）后将很可能不知道它的含义是什么。

为了避免魔数的出现，通常会使用多个单词组成的变量来解释该变量代表的值，而不是随意给变量取名。同时，理论上一个常数的出现应该对其做必要地注释，以方便阅读和维护。在修改程序时，只需修改变量的值，而不是在程序中反复查找令人头痛的"魔数"。

二、常量

常量是指值不可以改变的量，例如定义常量 const float pi = 3.14，当 pi = 5 时就会报错，因为常量是不可以被赋值的。编程时，常量可以是自定义的，也可以是 Arduino 核心代码中自带的。下面就介绍一下 Arduino 核心代码中自带的一些常用的常量，以及自定义常量时应该注意的问题。

1. 逻辑常量（布尔常量）：false 和 true

false 的值为零，true 通常情况下被定义为 1，但 true 具有更广泛的定义。在布尔含义（Boolean Sense）里任何非零整数为 true。所以在布尔含义中-1、2 和-200 都定义为 true。

2. 数字引脚常量：INPUT 和 OUTPUT

首先要记住这两个常量必须是大写的。当引脚被配置成 INPUT 时，此引脚就从引脚读取数据；当引脚被配置成 OUTPUT 时，此引脚向外部电路输出数据。在前面程序中经常出现的 pinMode（ledPin，OUTPUT），表示从 ledPin 代表的引脚向外部电路输出数据，使得小灯能够变亮或者熄灭。

3. 引脚电压常量：HIGH 和 LOW

这两个常量也是必须大写的。HIGH 表示的是高电位，LOW 表示的是低电位。例如：digitalWrite（pin，HIGH）；就是将 pin 这个引脚设置成高电位的。还要注意，当一个引脚通过 pinMode 被设置为 INPUT，并通过 digitalRead 读取（read）时。如果当前引脚的电压大于等于 3V，微控制器将会返回为 HIGH，引脚的电压小于等于 2V，微控制器将返回为 LOW。当一个引脚通过 pinMode 配置为 OUTPUT，并通过 digitalWrite 设置为 LOW 时，引脚为 0V，当 digitalWrite 设置为 HIGH 时，引脚的电压应在 5V。

4. 自定义常量

在 Arduino 中自定义常量包括宏定义#define 和使用关键字 const 来定义，它们之间有细微的区别。在定义数组时只能使用 const。一般 const 相对的#define 是首选的定义常量语法。

课堂任务

任务一：学习 Arduino 语言的变量与常量概念及其应用。

任务二：制作一个带变量程序的闪灯。

探究活动

1. 把 Arduino 主板通过导线连接到 PC 的 USB 口，并安装好驱动程序。

2. 启动 Arduino 软件，选择对应的串口。

3. 手工录入带变量的闪灯程序。

4. 等录完程序，单击"校验"，编译完毕，再单击"下载"，让程序下载到 Arduino 主板上。

成果分享

当程序成功下载之后，我们可以看到主板数据端口 13（指示 13）自带的 LED 灯不断闪烁，说明已经成功了。此时，你可以给其他朋友、亲人、同学、老师来分享你的成果了。

程序设计

程序 2-3：带变量的闪灯程序

```
int ledPin =13;//这个 ledPin 就是变量，13 为常量，int 标明 ledPin 为整型变量
int delayTime=1000;//delayTimei 为整型变量 1000 赋值给变量 delayTime
void setup()
{
  pinMode(ledPin,OUTPUT);
}

void loop()
{
  digitalWrite(ledPin,HIGH);
  delay(delayTime);              //延时 1s
  digitalWrite(ledPin,LOW);
  delay(delayTime);              //延时 1s
}
```

这里还使用了一个名为延时的 delayTime 变量，在延时（delay）函数中使用的参数单位为毫秒，用到 delay 函数中，即延时 1000 毫秒。

思维拓展

本实验完成了一个带变量的闪灯实验，程序中常量 13 赋值给整型变量 ledPin 之后，变量 ledPin 获得的值为 13，如后面的程序语句 pinMode（ledPin，OUTPUT）中的 ledPin 值为 13，换句话说等同于 pinMode（13，OUTPUT），在这里为什么不直接写 13，而是写一个变量来代替呢？

"ledPin=13"这个是等式？不是，是计算机编程语言中我们统称为赋值语句，也就是 13 赋值给变量 ledPin，变量 ledPin 取得的值为 13。我们再看一个例子："A=3；B=A；C=B-1；"，我想问的是此时的 A、B、C 的值是多少？提醒一下，赋值是把自己拥有的复制一份赋值给别人（变量），自己拥有的东西并没有发生变化。

想创就创

如果希望小灯闪烁快些，将延时函数值改小就可以了，您可以尝试将 delayTime 数值改成 500，可以看到小灯闪烁的频率变大了。如果在程序的后面再加上 1 行代码"delayTime=delayTime+100；"可以发现小灯闪烁的频率越来越小，即小灯闪烁的越来越慢了。当按下"重置"按钮后，小灯闪烁又重新变快了。

想创就创,改变闪烁频率,再观察闪灯效果。

```
int ledPin = 13;
int delayTime = 1000;
void setup()
{
pinMode(ledPin,OUTPUT);
}
void loop()
{
digitalWrite(ledPin,HIGH);
delay(delayTime);                    //延时
digitalWrite(ledPin,LOW);
  delay(delayTime);
  delayTime=delayTime+100;           //每次增加延时时间 0.1s
}
```

第五节 常用函数——调用函数的闪烁 LED 灯

在编写程序的过程中,有时一个功能需要多次使用,反复写同一段代码既不方便又难以维护。开发语言提供的函数无法满足特定的需求,同时,一些功能写起来并不容易,为了方便开发和阅读维护,函数的重要性便不言而喻,使用函数可以使程序变得简单。

函数就像一个程序中的小程序,一个函数实现的功能可以是一个或多个功能,但是函数并不是实现的功能越多越强大。优秀的函数往往是功能单一的,调用起来非常方便。一个复杂的功能很多情况下是由多个函数共同完成的。

知识链接

1. 常用函数。使用 Arduino 进行编程时,经常会遇到一些函数,这里对这些函数做一下简单的介绍。

(1) pinMode(接口名称,OUTPUT 或 INPUT):将指定的接口定义为输入或输出接口,用在 setup()函数里。

(2) digitalWrite(接口名称,HIGH(高)或 LOW(低)):将数字输入输出接口的数值置高或置低。

(3) digitalRead(接口名称):读出数字接口的值,并将该值作为返回值。

(4) analogWrite(接口名称,数值):给一个模拟接口写入模拟值(PWM 脉冲)。

(5) analogRead(接口名称):从指定的模拟接口读取数值,Arduino 对该模拟值进行数字转换,这个方法将输入的 0~5V 电压值转换为 0~1023 间的整数值,并将该整数值作为返回值。

(6) delay(时间),延时一段时间,以毫秒为单位,如 1 000 为 1s。

(7) Serial.begin(波特率),设置串行每秒传输数据的速率(波特率)。在与计算机进行通讯时,可以使用下面这些值:300、1200、2400、4800、9600、14400、19200、28800、38400、

57600 或 115200，一般 9600、57600 和 115200 比较常见。除此之外还可以使用其他需要的特定数值，如与 0 号或 1 号引脚通信就需要特殊的波特率。该函数用在 setup()函数里。

（8）Serial.read()，读取串行端口中持续输入的数据，并将读入的数据作为返回值。

（9）Serial.print（数据，数据的进制），从串行端口输出数据。Serial.print（数据）默认为十进制，相当于 Serial.print（数据，十进制）。

（10）Serial.println（数据，数据的进制），从串行端口输出数据，有所不同的是输出数据后跟随一个回车和一个换行符。但是该函数所输出的值与 Serial.print()一样。

有关 Arduino 标准库中其他自带的函数，在接下来的章节中还会继续进行讲解。

2. Arduino 自定义函数。如果你想编一些复杂点的程序，实现一些更眩的功能，你会发现你的 loop 程序会写得非常的长，有时候会搞不清楚具体的一个功能到底写在哪行了。能不能将一个功能的实现写在一个地方，如果要用的时候只要在 loop 主程序里调用一下就可以了呢？答案当然是可以的，那就是自定义函数。自定义函数应该可以分为如下四类。

（1）无返回值无参数类型。例如，你自定义一个函数：

```
void ledflash();//定义一个名为ledflash的函数
{   //函数的具体内容写在{}内
digitalWrite(led,HIGH);
delay(1000);
digitalWrite(led,LOW);
delay(1000);
}//注意，函数的定义在loop()循环之外
```

那么只要在 loop()主程序内写上：ledflash()；程序就自动回调用 ledflash 函数，执行函数内容。

（2）无返回值有参数类型。运行第一类函数只能运行事先写好的程序，无法在调用的时候控制。那么这第二类函数就可以加入一个参数来控制了，例如：

```
void ledflash(int i)        //定义一个名为ledflash的函数
{                           //函数的具体内容写在{}内
digitalWrite(led,HIGH);
 delay(i);
digitalWrite(led,LOW);
delay(i);
}                           //注意，函数的定义在loop()循环之外
```

这类函数在调用的时候需要给它一个参数，例如：ledflash（1000）；那么在调用函数的时候就会给函数内的 i 变量赋值为 1 000。

（3）有返回值无参数类型。前两类函数都只是实现一个具体的功能，函数本身不会返回一个结果，那么第三类函数就可以实现运行函数后会返回一个值，例如：

```
int analogzhi()      //首先用int定义这个函数返回的值得类型为int型
{
 int i;              //定义一个变量用于返回值
 i=analogRead(A0);
 return(i);          //返回i的值
}
在调用的时候可以如下所示：
```

```
int a;                //先定义一个变量
a=analogzhi();        //令这个变量等于analogzhi函数的返回值
```

（4）当然是既有返回值又有参数的函数。例如：

```
int jisuan(int i)
{
int j;
j=i*10;
return(j);
}
```

在调用的时候如下所示：

```
int a;                //先定义一个变量
a=jisuan(2);          //令这个变量等于jisuan函数参数为2时的值
```

现在你已经学习了如何使用函数来使你的程序变简单了，那么来尝试做一个复杂点的吧，例如，使用一个按钮模块，三个 LED 灯，每按一下按钮，LED 灯就变换一种闪烁方式。注意，可以把每种闪烁方式写成一个函数，这样在 loop 主程序中简单地调用这些函数就可以了。

课堂任务

使用闪灯函数的闪灯程序，继续以闪灯为例，LED 灯要闪烁 20 次，闪灯这个功能可以封装到一个函数里面，当多次需要闪灯的时候便可以直接调用这个闪灯函数了。

探究活动

1. 把 Arduino 主板通过导线连接到 PC 的 USB 口，并安装好驱动程序。
2. 启动 Arduino 软件，选择对应的串口。
3. 手工录入使用闪灯函数的闪灯程序。
4. 等录完程序，单击"校验"，编译完毕，再单击"下载"，让程序下载到 Arduino 主板上。

程序设计

程序 2-5：使用闪灯函数的闪灯程序，本程序中 for 循环语句使用方法后面章节会学到。

```
int ledPin = 13;
int delayTime = 1000;                    //定义延时变量delayTime为1s
int delayTime2 = 3000;                   //定义延时变量delayTime2为3s
void setup()
{pinMode(ledPin,OUTPUT);
}
void loop()
{
for(int count=0;count<20;count ++)       //调用20次闪烁函数与for循环语句
{flash();}
delay(delayTime2);                       //延时3s
}
void flash()                             //定义无参数的闪灯函数
```

```
{
digitalWrite(ledPin,HIGH);
delay(delayTime);
digitalWrite(ledPin,LOW);
delay(delayTime);
}
```

思维拓展

在该程序里，调用的 flash() 函数实际上就是 LED 闪烁的代码，相当于程序运行到那里便跳入该 4 行闪灯代码中，其函数非常简单。在这个例子中，flash() 函数是一个空类型的函数，即没有任何返回值。flash() 函数也没有任何参数，有些函数需要接受参数才能执行特定的功能。

同学们，学到这里，想不想改进使用闪灯函数的程序？所谓的函数参数，就是函数中需要传递值的变量、常量、表达式、函数等。接下来的例子会将闪灯函数改变一下，使其闪烁时间可以变化。改进闪灯函数的程序如下，请把程序下载到 Arduino 主板，看看有什么变化？

```
int ledPin = 13;
int delayTime = 1000;                    //定义延时变量 delayTime 为 1s
int delayTime2 = 3000;                   //定义延时变量 delayTime2 为 3s

void setup()
{
    pinMode(ledPin,OUTPUT);
}

void loop()
{
    for(int count=0;count<20;count ++)
    {
        flash(delayTime);                //调用 20 次闪烁灯光的函数，延时为 3s
    }
    delay(delayTime2);                   //延时 3s
}

void flash(int delayTime3)               //定义具有参数的闪灯函数
{
    digitalWrite(ledPin,HIGH);
    delay(delayTime3);
    digitalWrite(ledPin,LOW);
    delay(delayTime3);
}
```

在改进的闪灯例子中，flash() 函数接受一个整型的参数 delayTime3，称为形式参数，简称形参。形参是在定义函数名和函数体时使用的参数，目的是用来接收调用该函数时传递的参数，值一般不确定。形参变量只有在被调用时才分配内存单元，在调用结束时，即刻释放所分配的内存单元。因此，形参只在函数内部有效。函数调用结束返回主调用函数后则不能再使用该形参变量。

而 loop() 函数中 flash 接受的参数 delayTime，称为实际参数，简称实参。实参是传递给形参的值，具有确定的值。实参和形参在数量上、类型上、顺序上应严格一致，否则将会发生类型不匹配的错误。

如果是非空类型的函数，在构造函数时应注意函数的返回值应和函数的类型保持一致，在调用该函数时函数返回值应和变量的类型保持一致。程序 2-6 是一个比较两个整数大小的函数 max，程序 2-6 中给出了这个具有返回值的函数的定义和调用。

```
int Max(int a,int b)
{                           //定义具有参数和返回值的求两个数最大值的函数{
  if(a>=b)
  {
      return a;             //a>=b 时返回 a
  }
  else{
      return b;             //a<b 时返回 b
  }
}
void setup() {
int x=Max(10,20);           //调用 Max()函数
Serial.println(x);
}
void loop() {
  // put your main code here, to run repeatedly;
}
```

第六节　Arduino 串口通信——Hello World！

知识链接

1. Arduino—串口函数 Serial，Arduino 串口功能是一个非常有用的功能，串口是 Arduino 与其他设备进行通信的接口，我们需要很好的掌握它的使用。Arduino 串口使用相关的函数，随着版本的升级，新版本加入了会更多，目前版本共有 10 个串口函数 Serial，下面所列 12 个串口函数中前五个为 arduino 常用串口函数。

```
Serial.begin(speed); //开启串行通信接口并设置通信波特率，串口定义波特率函数，speed 表示波特率，如 9600、19200 等。
Serial.available();//判断串口缓冲器是否有数据装入
Serial.read();     //读取串口并返回收到的数据
Serial.print();    //写入字符串数据到串口
Serial.println();  //写入字符串数据+换行到串口
Serial.peek();     //返回下一字节(字符)输入数据，但不删除它
Serial.flush();    //清空串口缓存
Serial.write();    //写入二进制数据到串口
Serial.SerialEvent();//read 时触发的事件函数
Serial.readBytes(buffer,length);//读取固定长度的二进制流
Serial.println(incomingByte, DEC);//打印接到数据十进制表示的 ascii 码
HEX 十六进制表示
Serial.end();      //关闭串口通讯，只是输出的数据后面另加一个回车符
```

2. Char 函数，用来描述一个数据类型，占用 1 个字节的内存存储一个字符值。字符都写在单引号里，如'A'，如果是多个字符或字符串，必须写在双引号里，如"ABC"。字符以编号的形式存储。你可以在 ASCII 表中看到对应的编码。这意味着字符的 ASCII 值可以用来做数学计算。（例如'A'+1，因为大写 A 的 ASCII 值是 65，所以结果为 66）。

char 数据类型是有符号的类型，这意味着它的编码为-128 到 127。对于一个无符号一个字节（8 位）的数据类型，使用 byte 数据类型。例如：

```
char myChar = 'A';
char myChar = 65; //both are equivalent
```

3. 串口监控器是一个免费的多功能串口调试、串口监控软件。它集数据发送、数据接收、数据分析等众多功能于一身，具有小巧精致、操作简捷、功能强大的特点，深得用户喜爱。使用户在串口通信监控，设备通讯测试中，能够有效提高工作效率。

课堂任务

任务一：学习 Arduino—串口函数 Serial 和 char 函数的应用方法及语法。

任务二：编写程序从串口监视器中显示"Hello world!"。

探究活动

1. 硬件连接：把 Arduino 用数据线接入电脑的 USB 接口，在菜单栏中点"工具"—"串口"—"COM15"（这个 COM15 是根据你接入的 USB 而定，每台电脑不一样），如图 2-21 所示。

2. 手工录入程序代码，然后单击校验，校验完毕，再单击下载，如图 2-22 所示。

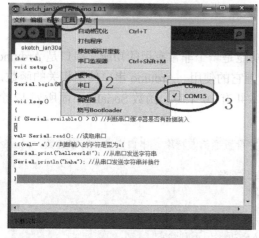

图 2-21 选择串口

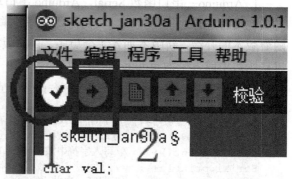

图 2-22 校验及下载

3. 当下载完毕，单击"串口监视器"，并串口监视器运行栏中键盘录入"a"，再单击"发送"，串口监视器窗口下面会显示"Hello world"等字样。证明串口与 Arduino 互相通讯成功，如图 2-23 所示。

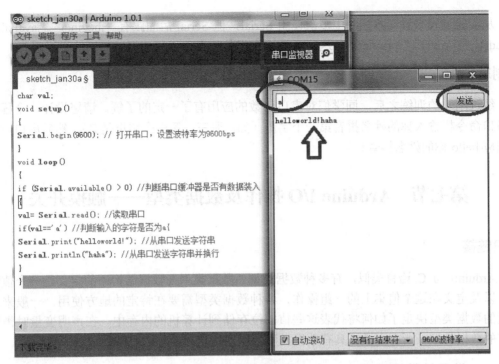

图 2-23 串口监视器

程序设计

```
char val;
void setup()
{
Serial.begin(9600);  // 打开串口,设置波特率为9600bps
}
void loop()
{
if (Serial.available() > 0)  //判断串口缓冲器是否有数据装入
{
val= Serial.read();  //读取串口
if(val=='a')  //判断输入的字符是否为a{
Serial.print("helloworld!");  //从串口发送字符串
Serial.println("haha");  //从串口发送字符串并换行
}
}
```

成果分享

当你在串口监视器上录入 a 时,你看到 hello world 了么?请你邀请朋友分享一下你的成果,让他录入 a 看看效果,你会获得更好的成功感。

思维拓展

本实验是串口监视器上录入 a 时,串口监视器回应"Hello world"字样,大家有没有试过录入大写"A"时,串口监视器还会回应"hello world"字样?为什么?

从实验过程来看，本程序中多次使用 Serial，但 Serial 后面跟有".begin()"".available()"".read()"".print()"".println()"，这些函数的作用是什么，如何使用？能不能说说呢？

想创就创

经过刚才的训练之后，同学们对串口函数的应用有了一定的了解，请您设计一个程序，在串口命令栏输入你的姓名拼音第一个字母（如：张三，第一个字母是 Z），然后串口监视器会回应 hello 你的姓名拼音！

第七节　Arduino I/O 操作及数据类型——触摸开关

知识链接

Arduino 与 C 语言类似，有多种数据类型。数据类型在数据结构中的定义是一个值的集合，以及定义在这个值集上的一组操作，各种数据类型需要在特定的地方使用。一般来说，变量的数据类型决定了如何将代表这些值的位存储到计算机的内存中。在声明变量时需要指定它的数据类型，所有变量都具有数据类型，以便决定存储不同类型的数据。

一、常用的数据类型

常用的数据类型有布尔类型、字符型、字节型、整型、无符号整型、长整型、无符号长整型、浮点型、双精度浮点型等，本小节会依次介绍这些数据类型。

1. 布尔类型

布尔值（bollean）是一种逻辑值，其结果只能为真（true）或者假（false）。布尔值可以用来进行计算，最常用的布尔运算符是与运算（&&）、或运算（||）和非运算（!）。表 2-3 是与、或和非运算的真值表。

表 2-3　与、或和非运算的真值表

与运算	A 假	A 真
B 假	假	假
B 真	假	真
或		
或运算	A 假	A 真
B 假	假	真
B 真	真	真
非		
非运算	A 假	A 真
	真	假

如表 2-3 所示的真值表中，对于与运算，仅当 A 和 B 均为真时，运算结果为真，否则，运算结果为假；对于或运算，仅当 A 和 B 均为假时，运算结果为假，否则，运算结果为真。对于非运算，当 A 为真时，运算结果为假；当 A 为假时，运算结果为真。

2. 字符型

字符型（char）变量可以用来存放字符，其数值范围是-128～+128。例如：char A=58。

3. 字节型

字节（byte）只能用一个字节（8 位）的存储空间，它可以用来存储 0～255 之间的数字。例如：byte B=8。

4. 整型

整型（int）用两个字节表示一个存储空间，它可以用来存储-32 768～+32 767 之间的数字。在 Arduino 中，整型是最常用的变量类型。例如：int C=13。

5. 无符号整型

同整型一样，无符号整型（unsigned int）也用两个字节表示一个存储空间，它可以用来存储 0～65 536 之间的数字，通过范围可以看出，无符号整型不能存储负数。例如：unsigned int D=65 535。

6. 长整型

长整型（long）可以用 4 个字节表示一个存储空间，其大小是 int 型的 2 倍。它可以用来存储-2 147 483 648～2 147 483 648 的数字。例如：long E=2 147 483 647。

7. 无符号长整型

无符号长整型（unsigned long）同长整型一样，用 4 个字节表示一个存储空间，它可以用来存储 0～4 294 967 296 之间的数字。例如：unsigned long F=4 294 967 295。

8. 浮点型

浮点数（float）可以用来表示含有小数点的数，例如：1.24。当需要用变量表示小数时，浮点数便是所需要的数据类型。浮点数占有 4 个字节的内存，其存储空间很大，能够存储带小数的数字。例如：a=b/3。

当 b=9 时，显然 a=3，为整型。当 b=10 时，正确结果应为 3.3333，可是由于 a 是整型，计算出来的结果将会变为 3，这与实际结果不符。但是，如果方程为：float a=b/3.0。当 b=9 时，a=3.0。当 b=10 时，a=3.3333，结果正确。如果在常数后面加上".0"，编译器会把该常数当做浮点数而不是整数来处理。

9. 双精度浮点型

双精度浮点型（double）同 float 类似，它通常占有 8 个字节的内存，但是，双精度浮点型数据比浮点型数据的精度高，而且范围广。但是，双精度浮点型数据和浮点型数据在 Arduino 中是一样的。

二、数据类型转换

在编写程序过程中需要用到一些有关数据类型转换的函数，这里介绍几个常见的数据类型转换函数。

（1）char()功能：将一个变量的类型变为 char。
语法：char(x)；参数：x：任何类型的值
返回值：char 型值
（2）byte()功能：将一个值转换为字节型数值。
语法：byte(x)；参数：x：任何类型的值
返回值：字节
（3）int()功能：将一个值转换为整型数值。
语法：int(x)；参数：x：任何类型的值
返回值：整型的值
（4）long()功能：将一个值转换为长整型数值。
语法：long(x)；参数：x：任何类型的值
返回值：长整型的值
（5）float()功能：将一个值转换换浮点型数值。
语法：float(x)；参数：x：任何类型的值
返回值：浮点型的值
（6）word()功能：把一个值转换为 word 数据类型的值，或由两个字节创建一个字符。
语法：word(x)或 word(H,L)；参数：x：任何类型的值，H：高阶字节（左边），L：低阶字节（右边）
返回值：字符

三、自定义数据类型

在 Arduino 中可以根据自己的需要定义结构类型的数据，其方法和 C 语言是一致的。
例如：struct　Student

```
{
    char[20]  name;
    int       number;
    char[2]   sex;
    int       score;
}
```

四、运算符

本节介绍最常用的一些 Arduino 运算符，包括赋值运算符、算数运算符、关系运算符、逻辑运算符和递增/减运算符，如表 2-4 所示。

表 2-4　运算符

运算符类型	运算符	说明
算术运算符	=	赋值
	+	加
	-	减
	*	乘

续表

运算符类型	运算符	说明
算术运算符	/	除
	%	取余
比较运算符	==	等于
	!=	不等于
	<	小于
	>	大于
	<=	小于或等于
	>=	大于或等于
逻辑运算符	&&	逻辑与运算
	||	逻辑或运算
	!	逻辑非运算
复合运算	++	自加
	−−	自减
	+=	复合加
	−=	复合减

1. 赋值运算符

=（等于）为指定某个变量的值，例如：A=x，将 x 变量的值放入 A 变量。

+=（加等于）为加入某个变量的值，例如：B+=x，将 B 变量的值与 x 变量的值相加，其和放入 B 变量，这与 B=B+x 表达式相同。

−=（减等于）为减去某个变量的值，例如：C−=x，将 C 变量的值减去 x 变量的值，其差放入 C 变量，与 C=C−x 表达式相同。

=（乘等于）为乘入某个变量的值，例如：D=x，将 D 变量的值与 x 变量的值相乘，其积放入 D 变量，与 D=D*x 表达式相同。

/=（除等于）为和某个变量的值做商，例如：E/=x，将 E 变量的值除以 x 变量的值，其商放入 E 变量，与 E=E/x 表达式相同。

%=（取余等于）对某个变量的值进行取余数，例如：F%=x，将 F 变量的值除以 x 变量的值，其余数放入 F 变量，与 F=F%x 表达式相同。

&=（与等于）对某个变量的值按位进行与运算，例如：G&=x，将 G 变量的值与 x 变量的值做 AND 运算，其结果放入 G 变量，与 G=G&x 表达式相同。

|=（或等于）对某个变量的值按位进行或运算，例如：H|=x，将 H 变量的值与 x 变量的值相 OR 运算，其结果放入变量 H，与 H=H|x 相同。

^=（异或等于）对某个变量的值按位进行异或运算，例如：I^=x，将 I 变量的值与 x 变量的值做 XOR 运算，其结果放入变量 I，与 I=I^x 相同。

<<=（左移等于）将某个变量的值按位进行左移，例如：J<<=n，将 J 变量的值左移 n 位，与 J=J<<n 相同。

>>=（右移等于）将某个变量的值按位进行右移，例如：K>>=n，将 K 变量的值右移 n 位，与 K=K>>n 相同。

2. 算数运算符

+（加）对两个值进行求和，例如：A=x+y，将 x 与 y 变量的值相加，其和放入 A 变量。

－（减）对两个值进行做差，例如：B=x-y，将 x 变量的值减去 y 变量的值，其差放入 B 变量。

*（乘）对两个值进行乘法运算，例如：C=x*y，将 x 与 y 变量的值相乘，其积放入 C 变量。

/（除）对两个值进行除法运算，例如：D=x/y，将 x 变量的值除以 y 变量的值，其商放入 D 变量。

%（取余）对两个值进行取余运算，例如：E=x%y，将 x 变量的值除以 y 变量的值，其余数放入 E 变量。

3. 关系运算符

==（相等）判断两个值是否相等，例如：x==y，比较 x 与 y 变量的值是否相等，相等则其结果为 1，不相等则为 0。

!=（不等）判断两个值是否不等，例如：x!=y，比较 x 与 y 变量的值是否相等，不相等则其结果为 1，相等则为 0。

<（小于）判断运算符左边的值是否小于右边的值，例如：x<y，若 x 变量的值小于 y 变量的值，其结果为 1，否则为 0。

>（大于）判断运算符左边的值是否大于右边的值，例如：x>y，若 x 变量的值大于 y 变量的值，其结果为 1，否则为 0。

<=（小等于）判断运算符左边的值是否小于等于右边的值，例如：x<=y，若 x 变量的值小等于 y 变量的值，其结果为 1，否则为 0。

>=（大等于）判断运算符左边的值是否大于等于右边的值，例如：x>=y，若 x 变量的值大等于 y 变量的值，其结果为 1，否则为 0。

4. 逻辑运算符

&&（与运算）是对两个表达式的布尔值进行按位与运算，例如：(x>y)&&(y>z)，若 x 变量的值大于 y 变量的值，且 y 变量的值大于 z 变量的值，则其结果为 1，否则为 0。

||（或运算）是对两个表达式的布尔值进行按位或运算，例如：(x>y)||(y>z)，若 x 变量的值大于 y 变量的值，或 y 变量的值大于 z 变量的值，则其结果为 1，否则为 0。

!（非运算）是对某个布尔值进行非运算，例如：!(x>y)，若 x 变量的值大于 y 变量的值，则其结果为 0，否则为 1。

5. 递增/减运算符

++（加 1）将运算符左边的值自增 1，例如：x++，将 x 变量的值加 1，表示在使用 x 之后，再使 x 值加 1。

——（减 1）将运算符左边的值自减 1，例如：x--，将 x 变量的值减 1，表示在使用 x 之后，再使 x 值减 1。

五、电容式点动型触摸开关

要了解基本输入，我们首先要有一个能输出 1bit 数据的元件，这个可以是各类开关，也可以是其他元件模块，甚至你可以什么都不用买，仅仅用板载的 3.3V 引脚接 13 号口来模拟开关操作。那么我们先对电容式点动型触摸开关做个了解，如图 2-24 所示。

可以看到这上面有三个引脚，SIG\VCC\GND。与其他电路一样，VCC 是电源，你可以接 Arduino 的 3.3V 或 5V 引脚，SIG 是信号线，普通状态下，输出低电平（也就是 0），当你用手去触摸它的圆圈区域时候，SIG 会输出高电平（也就是 1）。因此你可以将他看作一个开关。

但是需要注意：触摸圆圈区域的背面也是有效的，因此，如果你手没碰它，SIG 依然输出高电平的话，你要考虑是否由于他的背面触碰到了什么能影响它的东西。

课堂任务

1. 学习相关数据类型函数及其互相转换方法。
2. 制作一个电容式点触摸开关，从串口监视器观看结果。

探究活动

1. 所需器材：触摸传感器一个，Arduino 主板一个，导线若干。
2. 硬件连接：

1）请按 Arduino 与触摸传感器连接对照表接好线，如表 2-5 所示。

表 2-5 触摸传感器连接对照表

Arduino Uno	触摸模块
Pin A5	SIG
5V	VCC
GND	GND

2）实物连接如图 2-25 所示。

图 2-24 触摸开关

图 2-25 触摸开关实物连接图

3）编程下载程序到 Arduino 主板上，再打开串口监视窗口。

程序设计

1. 实验前，首先将 VCC 接 Arduino 的 3.3V 或 5V 引脚，SIG 接 13 号引脚。然后打开 ArduinoIDE，写入下列程序，保存后上传，再打开串口工具。

```
#define TOUCH_SIG 13
//获取状态
boolean get_touch(){
  boolean touch_stat=0;
touch_stat=digitalRead(TOUCH_SIG);//读入状态
  return touch_stat;
}

void setup() {
  pinMode(TOUCH_SIG,INPUT);            //设置 13 号端口为输入模式
 Serial.begin(115200);
}

void loop() {
  boolean touch_stat;
  Serial.print("\nrunning\nTouch Stat - ");
  touch_stat=get_touch();
  Serial.print(touch_stat);
  delay(1000);
    }
```

如果你 begin 函数设置的波特率和串口工具右下角的波特率一致的话你应该能收到数据。这时，你可以触摸一下传感器的圆圈区域，你会发现原本输出的 0 变成了 1，再松开手，他又会继续输出 0。注意：触摸圆圈区域的背面也是有效的，因此，如果你手没碰它，SIG 依然输出高电平的话，你要考虑是否由于他的背面触碰到了什么能影响它的东西。

2. 把传感器的 SIN 信号线接 Arduino 主板的 A5 脚。再下载以下程序。

```
void setup() {
 pinMode(A5,INPUT);    //设置引脚 A5 为输出模式
  Serial.begin(9600);  //设置波特率为 9600
}

void loop() {
  // put your main code here, to run repeatedly:
  Serial.println(analogRead(A5));  //串口输出 A5 读取到的值
  delay(200);       //延时 200 毫秒
}
```

成果分享

完成以上操作之后，你可以触摸一下传感器的圆圈区域，你会发现原本输出的 0 变成了 1，再松开手，他又会继续输出 0。如图 2-26 所示。

同学们，此时你可以让身边的朋友、亲人、老师、同学来试试，让他们一起分享你的成

果了。也可以发到朋友圈进行分享。

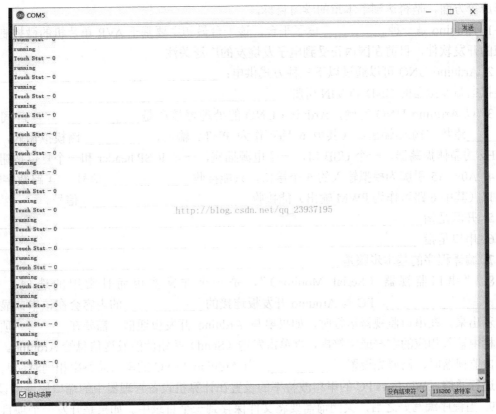

图 2-26　触摸开关串口监视窗

思维拓展

　　常用的数据类型有布尔类型、字符型、字节型、整型、无符号整型、长整型、无符号长整型、浮点型、双精度浮点型等，本小节依次介绍了这些数据类型。本小节中涉及的实验是以触摸开关为例进一步验证布尔类型 boolean 的应用和 Arduino 基本读入操作方法。
　　请大家从上面程序中指出布尔类型 boolean 的作用，为什么要这个数据类型？还有本次实验中触摸传感器感知的东西如何读入并传送到串口监视器的？
　　在第 2 次实验过程中直接把信号线接 A5 脚，这个 A5 是接收模拟信号的，触摸传感器感知的东西又如何读入并传送到串口监视器的？

想创就创

　　经过刚才训练之后，对 Arduino 数据类型、基本读入操作及串口监视窗口有一定的了解，如果把触摸传感器换成温度传感器，请您设计一个程序，在串口监视器上显示温度。

本章学习评价

　　完成下列各题，并通过本章的知识链接、探究活动、程序设计、成果分享、思维拓展、想创就创等，综合评价自己在知识与技能、解决实际问题的能力以及相关情感态度与价值观的形成等方面，是否达到了本章的学习目标。

1. Arduino 是一种_____电子平台，该平台最初主要基于 AVR 单片机的微控制器和相应的开发软件，目前在国内正受到电子发烧友的广泛关注。

2. Arduino UNO 可以通过以下三种方式供电：_____；电池连接电源连接器的 GND 和 VIN 引脚；_____。

3. 以 Arduino UNO 为例，Arduino UNO 的处理器核心是_____，同时具有_____路数字输入/输出口（其中 6 路可作为 PWM 输出），_____路模拟输入，一个 16MHz 的晶体振荡器，一个 USB 口，一个电源插座，一个 ICSP header 和一个复位按钮。

4. A0~A5 引脚为模拟输入的 6 个接口，只能接收_____信号；14 路数字输入/输出口（其中 6 路可作为 PWM 输出）能接收_____信号。

5. 开源是指_____。

6. 串口是指_____。

7. 编译程序的基本步骤是_____。

8. "串口监视器（Serial Monitor）"，是一个非常实用而且常用的选项，类似于_____，PC 与 Arduino 开发板连接的_____的内容会在该串口显示器中显示出来。在串口监视器运行时，如果要与 Arduino 开发板通信，需要在_____顶部的输入栏中输入相应的字符或字符串，再单击发送（Send）按钮就能发送信息给 Arduino。在使用串口监视器时，需要先设置_____，当 Arduino 与 PC 的串口波特率相同时，两者才能够进行通信。Windows PC 的串口波特率的设置在计算机设备管理器中的端口属性中设置。

9. 当程序编写好之后，关闭前需要将文件保存到一个目录中。如果是开发一个项目，编写的 Sketch 可能不止一个，负责不同部分和模块开发的人员都各自编写好_____，最后综合 Sketch 时发现程序特别难以阅读，并且很多变量名称不一致，修改起来非常麻烦，这就需要一个规范的开发流程。

10. 用 Arduino IDE 开发程序流程是_____
_____。

11. Arduino 程序的架构大体可分为 3 个部分_____；
_____；_____。

12. void 只用在函数声明中。它表示该函数将_____。

13. setup()在 Arduino 程序运行时首先要调用 setup()函数，用于_____、_____或_____、配置串口、引入类库文件等等。每次 Arduino 上电或重启后，setup()函数只运行_____次。

14. 在 setup()函数中初始化和定义变量，然后执行 loop()函数。顾名思义，loop()函数在程序运行过程中_____，根据反馈，相应地改变执行情况。通过该函数动态控制 Arduino 主控板。

15. pinMode 函数是作用是_____，用在 setup()函数里。其定义值通常是_____或_____。

16. Serial.begin（波特率）函数作用是_____（波特率）。在与计算机进行通信时，可以使用下面这些值：300、1 200、2 400、4 800、9 600、14 400、19 200、

28 800、38 400、57 600 或 115 200，一般 9 600、57 600 和 115 200 比较常见。

17. 变量来源于数学，是指＿＿＿＿＿＿＿＿＿＿＿＿＿＿＿＿＿＿＿＿；是计算机语言中能储存计算结果或者能表示某些值的一种抽象概念。通俗来说可以认为是给一个值命名。当定义一个变量时，必须指定变量的类型。

18. 常量是指＿＿＿＿＿＿＿＿＿＿＿＿＿＿，例如定义常量 const float pi = 3.14，当 pi = 5 时就会报错，因为常量是不可以被赋值的。

19. digitalRead（接口名称）作用是指＿＿＿＿＿＿＿＿＿＿＿＿＿＿＿＿＿＿＿＿＿。
analogWrite（接口名称，数值）作用是＿＿＿＿＿＿＿＿＿＿＿＿＿＿＿＿＿＿＿＿＿。
analogRead（接口名称）作用是＿＿＿＿＿＿＿＿＿＿＿＿＿＿＿＿＿＿＿＿＿＿＿。
delay（时间）作用是＿＿＿＿＿＿＿＿＿＿＿＿＿＿＿＿＿＿＿＿＿＿＿＿＿＿＿。
Serial.begin()作用是＿＿＿＿＿＿＿＿＿＿＿＿＿＿＿＿＿＿＿＿＿＿＿＿＿＿，
Serial.read()＿＿＿＿＿＿＿＿＿＿＿＿＿＿＿＿＿＿＿＿＿＿＿＿＿＿＿＿＿＿。
Serial.print（数据，数据的进制）的作用是＿＿＿＿＿＿＿＿＿＿＿＿＿＿＿＿＿。
Serial.println（数据，数据的进制）的作用是＿＿＿＿＿＿＿＿＿＿＿＿＿＿＿＿
＿＿＿＿＿＿＿＿＿＿＿＿＿＿＿＿＿＿＿＿＿＿＿＿＿＿＿＿＿＿＿＿＿＿＿＿。

20. Arduino 自定义函数是指＿＿＿＿＿＿＿＿＿＿＿＿＿＿＿＿＿＿＿＿＿＿＿＿
＿＿＿＿＿＿＿＿＿＿＿＿＿＿＿＿＿＿＿＿＿＿＿＿＿＿＿＿＿＿＿＿＿＿＿＿。

21. 自定义过程的格式是＿＿＿＿＿＿＿＿＿＿＿＿＿＿＿＿＿＿＿＿＿＿＿＿＿。

22. 赋值语句的格式是＿＿＿＿＿＿＿＿＿＿＿＿＿＿＿＿＿＿＿＿＿＿＿＿＿＿。

23. 本章对我启发最大的是＿＿＿＿＿＿＿＿＿＿＿＿＿＿＿＿＿＿＿＿＿＿＿。

24. 我还不太理解的内容有＿＿＿＿＿＿＿＿＿＿＿＿＿＿＿＿＿＿＿＿＿＿＿
＿＿＿＿＿＿＿＿＿＿＿＿＿＿＿＿＿＿＿＿＿＿＿＿＿＿＿＿＿＿＿＿＿＿＿＿。

25. 我还学会了＿＿＿＿＿＿＿＿＿＿＿＿＿＿＿＿＿＿＿＿＿＿＿＿＿＿＿＿＿
＿＿＿＿＿＿＿＿＿＿＿＿＿＿＿＿＿＿＿＿＿＿＿＿＿＿＿＿＿＿＿＿＿＿＿＿。

26. 我还想学习＿＿＿＿＿＿＿＿＿＿＿＿＿＿＿＿＿＿＿＿＿＿＿＿＿＿＿＿＿
＿＿＿＿＿＿＿＿＿＿＿＿＿＿＿＿＿＿＿＿＿＿＿＿＿＿＿＿＿＿＿＿＿＿＿＿。

第三章 Arduino 智控编程

智能控制，是机械自动化程序控制，本书简称程控。通过事先编制的固定程序实现的自动控制。理论和实践证明，无论多复杂的算法均可通过顺序、选择、循环等三种基本控制结构构造出来。每种结构仅有一个入口和出口，由这三种基本结构组成的多层嵌套程序称为结构化程序。

本章将通过一些生动有趣的智能控制案例，沿着程序的顺序、选择、循环等基本控制结构之路，开始学习如何使用 Arduino 程序设计语言编写程序解决控制问题，掌握 Arduino 的基本语句、程序的基本控制结构以及程序设计的基本思想与方法。培养学生或学生的计算思维及编程能力。

本章主要知识点：
➢ 程序的顺序结构
➢ 程序的选择结构
➢ 程序的循环结构
➢ 智能控制程序设计

第一节 电位器控制 LED 灯闪烁

知识链接

一、顺序结构程序

所谓顺序结构程序就是指按语句出现的先后顺序执行的程序结构，是结构化程序中最简单的结构。编程语言并不提供专门的控制流语句来表达顺序控制结构，而是用程序语句的自然排列顺序来表达。计算机按此顺序逐条执行语句，当一条语句执行完毕，控制自动转到下一条语句。现实世界中这种顺序处理的情况是非常普遍的，例如我们接受学校教育一般都是先上小学，再上中学，再上大学；又如我们烧菜一般都是先热油锅，再将蔬菜入锅翻炒，再加盐加佐料，最后装盘。如图 3-1 所示。

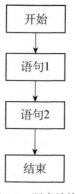

图 3-1 顺序结构

二、analogRead()函数

analogRead()函数是读取模拟信号值的专用函数。它将 0—5V 的电压值映射成为 0—1023 的刻度。这个操作通过板子上的数模转换电路（ADC）完成。通过转动电位器的轴，你能改变电位器划片两侧的电阻（整个电位器是由其中间引脚分开的滑动变阻器）。这样一来就能改变中间引脚上的电压，从而让你在 analogRead()读出不同的值。当电位器转轴被朝一个方向转到底时，中间引脚和连接到 GND 引脚之间的电阻为 0。"analogRead(A0)"此时应返回 0。当电位器转轴被朝另一个方向转到底时，中间引脚和连接到 5V 引脚之间的电阻为 0。中间引脚连接到+5V，"analogRead(A0)" 返回 1023。在中间时，"analogRead(A0)" 根据 A0 口上的电压，按照比例返回 0—1023 的值。返回值被存入 sensorValue，sensorValue 用来设置 delay()的毫秒数，即为闪烁的间隔时间。sensorValue 值越小，闪烁的间隔时间越小。sensorValue 的值是在闪烁的开头读取的，因此 LED 打开和关闭之间的时间也总是相等的。

课堂任务

任务一：学习 Arduino 程序结构之一，顺序结构的特征。
任务二：学习模拟信号读入函数 analogRead()的使用方法。
任务三：制作电位器或光敏电阻作为模拟信号源输入开发板的 A0 口，并从 A0 读取输出模拟信号的传感器的值，并且根据这个值让 13 号引脚的 LED 闪烁。LED 的闪烁周期根据 analogRead()返回值确定。

探究活动

1. 完成本例所需的硬件设备：Arduino 板或 Genuino 板一个，电位器或 10kΩ 光敏电阻+10kΩ 电阻一个，红色 220Ω LED 灯（或者板载 LED）。
2. 电路搭建。电位器中间的引脚连接到 A0，两侧分别连接+5V 和 GND；LED 阳极（长脚）连接到 13 号引脚；LED 负极（短脚）连接到 GND，如图 3-2 所示。
小贴士：因为大多数板有板载 LED 灯连接到 13 号引脚，因此外加的 LED 灯是可选的，如图 3-2 所示。

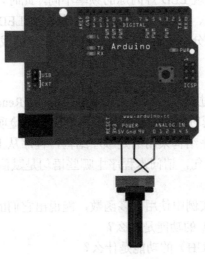

图 3-2　电位器控制灯

另一种接法：连接电位器 3 根线到 Arduino/Genuino 板。电位器一个外侧的引脚连接到 GND，另一个外侧的引脚连接到+5V。A0 口连接到电位器中间引脚，如图 3-2 所示。

对于本例来说，用 13 号板载 LED 灯也可。如要用外加 LED 灯，将 LED 长脚（阳极）用 220Ω 电阻连接到 13 号引脚。将 LED 短脚（阴极）连接到 GND 引脚。

3. 编写程序，然后进行编译，再下载到主板上。

程序设计

```
int sensorPin = A0;      // 设置电位器的引脚
int ledPin = 13;         // 设置LED引脚
int sensorValue = 0;     // 传感器值的存储变量

void setup() {
  // 声明 ledPin 为输出模式:
  pinMode(ledPin, OUTPUT);
}

void loop() {
  // 从传感器读值:
  sensorValue = analogRead(sensorPin);
  // 打开 LED
  digitalWrite(ledPin, HIGH);
  // 暂停程序 sensorValue 毫秒:
  delay(sensorValue);
  // 将 LED 关闭:
  digitalWrite(ledPin, LOW);
  // 暂停程序 sensorValue 毫秒:
  delay(sensorValue);
}
```

成果分享

当你使用电位器时，会发现 LED 灯闪烁的频率不同，此时，证明你的实验成功了。同学们也可以让身边的亲戚、朋友、老师、同学来试用电位控制 LED 灯，分享你的成果。你也可以拍成 DV 发到朋友圈、学校分享平台，让更多的人分享你的成果。

思维拓展

电位器控制 LED 灯是通过模拟信号输入，又通过 analogRead（A0）函数读入模拟信号端口作为 delay（sensorValue）延时时间，是一个很有价值的实验项目。

电位器控制 LED 灯的程序结构采用的是顺序结构，程序从上而下依次执行，没有分支。我们前几节课中介绍过赋值语句，请问本程序中哪些语句是赋值语句？哪些是变量名？哪些是常量？

在电位器控制 LED 灯的实例中使用很多函数，能说出它们的功能吗？

1. analogRead（sensorPin）的功能是什么？
2. digitalWrite（ledPin, HIGH）的功能是什么？

3. delay（sensorValue）的功能是什么？

想创就创

本节课的实验采用电位器控制 LED 灯闪烁，如果把电位器换成光敏电阻的话，程序如何设计，请你制作一个光敏电阻控制 LED 灯闪烁的实验。

提示：

光敏电阻的电路使用分压器来保证模拟信号在转换电压时有高阻抗。因为模拟输入引脚几乎不会消耗任何电流，因此根据欧姆定律，不管电阻阻值为多少，连接到 5V 的那一端总是 5V。为了根据光敏电阻阻值变化改变电压，电阻分压器必不可少。电路中用一个可变电阻和一个电位器来组成分压器，分压器"划片"在两电阻的中间。

测量的电压应根据以下公式可算得：

$$Vout=Vin*(R2/(R1+R2))$$

Vin 为 5V，R2 为 10kΩ，R1 为光敏电阻。光敏电阻在黑暗时为 1mΩ，白天（10 流明）时 10kΩ，日光下/明亮灯（超过 100 流明）管下小于 1kΩ）。

第二节　智能交通灯

知识链接

一、模拟信号

模拟信号是指信息参数在给定范围内表现为连续的信号，或在一段连续的时间间隔内，其代表信息的特征量可以在任意瞬间呈现为任意数值的信号。模拟信号是指用连续变化的物理量所表达的信息，如温度、湿度、压力、长度、电流、电压等等，我们通常又把模拟信号称为连续信号，它在一定的时间范围内可以有无限多个不同的取值。而数字信号是指，在取值上是离散的、不连续的信号。

实际生产生活中的各种物理量，如摄像机摄下的图像、录音机录下的声音、车间控制室所记录的压力、流t、转速、湿度等等都是模拟信号。数字信号是在模拟信号的基础上经过采样、量化和编码而形成的。具体地说，采样就是把输入的模拟信号按适当的时间间隔得到各个时刻的样本值。量化是把经采样测得的各个时刻的值用二进码制来表示，编码则是把 t 化生成的二进制数排列在一起形成顺序脉冲序列。

模拟信号传输过程中，先把信息信号转换成几乎"一模一样"的波动电信号（因此叫"模拟"），再通过有线或无线的方式传输出去，电信号被接收下来后，通过接收设备还原成信息信号。

上节课的电位器输出的就是一个模拟信号，在 Arduino 开发板上只留有 A0—A5 六个模拟信号接口，作为模拟信号的接收和发送端口。其输入还是输出的性质由 pinMode（x, y）来定义。

二、数字信号

数字信号指自变量是离散的、因变量也是离散的信号，这种信号的自变量用整数表示，因变量用有限数字中的一个数字来表示。在计算机中，数字信号的大小常用有限位的二进制数表示，例如，字长为 2 位的二进制数可表示 4 种大小的数字信号，它们是 00、01、10 和 11；若信号的变化范围在 −1～1，则这 4 个二进制数可表示 4 段数字范围，即 [−1, −0.5)、[−0.5, 0)、[0, 0.5) 和 [0.5, 1]。

由于数字信号是用两种物理状态来表示 0 和 1 的，故其抵抗材料本身干扰和环境干扰的能力都比模拟信号强很多；在现代技术的信号处理中，数字信号发挥的作用越来越大，几乎复杂的信号处理都离不开数字信号；或者说，只要能把解决问题的方法用数学公式表示，就能用计算机来处理代表物理量的数字信号。

在数字电路中，由于数字信号只有 0、1 两个状态，它的值是通过中央值来判断的，在中央值以下规定为 0，以上规定为 1，所以即使混入了其他干扰信号，只要干扰信号的值不超过阈值范围就可以再现出原来的信号。即使因干扰信号的值超过阈值范围而出现了误码，只要采用一定的编码技术，也很容易将出错的信号检测出来并加以纠正。因此，与模拟信号相比，数字信号在传输过程中具有更高的抗干扰能力，更远的传输距离，且失真幅度小。

3 个 LED 灯接入 Arduino 开发板的数字信号端口，因为 LED 灯也就是高电平 3V 以上就可以亮灯，高电平在数字电路中默认为 1 的状态，2V 以下为 0 的状态。所以本实验应该接收数字信号端口。Arduino 开发板预留 0 至 13 脚等 14 个数字信号端口，作为数字信号的接收和发送的端口。其输入还是输出的性质由 pinMode（x, y）来定义。

课堂任务

任务 1：初步体验编写一个 Arduino 程序实现交通灯（红黄绿）交替闪烁。

任务 2：修改程序，让红灯、黄灯、绿灯闪烁次序达到红灯亮了 20s 熄灭，黄灯跟进闪烁 3s 熄灭，绿灯再亮 20s，黄灯再闪烁 3s，红灯再亮。按此循环程序进行。

任务 3：检测你做的交通灯与马路上的交通灯是否一致，是否有区别。

探究活动

1. 准备所需器材：Arduino 控制器和下载线，面包板 1 个，3 个 LED 灯，200Ω 电阻 3 个。准备好上述元件我们就可以开工了。

2. 电路连接。上面我们已经完成了单个小灯的控制实验，接下来我们就来做一个稍微复杂一点的交通灯实验，其实聪明的朋友们可以看出来这个实验就是将上面单个小灯的实验扩展成 3 个颜色的小灯，就可以实现我们模拟交通灯的实验了。如图 3-3 交通灯实物连接电路所示。

图 3-3　交通灯实物连接

我们可以按照上面小灯闪烁的实验举一反三，下面是我们提供参考的原理图，我们使用的分别是数字 10、7、4 接口，如图 3-4 交通灯工作原理所示。

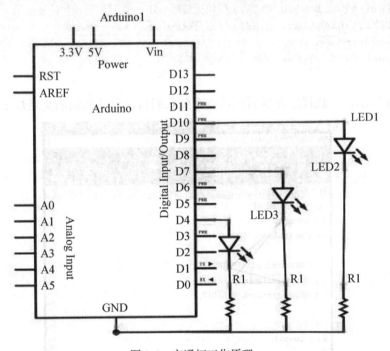

图 3-4　交通灯工作原理

既然是交通灯模拟实验，红黄绿三色小灯闪烁时间就要模拟真实的交通灯，我们使用 Arduino 的 delay()函数来控制延时时间，相对于 C 语言就要简单许多了。

3. 编写程序。在电脑上启动 Arduino 软件，录入相关程序。写好程序代码之后，首先进行编译。等编译成功之后，再下载程序代码到 Arduino 开发板，此过程有人也称之为上传程序。下载完程序就可以看见 LED 灯以每半秒一个灯的速度依次闪动，这个就是传说中的流水灯。当然，闪烁的方法千变万化，LED 灯的摆放方式也是千变万化，希望大家自己多思考多研究，制作出更多花样的闪烁灯。

程序设计

```
int redled =10;  //定义数字 10 接口
int yellowled =7;  //定义数字 7 接口
int greenled =4;  //定义数字 4 接口
void setup()
{
pinMode(redled, OUTPUT);//定义红色小灯接口为输出接口
pinMode(yellowled, OUTPUT);  //定义黄色小灯接口为输出接口
pinMode(greenled, OUTPUT);  //定义绿色小灯接口为输出接口
}
void loop()
{
digitalWrite(redled, HIGH);//点亮红色小灯
delay(1000);//延时 1 s
digitalWrite(redled, LOW);  //熄灭红色小灯
digitalWrite(yellowled, HIGH);//点亮黄色小灯
delay(200);//延时 0.2 s
digitalWrite(yellowled, LOW);//熄灭黄色小灯
digitalWrite(greenled, HIGH);//点亮绿色小灯
delay(1000);//延时 1 s
digitalWrite(greenled, LOW);//熄灭绿色小灯
}
```

如图 3-5 所示，下载程序完成后就可以看到我们自己设计控制的交通灯了。

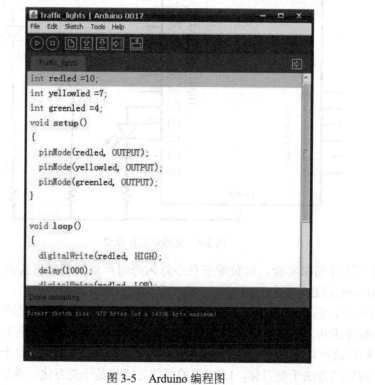

图 3-5　Arduino 编程图

成果分享

当下载完程序时，留意三个 LED 灯闪烁情况并计时，想一想自己制作的交通灯与马路上的交通灯是否相同？如果相同，证明你的实验成功了。同学们也可以让身边的亲戚、朋友、老师、同学来分享你的成果。你也可以拍成 DV 发到朋友圈、学校分享平台，让更多的人分享你的成果。

思维拓展

本实验项目是通过数字信号端口输出高电平信号点亮 LED 灯，又通过 delay（1000）延时时间，再通过发送低电平信号作为关指令，实现一关一开的功能。是一个很有价值的实验项目。

本项目编程结构采用的是顺序结构，程序从上而下依次执行，没有分支循环。我们前几节课中介绍过几个函数，在本实验中也应用到了，可以复习一下么，说出它们的功能？

1. pinMode（redled，OUTPUT）的功能是什么？
2. digitalWrite（redled，HIGH）的功能是什么？
3. digitalWrite（redled，LOW）的功能是什么？

想创就创

本项目实验采用信号端口输出高电平和低电平控制 LED 灯闪烁的方法实现交通灯效果，如果把 3 个 LED 灯增加到 10 个，让这 10 个 LED 灯构建成一个字，通过亮灯控制实现灯"字"效果的话，那么实验程序如何设计，请你制作一个由 LED 灯构成的字闪烁的实验。

第三节　带开关的 LED 灯

知识链接

一、Arduino 程序结构

结构化程序设计（structured programming）是进行以模块功能和处理过程设计为主的详细设计的基本原则。结构化程序设计是过程式程序设计的一个子集，它对写入的程序使用逻辑结构，使得理解和修改更有效更容易。Arduino 语言就是采用结构化程序设计。

结构化程序设计的三种基本结构是：顺序结构、选择结构和循环结构。

顺序结构：表示程序中的各操作是按照它们出现的先后顺序执行的。

选择结构表示程序的处理步骤出现了分支，它需要根据某一特定的条件选择其中的一个分支执行。选择结构有单选择、双选择和多选择三种形式。

循环结构：表示程序反复执行某个或某些操作，直到某条件为假（或为真）时才可终止循环。在循环结构中最主要的是：什么情况下执行循环？哪些操作需要循环执行？循环结构的基本形式有两种，即当型循环和直到型循环。

当型循环：表示先判断条件，当满足给定的条件时执行循环体，并且在循环终端处流程自动返回到循环入口；如果条件不满足，则退出循环体直接到达流程出口处。因为是"当条件满足时执行循环"，即先判断后执行，所以称为当型循环。

直到型循环：表示从结构入口处直接执行循环体，在循环终端处判断条件，如果条件不满足，返回入口处继续执行循环体，直到条件为真时再退出循环到达流程出口处，是先执行后判断。因为是"直到条件为真时为止"，所以称为直到型循环。

二、Arduino 选择结构

选择结构是用于程序执行过程判断给定的条件，根据判断的结果来控制程序的流程。如图 3-2 所示，当判断条件成立，则执行 A 语句，否则执行 B 语句。选择结构的控制语句也有几个，现在以 if 语句为例，if（条件判断语句）和＝＝、!=、<、>（比较运算符），if 语句与比较运算符一起用于检测某个条件是否达成，如某输入值是否在特定值之上等。if 语句的语法是：

```
if(someVariable>50)
{
  // 执行 A 语句
}
```

本程序测试 someVariable 变量的值是否大于 50。当大于 50 时，执行 A 语句。换句话说，只要 if 后面括号里的结果（称之为测试表达式）为真，则执行大括号中的语句（称之为执行语句块）；若为假，则跳过大括号中的语句。if 语句后的大括号可以省略。若省略大括号，则只有一条语句（以分号结尾）成为执行语句。如：

```
if (x>120) digitalWrite(LEDpin, HIGH);
if (x>120)
digitalWrite(LEDpin, HIGH);

if (x>120){ digitalWrite(LEDpin, HIGH); }

if (x > 120){
  digitalWrite(LEDpin1, HIGH);
  digitalWrite(LEDpin2, HIGH);
}                          // 以上所有书写方式都正确
```

在小括号里求值的表达式，需要以下操作符：
if 的另外一种分支条件控制结构是 if…else 形式。

三、if…else 语句嵌套

if…else 是比 if 更为高级的流程控制语句，它可以进行多次条件测试。比如，检测模拟输入的值，当它小于 500 时该执行哪些操作，大于或等于 500 时执行另外的操作。代码如下：

```
if (pinFiveInput < 500)
{
  // 执行 A 操作
}
else
```

```
{
  // 执行B操作
}
```

else 可以进行额外的 if 检测，所以多个互斥的条件可以同时进行检测。测试将一个一个进行下去，直到某个测试结果为真，此时该测试相关的执行语句块将被运行，然后程序就跳过剩下的检测，直接执行到 if…else 的下一条语句。当所有检测都为假时，若存在 else 语句块，将执行默认的 else 语句块。

注意：else if 语句块可以没有 else 语句块。else if 分支语句的数量无限制。

```
if (pinFiveInput < 500)
{
  // 执行A操作
}
else if (pinFiveInput >= 1000)
{
  // 执行B操作
}
else
{
  // 执行C操作
}
```

另外一种进行多种条件分支判断的语句是 switch case 语句。

课堂任务

设计一个按键控制一个 LED 灯，要求：当手动按下按键 LED 灯立即点亮，当手离开按键时 LED 灯熄灭。

探究活动

1. 准备好本次实验要用到的元件：按键开关*1；红色 M5 直插 LED*1；220Ω 电阻*1；10KΩ 电阻*1；面包板*1；面包板跳线*1 扎；Arduino 开发板及下载线。

2. 硬件连接：I/O 口的意思即为 INPUT 接口和 OUTPUT 接口，到目前为止我们设计的小灯实验都还只是应用到 Arduino 的 I/O 端口的输出功能，这个实验我们来尝试一下使用 Arduino 的 I/O 端口的输入功能即为读取外接设备的输出值，我们用一个按键和一个 LED 小灯完成一个输入输出结合使用的实验，让大家能简单了解 I/O 端口的作用。按键开关大家都应该比较了解，属于开关量（数字量）元件，按下时为闭合（导通）状态。如图 3-6 开关控制实物连接图所示。

我们将按键接到数字 7 针脚接口，红色小灯接到数字 11 针脚接口（Arduino 控制器 0—13 数字 I/O 接口都可以用来接按键和小灯，但是尽量不选择 0 和 1 接口，0 和 1 接口为接口功能复用，除 I/O 口功能外也是串口通信 TX/RX 接口，下载程序时属于与 PC 机通信故应保持 0 和 1 接口悬空，所以为避免插拔线的麻烦尽量不选用 0 和 1 接口），工作原理如图 3-7 所示。

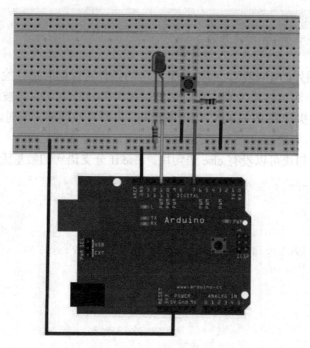

图 3-6　开关控制实物连接图

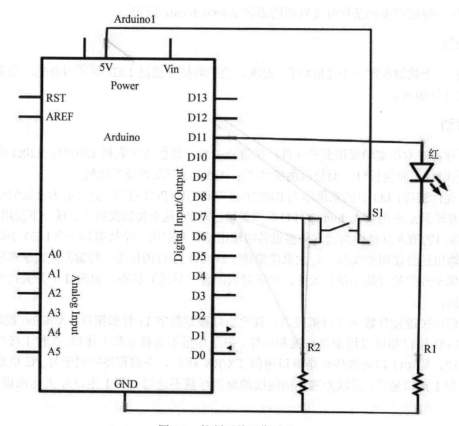

图 3-7　控制开关工作原理

3. 编写程序。下面开始编写程序，我们就让按键按下时小灯亮起，根据前面的学习，相信这个程序很容易就能编写出来，相对于前面几个实验，这个实验的程序中多加了一条条件判断语句，这里我们使用 if 语句，Arduino 的程序编写语句是基于 C 语言的，所以 C 的条件判断语句自然也适用于 Arduino，像 while、switch 等等。这里根据个人喜好，我们习惯于使用简单易于理解的 if 语句给大家做演示例程，如图 3-8 所示。

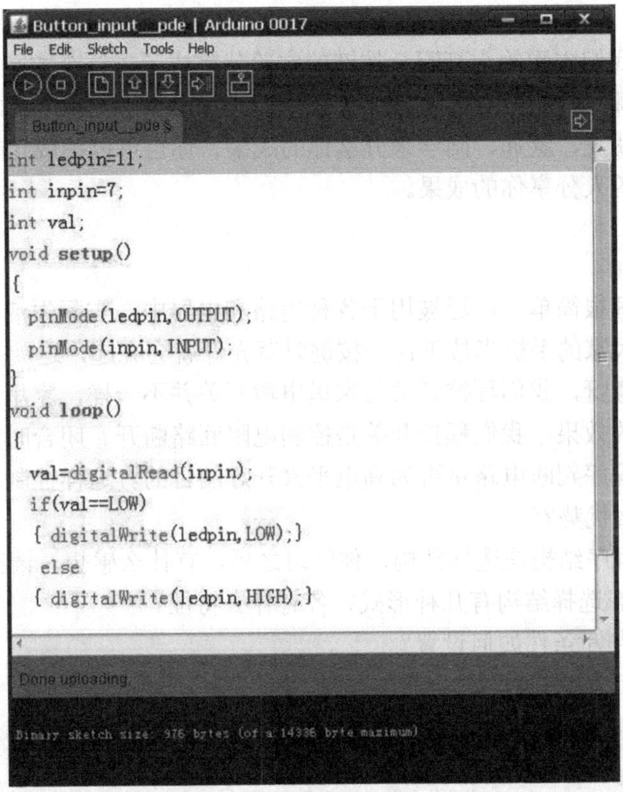

图 3-8　开关控制程序设计

我们分析电路可知当按键按下时，数字 7 接口可读出为高电平，这时我们使数字 11 接口输出高电平可使小灯亮起，程序中我们判断数字 7 接口是否为低电平，要为低电平使数字 11 接口输出也为低电平小灯不亮，原理同上。

程序设计

```
int ledpin=11;//定义数字 11 接口
int inpin=7;//定义数字 7 接口
int val;//定义变量 val
void setup()
{
pinMode(ledpin,OUTPUT);//定义小灯接口为输出接口
pinMode(inpin,INPUT);//定义按键接口为输入接口
}
void loop()
{
val=digitalRead(inpin);//读取数字 7 口电平值赋给 val
```

```
if(val==LOW)//检测按键是否按下，按键按下时小灯亮起
{ digitalWrite(ledpin,LOW);}
else
{ digitalWrite(ledpin,HIGH);}
}
```

成果分享

　　下载完程序，我们本次的小灯配合按键的实验就完成了，这个实验与家里墙壁上的开关控制 LED 灯原理一样，按下开关灯就亮，放开开关灯就熄灭。证明你的实验成功了。您也可以让身边的亲戚、朋友、老师、同学来分享你的成果。你也可以拍成 DV 发到朋友圈、学校分享平台，让更多的人分享你的成果。

思维拓展

　　本次实验的原理很简单，广泛被用于各种电路和电器中，实际生活中大家也不难在各种设备上发现，例如大家的手机当按下任一按键时背光灯就会亮起，这就是典型应用了。

　　同学们，要留意呀，我们程控开关与家里电源开关并不一样，家里电源开关是通过电路断开来实现开关灯的效果，我们程控开关是控制电阻回路断开、闭合时产生的低电平、高电平，然后由单片机程序判断电路是否为高电平来开灯的目的。这样控制功能和方法还能应用在哪些地方？有什么优势？

　　本实验采用的程序结构是选择结构，你学习之后，有什么感想，请回答以下几个问题：
1. 请大家想一想选择结构有几种形式？各有什么特征？
2. 选择结构的判断条件如何设置？
3. 下列程序执行结果是什么：

```
if (3>2) {
a=2  }
        else {
         b=2  }
    此时的 a=(    ),b=(    )
```

想创就创

　　本次实验是由一个开关控制一个灯，现在增加一个灯和一个开关，请你使用选择结构形式实现两个开关分别控制两个灯的效果（就是一个开关控制一个灯）。

第四节　Arduino 抢答器

知识链接

　　一、if…else 嵌套

　　使用 if…else 嵌套多个 if 条件语句。使用 if…else 就可以在只有第一个条件为 false（假）

时才继续检查其他条件，如果第一个为 true（真）就不检查了。例如：

```
if (someCondition) {
    // someCondition 是真的时候处理这个花括号里的语句
} else if (anotherCondition) {
    // someCondition 是假，并且 anotherCondition 是真的时候处理这个花括号里的语句
}
```

你可以随时随地使用 if 语句。下面的代码将在 A0 口模拟信号值大于临界值的时候点亮 LED 灯。本例使用大多数 Arduino 板上的板载 LED（内部连接到 13 引脚）。

二、抢答器

抢答器是通过设计电路，以实现如字面上意思的能准确判断出抢答者的电器。在知识竞赛、文体娱乐活动（抢答赛活动）中，能准确、公正、直观地判断出抢答者的座位号。更好地促进各个团体的竞争意识，让选手们体验到战场般的压力感。而今抢答器可以通过程序控制来说明裁决结果的准确性、公平性。使比赛大大增加了娱乐性的同时，也更加公平、公正。

课堂任务

设计一个带多个控制开关的抢答器 LED 灯，要求当按下抢答器开关时，对应的 LED 灯立即点亮。

探究活动

1. 准备好本次实验要用到的元件：按键开关*3；红色 M5 直插 LED*3；220Ω 电阻*3；10KΩ 电阻*1；面包板*1；面包板跳线*1 扎；Arduino 开发板及下载线。

2. 硬件连接：完成上面的实验以后相信已经有很多朋友可以独立完成这个实验了，本实验就是将上面的按键控制小灯的实验扩展成 3 个按键对应 3 个小灯，占用 6 个数字 I/O 接口。原理这里就不多说了同上面实验，如图 3-9 实物连接图和图 3-10 原理图所示。

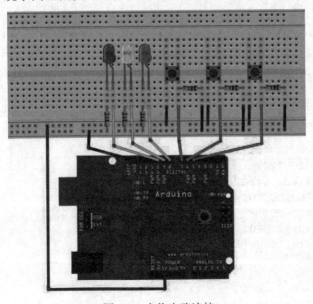

图 3-9　实物电路连接

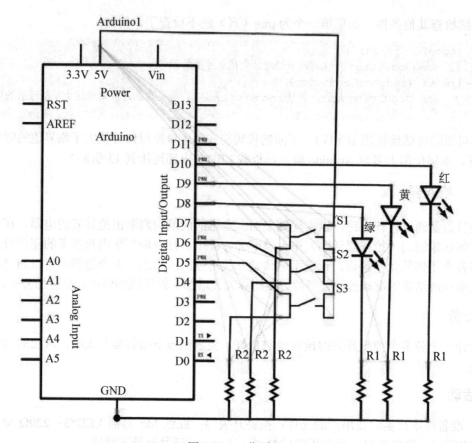

图 3-10 工作原理

程序设计

```
int redled=10;
int yellowled=9;
int greenled=8;
int redpin=7;
int yellowpin=6;
int greenpin=5;
int red;
int yellow;
int green;
void setup()
{
pinMode(redled,OUTPUT);
pinMode(yellowled,OUTPUT);
pinMode(greenled,OUTPUT);
pinMode(redpin,INPUT);
pinMode(yellowpin,INPUT);
pinMode(greenpin,INPUT);
}
void loop()
{
red=digitalRead(redpin);
```

```
if(red==LOW)
{ digitalWrite(redled,LOW);}
else
{ digitalWrite(redled,HIGH);}
yellow=digitalRead(yellowpin);
if(yellow==LOW)
{ digitalWrite(yellowled,LOW);}
else
{ digitalWrite(yellowled,HIGH);}
green=digitalRead(greenpin);
if(green==LOW)
{ digitalWrite(greenled,LOW);}
else
{ digitalWrite(greenled,HIGH);}
}
```

成果分享

下载完程序，我们的抢答器已经完成了，你也可以试一下，当你按下一个开关令对应的灯亮了之后，再按其他开关，其他灯不亮的话，证明你的实验成功了。你也可以让身边的亲戚、朋友、老师、同学来分享你的成果。你也可以拍成 DV 发到朋友圈、学校分享平台，让更多的人分享你的成果。

思维拓展

本次实验的抢答器是采用三个按钮控制三个灯的制作方法，用了 if 语句嵌套方法做成的抢答器，但在实际抢答活动中，三个是不够的，能不能再加？如何增加？请你构思以下几个问题：

1. 5 个按钮的抢答器如何设计？
2. 总结一下 if…else 语句的使用方法？if 语句嵌套使用原则是什么？

想创就创

本次实验是以三个抢答按钮控制三个灯的方法实现，这个抢答器制作原理还可以在哪些地方使用，请你制作一个作品。例如：利用 Arduino 模拟口这个功能，来制作一个 0-5V 的电压表。提示一下：我们可以利用 AnalogRead（A0），从 A0 口读取电压数据存入刚刚创建整数型变量 V1，模拟口的电压测量范围为 0-5V 返回的值为 0-1024，float vol=V1*（5.0/1023.0)；我们将 V1 的值换算成实际电压值存入浮点型变量 vol，然后可以把这些值直接从串口监视器输出。

第五节　串口控制 LED 灯

知识链接

if 语句允许你根据条件的真假（真（true）或假（false））进行两个分支操作。当需要进行多个判断时,你就必须使用 if 嵌套。不过其实还有一种更为简洁的处理多条件判断的方法,那就是使用 switch 语句,switch 语句允许你一次对多种情况进行区分。本例向你展示如何使用 switch 语句来根据串口监视器收到的命令打开、关闭指定的 LED 灯。命令是一系列字符:a、b、c、d、e,分别对应 5 个 LED 灯。

下面介绍一下 switch…case 语句的语法

和 if 语句相同,switch…case 通过程序员设定的在不同条件下执行的代码控制程序的流程。特别地,switch 语句将变量值和 case 语句中设定的值进行比较。当一个 case 语句中的设定值与变量值相同时,这条 case 语句将被执行。例如:

```
switch (var) {
case 1:
  //当var 等于1时,执行一些语句
  break;
case 2
  //当var 等于2时,执行一些语句
  break;
default:
  //如果没有任何匹配,执行default
  //default 可有可无
}
```

关键字 break 可用于退出 switch 语句,通常每条 case 语句都以 break 结尾。如果没有 break 语句,switch 语句将会一直执行接下来的语句(一直向下)直到遇见一个 break,或者直到 switch 语句结尾。例如:

```
switch (var) {
case label:
  // 声明
  break;
case label:
  // 声明
  break;
default:
  // 声明
}
```

参数

```
var: 用于与下面的 case 中的标签进行比较的变量值
label: 与变量进行比较的值
```

从以上结构来看,switch 和 case 条件语句 2 展示了 switch 语句的使用,switch 语句让你能够一次对变量的多个可能值进行分支处理,这和使用一系列 if 语句嵌套的功效相同。但使用 switch 将使代码更加简洁。

课堂任务

利用 switch 语句来根据串口监视器收到的命令打开、关闭指定的 LED 灯。命令是一系列字符:a、b、c、d、e,分别对应 5 个 LED 灯。

探究活动

1. 准备所需要的设备：Arduino 开发板或 Genuino 板及下载线，5 个 LED 灯，5 个 220Ω 电阻，跳线，面包板，导线若干。

2. 电路连接：5 个 LED 灯串接 220Ω 电阻连接到 2-6 引脚，5 个 LED 灯分别串接一个 220Ω 电阻并且分别连接到 Arduino 开发板上的 Arduino 开发板上 2、3、4、5、6 引脚。Arduino 开发板通过下载线与电脑相连，并且确保 Arduino 串口监视器已经打开。你可以发送 a、b、c、d、e 来点亮指定 LED，发送其他任意字符关闭所有 LED。如图 3-11 电路连接图。

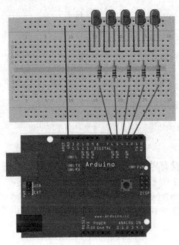

图 3-11　电路连接图

3. 写好程序下载到开发板上。

程序设计

```
void setup() {
  // 初始化串口通信：
  Serial.begin(9600);
  // 初始化 LED 引脚：
  for (int thisPin = 2; thisPin < 7; thisPin++) {
    pinMode(thisPin, OUTPUT);
  }
}

void loop() {
  // 读取传感器：
  if (Serial.available() > 0) {
    int inByte = Serial.read();
    // 根据收到的字符进行不同处理：
    // case 后应紧跟符合的条件（某个字符）
    // 下面代码使用了单引号来告诉单片机：给我 ASCII 值，比如
    // 'a' = 97, 'b' = 98 以此类推

    switch (inByte) {
      case 'a':
```

```
      digitalWrite(2, HIGH);
//译者注：这个 break 很重要。如果不加，那么程序就会在执行这个 case 之后一路执行下去。例如：
如果这里不加 break 而 inByte 又是 a，则 b 也会被执行。由于 b 后面有 break，所以 switch case
就结束了。如果 b 也没有。那么程序就会 a->b->c 以此类推。所以一般 case 最后都要有 break。读
者可以全部不加 break，然后在每一个 case 中输出调试信息来亲身体会。
      break;
    case 'b':
      digitalWrite(3, HIGH);
      break;
    case 'c':
      digitalWrite(4, HIGH);
      break;
    case 'd':
      digitalWrite(5, HIGH);
      break;
    case 'e':
      digitalWrite(6, HIGH);
      break;
    default:
      // 将所有 LED 关闭：
      //如果所有的 case 都没有匹配上，default 后面就会被执行
      for (int thisPin = 2; thisPin < 7; thisPin++) {
        digitalWrite(thisPin, LOW);
      }
    }
  }
}
```

成果分享

下载完程序，我们的 Arduino 串口控制灯已经完成了，你也可以试一下，当你在串口监视器中分别输入 a、b、c、d、e 时，观察相对应的 LED 灯是否亮了，如果亮了，证明你的实验成功了。你也可以让身边的亲戚、朋友、老师、同学来分享你的成果。你也可以拍成 DV 发到朋友圈、学校分享平台，让更多的人分享你的成果。

思维拓展

从以上结构来看，Switch 和 Case 条件语句 2 展示了 Switch 语句的使用，Switch 语句让你能够一次对变量的多个可能值进行分支处理，这和使用一系列 if 语句嵌套的功效相同。但使用 Switch 将使代码更加简洁。以上程序中使用了 Switch/Case 语句，你认为与 if…else 语句有什么区别？你能归纳一下 Switch/Case 语句的使用方法？根据 Switch/Case 语法规则，还可以应用在哪些领域呢？

想创就创

Switch 和 Case 条件语句 2 好用？请你制作一个光敏电阻控制 LED 灯，要求使用 switch 语句一次根据光敏电阻的四种不同状态（全黑，较暗，中等，较亮）进行不同的处理。（提示：1. 光敏电阻通过一个分压电路连接到 A0 口，使用 10kΩ 电阻进行分压。在这个电路中，analogRead() 函数在室内一般会返回 0—600 的数字。2. Arduino 或 Genuino 板，光敏电阻或其

他输出模拟信号的传感器,10kΩ 电阻,跳线,面包板,连接线。)

第六节 Arduino 广告灯

知识链接

在不少实际问题中有许多具有规律性的重复操作,因此在程序中就需要重复执行某些语句。一组被重复执行的语句称之为循环体,能否继续重复,决定于循环的终止条件。循环结构是在一定条件下反复执行某段程序的流程结构,被反复执行的程序被称为循环体。循环语句是由循环体及循环的终止条件两部分组成的。如图 3-12 循环语句所示。

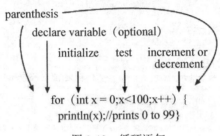

图 3-12　循环语句

for 语句用于重复执行一段在花括号之内的代码。通常使用一个增量计数器计数并终止循环。for 语句用于重复性的操作非常有效,通常与数组结合起来使用来操作数据、引脚。

for 循环开头有 3 个部分:

```
(初始化;条件;增量计数) {
//语句
}
```

"初始化"只在循环开始执行一次。每次循环,都会检测一次条件;如果条件为真,则执行语句和"增量计数",之后再检测条件。当条件为假时,循环终止。例如:用 PWM 引脚将 LED 灯变暗的程序如下:

```
int PWMpin = 10; //将一个 LED 与 47Ω 电阻串联接在 10 脚

void setup()
{
//无须设置
}

void loop()
{
    for (int i=0; i <= 255; i++)
    {
        analogWrite(PWMpin, i);
        delay(10);
    }
}
```

Arduino 语言的 for 循环语句比 BASIC 和其他电脑编程语言的 for 语句更灵活。除了分号以外，其他 3 个元素都能省略。同时，初始化、条件、增量计算可以是任何包括无关变量的有效 C 语句，任何 C 数据类型包括 float。这些不寻常的 for 语句可能会解决一些困难的编程问题。

例如，在增量计数中使用乘法可以得到一个等比数列：

```
for(int x = 2; x < 100; x = x * 1.5){
println(x);
}
生成: 2,3,4,6,9,13,19,28,42,63,94
```

另一个例子，使用 for 循环使 LED 灯产生渐亮渐灭的效果：

```
void loop()
{
  int x = 1;
  for (int i = 0; i > -1; i = i + x)
  {
    analogWrite(PWMpin, i);
    if (i == 255) x = -1;              // 在峰值转变方向
    delay(10);
  }
}
```

课堂任务

利用 6 个 LED 灯制作一个广告灯效果的实验。

探究活动

1. 准备所需要的实验器材：Arduino 开发板及下载线，面包板，导线若干。LED 灯 6 个，220Ω 的电阻 6 个；若干条多彩面包板实验跳线。

2. 电路连接：按照二极管的接线方法，将 6 个 LED 灯依次接到数字 1～6 引脚上，如图 3-13 所示。

图 3-13　广告灯实验的接线

3. 实验原理：在生活中我们经常会看到一些由各种颜色的 LED 灯组成的广告牌，广告牌上各个位置上 LED 灯不断地变化，形成各种效果。本节实验就是利用 LED 灯编程模拟广告灯效果。

程序设计

```
int BASE = 2 ;
int NUM = 6;
void setup(){
for (int i = BASE; i < BASE + NUM; i++)
{
pinMode(i, OUTPUT);
}
}
void loop()
{
  for (int i = BASE; i < BASE + NUM; i ++)
  {
   digitalWrite(i, LOW);
   delay(200);           }
  for (int i = BASE; i < BASE + NUM; i ++)
  {
   digitalWrite(i, HIGH);
   delay(200);           }
}
```

成果分享

下载完程序，我们会看到 6 个不同颜色的 LED 灯组成的广告灯从左到右进行闪亮，证明你的实验成功了。你也可以让身边的亲戚、朋友、老师、同学来分享你的成果。你也可以拍成 DV 发到朋友圈、学校分享平台，让更多的人分享你的成果。

思维拓展

本次实验是利用 for 循环语句构建 6 个不同颜色的灯进行循环闪烁，应用在广告牌上构成新用途，因为灯都是执行相同的内容，重复执行相同命令。因此使用了 for 的语句。这就是循环结构。我们回去再看看程序代码，发现有几个很有意思的地方，为什么是这样？

1. 程序中的 i++是什么意思，有什么作用？

2. 有一个语句：for（int i=BASE; i＜BASE + NUM; i++)，这里的 i<BASE+NUM 是什么意思，有什么作用？

3. 本实验闪灯顺序总是从左到右，为什么？如果我要改为先从左到右，再从从右到左，如何实现？

想创就创

本次实验是利用 for 循环语句制作的广告灯，我们动手做一下，利用 PWM 制作一个呼吸灯。在做的过程中体会 PWM 的神奇力量！下面就介绍一个呼吸灯，所谓呼吸灯，就是让灯有一个由亮到暗,再到亮的逐渐变化的过程,感觉像是在均匀地呼吸。

第七节　光控蜂鸣器

知识链接

一、while 循环

　　while 循环会无限的循环,直到括号内的判断语句变为假。必须要有能改变判断语句的东西,要不然 while 循环将永远不会结束。这在您的代码表现为一个递增的变量,或一个外部条件,如传感器的返回值。语法如下。

```
while(表达){
    //语句
}
参数:表达为真或为假的一个计算结果。例如:
var = 0;
while(var < 200){
//重复一件事 200 遍
var++
}
```

　　Loop()已经有循环的意思了,为什么还需要 while(1)? 因为传统的 51 单片机需要 while(1) 才能自己循环,这个也是 Arduino 与 C 语言单片机的区别之一。

二、do…while

　　do…while 循环与 while 循环运行的方式是相近的,不过它的条件判断是在每个循环的最后,所以这个语句至少会被运行一次,然后才被结束。

```
do
{
//语句
}while(测试条件);
```

例如:

```
do
{
delay(50); //等待传感器稳定
X = readSensors(); //检查传感器取值
}while(X <100);  //当 x 小于 100 时,继续运行
```

　　已经有了 loop(),为什么还要 do…while 语句呢?

课堂任务

　　制作一个光控蜂鸣器发声的装置,没有光照时,正常发出声音,但声音特别小;当有光

照时,光敏电阻的阻值减小,所以蜂鸣器两端的电压就会增大,蜂鸣器声音变大。光照越强,电阻越小,蜂鸣器越响。

探究活动

1. 实验器件:prototype 板子、开发板、面包板、下载线、光敏电阻:1 个;蜂鸣器:1 个;多彩面包板实验跳线:若干。

2. 实验连线,如图 3-14 连接示意图。

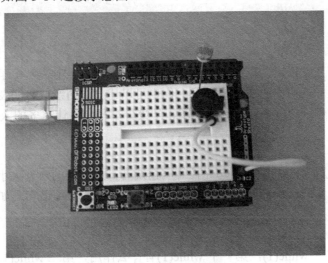

图 3-14 实物连接示意图

将 Arduino 开发板、prototype 板子、面包板连接好,下载线接好。光敏电阻的一端接在数字 6 口,另一端与蜂鸣器正极相连,蜂鸣器的负极和 GND 相连。

3. 编写驱动程序后,大家可以自己动手设计实验,也可以用光敏电阻控制 LED 灯亮度。

程序设计

```
void setup()
{
pinMode(6,OUTPUT);
}
void loop()
{
while(1)
{
char i,j;
while(1)
{
for(i=0;i<80;i++)  //输出一个频率的声音
{
digitalWrite(6,HIGH);
delay(1);
digitalWrite(6,LOW);
delay(1);
}
```

```
for(i=0;i<100;i++)  //输出另一个频率的声音
{
digitalWrite(6,HIGH);
delay(2);
digitalWrite(6,LOW);
delay(2);
}
}
}
}
```

成果分享

将程序下载到开发板后，可以用手电筒或其他收光物体照射光敏电阻，可以听到有光照时蜂鸣器声音更大。证明你的实验成功了。你也可以让身边的亲戚、朋友、老师、同学来分享你的成果。你也可以拍成 DV 发到朋友圈、学校分享平台，让更多的人分享你的成果。

思维拓展

本次实验是利用 while()循环语句光控蜂鸣器发音，蜂鸣器的声音大小由光照强度决定，这是一个很好玩的实验，我们回去再看看程序代码，while()循环语句是如何进行的？请大家回答以下几个问题：

1. 程序中的 while(1)中的 1 是什么意思，有什么作用？
2. 程序中有二个 while(1)，第一个 while(1)有什么作用，第二 while(1)有什么作用？
3. while 循环语句通常还有一个搭配就是 do…while，本实验能否改为 do…while 实现？为什么？

想创就创

本次实验是利用 while 循环语句制作的光控蜂鸣器，我们动手做一下，利用 while 循环语句制作一个倾斜开关控制 LED 灯装置。要求：将程序下载到开发板后，大家可以将板子倾斜观察 LED 灯的状态。当金色一端低于水平位置倾斜，开关导通，点亮 LED 灯；当银色一端低于水平位置倾斜，开关关闭，熄灭 LED 灯。

第八节　数码管

知识链接

一、数组

数组是一种可访问的变量的集合。Arduino 的数组是基于 C 语言的，实现起来虽然有些复杂，但使用却很简单。

1. 创建或声明一个数组

数组的声明和创建与变量一致，下面是一些创建数组的例子。

```
arrayInts [6];
arrayNums [] = {2, 4, 6, 8, 11};
arrayVals [6] = {2, 4, -8, 3, 5};
char arrayString[7] = "Arduino";
```

由例子中可以看出，Arduino 数组的创建可以指定初始值，如果没有指定，那么编译器默认为 0，同时，数组的大小可以不指定，编译器在监察时会计算元素的个数来指定数组的大小。在 arrayString 中，字符个数正好等于数组大小。

2. 指定或访问数组

在创建完数组之后，可以指定数组的某个元素的值。

```
int intArray[3];
intArray[2]=2;
```

数组是从零开始索引的，也就说，数组初始化之后，数组第一个元素的索引为 0，如上例所示，arrayString[0]为"A"即数组的第一个元素是 0 号索引，并以此类推。这也意味着，在包含 10 个元素的数组中，索引 9 是最后一个元素。因此，在下个例子中：

```
int intArray[10] = {1,2,3,4,5,6,7,8,9,10};
//intArray[9]的数值为 10
//intArray[10], 该索引是无效的, 它将会是任意的随机信息（内存地址）
```

出于这个原因，在访问数组时应该注意。如果访问的数据超出数组的末尾——如访问 intArray[10]，则将从其他内存中读取数据。从这些地方读取的数据，除了产生无效的数据外，没有任何作用。向随机存储器中写入数据绝对是一个坏主意，通常会导致一些意外的结果，如导致系统崩溃或程序故障。顺便说一句，不同于 Basic 或 Java，C 语言编译器不会检查访问的数组是否大于声明的数组。

数组创建之后在使用时，往往在 for 循环中进行操作，循环计数器可用于访问数组中的每个元素。例如，将数组中的元素通过串口打印，程序可以这样写。

程序 2-6：串口打印数组

```
void setup() {
 // put your setup code here, to run once:
 int intArray[10] = {1,2,3,4,5,6,7,8,9,10};    //定义长度为10的数组
 int i;
 for (i = 0; i < 10; i = i + 1)                //循环遍历数组
 {
  Serial.println(intArray[i]);                 //打印数组元素
 }
}

void loop() {
 // put your main code here, to run repeatedly:
```

3. 什么是数码管

数码管是一种半导体发光器件，其基本单元是发光二极管。数码管按段数分为 7 段数码

管和 8 段数码管，8 段数码管比 7 段数码管多一个发光二极管单元（多一个小数点显示），本实验所使用的是 8 段数码管，如图 3-5 所示。按发光二极管单元连接方式分为共阳极数码管和共阴极数码管。共阳数码管是指将所有发光二极管的阳极接到一起形成公共阳极（COM）的数码管。共阳数码管在应用时应将公共极 COM 接到+5V，当某一字段发光二极管的阴极为低电平时，相应字段就点亮。当某一字段的阴极为高电平时，相应字段就不亮。共阴数码管是指将所有发光二极管的阴极接到一起形成公共阴极（COM）的数码管。共阴数码管在应用时应将公共极 COM 接到地线 GND 上，当某一字段发光二极管的阳极为高电平时，相应字段就点亮。当某一字段的阳极为低电平时，相应字段就不亮，如图 3-15 共阳极 7 段数码管所示。

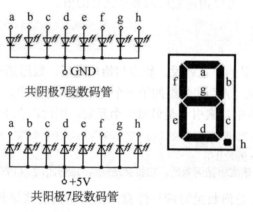

图 3-15　共阳极 7 段数码管

数码管的每一段是由发光二极管组成，所以在使用时跟发光二极管一样，也要连接限流电阻，否则电流过大会烧毁发光二极管。本实验用的是共阴极的数码管，共阴数码管在应用时应将公共极接到 GND，当某一字段发光二极管的阳极为低电平时，相应字段 LED 灯就熄灭。当某一字段的阳极为高电平时，相应字段就点亮。介绍完原理。

二、几个中断语句

1. break 语句用于退出 do，for，while 循环，能绕过一般的判断条件。它也能够用于退出 switch 语句。例如：

```
for (x = 0; x < 255; x ++)
{
   digitalWrite(PWMpin, x);
   sens = analogRead(sensorPin);
   if (sens > threshold){      // 超出探测范围
      x = 0;
      break;
   }
   delay(50);
}
```

2. continue 语句：continue 语句跳过当前循环中剩余的迭代部分（do，for 或 while）。它通过检查循环条件表达式，并继续进行任何后续迭代。例如：

```
for (x = 0; x < 255; x ++)
{
    if (x > 40 && x < 120){        // 当x在40与120之间时，跳过后面两句，即迭代。
        continue;
    }
    digitalWrite(PWMpin, x);
    delay(50);
}
```

3. return 语句：终止一个函数，如有返回值，将从此函数返回给调用函数。

语法

```
return;
return value; // 两种形式均可
```

参数

```
value: 任何变量或常量的类型
```

例子

一个比较传感器输入阈值的函数

```
int checkSensor(){
    if (analogRead(0) > 400) {
        return 1;}
    else{
        return 0;
    }
}
```

return 关键字可以很方便地测试一段代码，而无须"comment out（注释掉）"大段的可能存在 bug 的代码。

```
void loop(){
 //写入漂亮的代码来测试这里。
 return;
 //剩下的功能异常的程序
 //return 后的代码永远不会被执行
}
```

4. goto 语句

程序将会从程序中已有的标记点开始运行。

语法

```
label:
goto label;     //从 label 处开始运行。
```

提示

不要在 C 语言中使用 goto 编程，某些 C 编程作者认为 goto 语句永远是不必要的，但用得好，它可以简化某些特定的程序。许多程序员不同意使用 goto 的原因是，通过毫无节制地使用 goto 语句，很容易创建一个程序，这种程序拥有不确定的运行流程，因而无法进行调试。

的确在有的实例中 goto 语句可以派上用场，并简化代码。例如，在一定的条件下用 if 语句来跳出高度嵌入的 for 循环。

例子

```
for(byte r = 0; r < 255; r++){
 for(byte g = 255; g > -1; g--){
  for(byte b = 0; b < 255; b++){
    if (analogRead(0) > 250){
      goto bailout;
    }
    //更多的语句...
  }
 }
}
bailout:
```

课堂任务

任务：采用一维数组方式进行编程，让 Arduino 驱动数码管显示。

探究活动

1. 准备所用器材：开发板*1；下载线*1；八段数码管*1；220Ω 直插电阻*8；面包板*1；面包板跳线*1 扎。

2. 电路连线图：我们参考实物连接图按原理图连接好电路。我们可以看到，电路按照下面的原理图依据 abcdefg 的顺序排布了接口，这样写程序会方便很多，然后我们搭建出电路，如图 3-16 实物连接示意图所示。

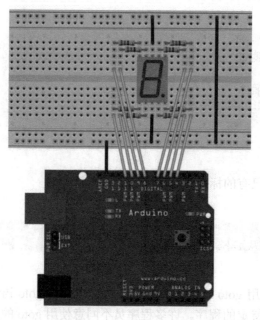

图 3-16　实物连接示意图

数码管共有 7 段显示数字的段，还有一个显示小数点的段。当让数码管显示数字时，只要将相应的段点亮即可。例如：让数码管显示数字 1，则将 b、c 段点亮即可。将每个数字写成一个子程序。在主程序中每隔 2s 显示一个数字，让数码管循环显示 1~8 数字。每一个数字显示的时间由延时时间来决定，时间设置的大些，显示的时间就长些，时间设置的小些，显示的时间就短。

3. 编写驱动程序，利用数组点亮 abcdefgh 段，达到显示数字目的。如：n0[8]={0,0,0,0,0,0,1,1}定义数组通过 0，1 定义各数码管的明灭。

程序设计

```
void setup() {
  pinMode(13,OUTPUT);      //激活 13 号引脚，我们需要用它供电
    for(int n=4;n<=11;n++)
  {
  pinMode(n,OUTPUT);
  }
}
 void loop()
{
digitalWrite(13,1); //这个就是 HIGH 和 LOW 的另一种写法，0 代表 LOW，1 代表 HIGH
  /*==========显示 0=============*/
int n0[8]={0,0,0,0,0,0,1,1};          //定义数组通过 0，1 定义各数码管的明灭
  int z=0;
  for(int x=4;x<=11;x++)        //采用循环方式依次点亮指定的数码管 LED（数组中 0 为点
                                  亮），单位时间只点亮 1 个 LED
  {
   digitalWrite(x,n0[z]);      //点亮 LED 语句，X 为引脚数，n0[z]为数组 z 为 0-8
                                  的变量，来依次读取数组中的值
   z++;
   if (z>=11)                 //防止变量 z 累加超过了 8
   z=0;
  }
  delay(1000);
/*==========显示 1=============*/
int n1[8]={1,0,0,1,1,1,1,1};
  z=0;
  for(int x=4;x<=11;x++)
  {
   digitalWrite(x,n1[z]);
   z++;
   if (z>=11)
   z=0;
  }
  delay(1000);
/*==========显示 2=============*/
 int n2[8]={0,0,1,0,0,1,0,1};
  z=0;
```

```
    for(int x=4;x<=11;x++)
    {
      digitalWrite(x,n2[z]);
      z++;
      if (z>=11)
      z=0;
    }
delay(1000);
/*==========显示 3=============*/
 int n3[8]={0,0,0,0,1,1,0,1};
  z=0;
  for(int x=4;x<=11;x++)
    {
      digitalWrite(x,n3[z]);
      z++;
      if (z>=11)
      z=0;
    }
delay(1000);
/*==========显示 4=============*/
 int n4[8]={1,0,0,1,1,0,0,1};
 z=0;
  for(int x=4;x<=11;x++)
    {
      digitalWrite(x,n4[z]);
      z++;
      if (z>=11)
      z=0;
    }
delay(1000);
/*==========显示 5=============*/
 int n5[8]={0,1,0,0,1,0,0,1};
 z=0;
  for(int x=4;x<=11;x++)
    {
      digitalWrite(x,n5[z]);
      z++;
      if (z>=11)
      z=0;
    }
delay(1000);
/*==========显示 6=============*/
 int n6[8]={0,1,0,0,0,0,0,1};
 z=0;
  for(int x=4;x<=11;x++)
    {
      digitalWrite(x,n6[z]);
      z++;
      if (z>=11)
      z=0;
    }
```

```
delay(1000);
/*==========显示 7============*/
int n7[8]={0,0,0,1,1,1,1,1};
z=0;
 for(int x=4;x<=11;x++)
 {
  digitalWrite(x,n7[z]);
  z++;
  if (z>=11)
  z=0;
 }
delay(1000);
}
```

成果分享

将程序下载到开发板后，我们看到数码管显示出 1，2，3，4，5，6，7，8，9，0，而且亮度均匀。证明你的实验成功了。你也可以让身边的亲戚、朋友、老师、同学来分享你的成果。你也可以拍成 DV 发到朋友圈、学校分享平台，让更多的人分享你的成果。

思维拓展

本次实验是利用数据及循环语句制作的一位数码管显示数字的实验，请大家看看下面程序段是作什么用的，有什么功能。

```
int n1[8]={1,0,0,1,1,1,1,1};
 z=0;
 for(int x=4;x<=11;x++)
 {
  digitalWrite(x,n1[z]);
  z++;
  if (z>=11)
  z=0;
 }
```

以上实验是一维数组来实现的数码管显示，如果采用二维数组，程序如何编写？

想创就创

本次实验是利用数据及循环语句制作的一位数码管显示数字的实验，我们动手做一下，完成以下几个项目：1. 利用数据及循环语句制作的四位数码管显示数字；2. 利用一维数组与循环语句制作一个流水广告灯。

本章学习评价

完成下列各题，并通过本章的知识链接、探究活动、程序设计、成果分享、思维拓展、想创就创等，综合评价自己在知识与技能、解决实际问题的能力以及相关情感态度与价值观的形成等方面，是否达到了本章的学习目标。

1. 赋值语句的格式是＿＿＿＿＿＿＿＿＿＿＿＿＿＿＿＿＿＿＿＿＿＿，其作用是＿＿＿＿＿
＿＿＿。

2. pinMode()定义函数的格式是＿＿＿＿＿＿＿＿＿＿＿＿＿＿＿＿，其作用是＿＿＿＿＿
＿＿＿。

3. digitalWrite()的格式是＿＿＿＿＿＿＿＿＿＿＿＿＿＿＿＿，其作用是＿＿＿＿＿＿。

4. Break 的格式是＿＿＿＿＿＿＿＿＿＿＿＿＿＿＿＿，其作用是＿＿＿＿＿＿＿＿。

5. 条件语句的格式是＿＿＿＿＿＿＿＿＿＿＿＿＿＿＿＿＿＿＿＿＿＿＿＿＿＿＿＿＿。
其作用是＿＿＿＿＿＿＿＿＿＿＿＿＿＿＿＿＿＿＿＿＿＿＿＿＿＿＿＿＿＿＿＿＿＿＿。

6. 选择结构是用于程序执行过程判断给定的条件，根据判断的结果来控制程序的流程。当判断条件成立，则执行 A 语句，否则执行 B 语句。只要 if 后面括号里的结果（称之为测试表达式）为＿＿＿＿，则执行大括号中的语句（称之为执行语句块）；若为假，则跳过大括号中的语句。if 语句后的大括号可以＿＿＿＿＿＿。若省略大括号，则只有一条语句（以＿＿＿＿＿＿结尾）成为执行语句。

7. 下列语句写法是否正确？

```
if (x>120) digitalWrite(LEDpin, HIGH);              (    )
if (x>120)
digitalWrite(LEDpin, HIGH);                         (    )
if (x>120){ digitalWrite(LEDpin, HIGH); }           (    )
if (x > 120){
  digitalWrite(LEDpin1, HIGH);
  digitalWrite(LEDpin2, HIGH);                      (    )
}                            // 以上所有书写方式都正确
```

8. 多重选择语句的格式是＿＿＿＿＿＿＿＿＿＿＿＿＿＿＿＿＿＿＿＿＿＿＿＿＿＿＿，
其作用是＿＿＿＿＿＿＿＿＿＿＿＿＿＿＿＿＿＿＿＿＿＿＿＿＿＿＿＿＿＿＿＿＿＿＿。

9. switch / case 语句格式是＿＿＿＿＿＿＿＿＿＿＿＿＿＿＿＿＿＿＿＿＿＿＿＿＿＿＿，
使用条件＿＿＿＿＿＿＿＿＿＿＿＿＿＿＿＿＿＿＿＿＿＿＿＿＿＿＿＿＿＿＿＿＿＿＿。

10. For 循环语句的格式是＿＿＿＿＿＿＿＿＿＿＿＿＿＿＿＿＿＿＿＿＿＿＿＿＿＿＿，
其执行过程是＿＿＿＿＿＿＿＿＿＿＿＿＿＿＿＿＿＿＿＿＿＿＿＿＿＿＿＿＿＿＿＿＿。

11. for (int i = B; i < A + B; i++)，其中 i++是指＿＿＿＿＿＿＿＿＿＿＿＿＿＿＿＿＿，
其中离开循环的条件是：＿＿＿＿＿＿＿＿＿＿＿＿＿＿＿＿＿＿＿＿＿＿＿＿＿＿＿＿。

12. 写出下列程序执行结果是＿＿＿＿＿＿＿＿＿＿＿＿，其作用是＿＿＿＿＿＿＿＿。

```
int n3[8]={0,0,0,0,1,1,0,1};
  z=0;
  for(int x=2;x<=9;x++)
  {  digitalWrite(x,n3[z]);
    z++;
    if (z>=9)
    z=0;
  }
delay(1000);
```

13. 阅读下列程序，指出程序作用及电路连接。

（1）作用是：_____；硬件连接：_____。

```
constint LED=9;
void setup() {
  pinMode(LED,OUTPUT);
  }
void loop() {
    digitalWrite(LED,HIGH);    // put your setup code here, to run once:
  }
```

（2）作用是：_____；硬件连接：_____。

```
constint LED=9;
void setup() {
 pinMode(LED,OUTPUT);    // put your setup code here, to run once:
}
void loop(){
for(inti=100;i<=1000;i=i+100)
{
 digitalWrite(LED,HIGH);
 delay(i);
 digitalWrite(LED,LOW);
 delay(i);}    // put your main code here, to run repeatedly:
}
```

（3）作用是：_____；硬件连接：_____。

```
constint LED=9;
void setup()
 { pinMode(LED,OUTPUT);    // put your setup code here, to run once: }
 void loop()  {
     for(inti=0;i<256;i++)
      { analogWrite(LED,i);
         delay(10);}
     for(inti=255;i>=0;i--)
      { analogWrite(LED,i);
         delay(10);} }
```

（4）作用是：_____；硬件连接：_____。

```
constint LED=9;
constint BUTTON=2;
void setup()
{ pinMode(LED,OUTPUT);
  pinMode(LED,INPUT);    // put your setup code here, to run once: }
void loop()
{    if(digitalRead(BUTTON)==LOW)
       {digitalWrite(LED,LOW); }
     else
       {digitalWrite(LED,HIGH);} }
```

（5）作用是：_____；硬件连接：_____。

```
do
{delay(50); //等待传感器稳定
X = readSensors(); //检查传感器取值
}while(X <100); //当 x 小于 100 时，继续运行
```

13. Do 循环的几种形式格式是_____。
14. 本章对我启发最大的是_____
_____。
15. 我还学会了_____
_____。

第四章 传感控制

在信息时代,人们的信息需求越来越复杂,传感器的作用日渐重要。传感器是一种以一定精确度把测量得到的数据按一定规律转换成便于处理和传输的另一种物理量的装置。传感控制就是以传感器为核心,通过一定的控制电路进行信息采集、分析、处理,进而实现温度、湿度、光、火焰、人体、超声波、水、粉尘、压力、开关、物位等对被控对象的控制。

传感控制是实现智能感知的关键技术之一。本章通过多个范例介绍搭建传感控制产品的方法和流程,详细介绍基于开源硬件进行项目设计的一般流程;利用 Arduino 与传感器开源设计工具、编程智能控制程序实现外部数据的输入、处理,利用输出数据驱动执行装置的运行,通过案例理解计算思维,以此激发学生创新的兴趣,培养学生动手实践的能力。本章内容学习后,你就可以设计大型的智能作品了,开始像个创客了。

本章主要知识点:
- ➢ 光敏传感器与控制技术
- ➢ 温度传感器与监视器接收技术
- ➢ 火焰传感器与控制技术
- ➢ 人体红外传感器与控制技术
- ➢ 超声波与测距技术
- ➢ 空气质量 PM2.5 检测技术
- ➢ 雨水传感器与控制技术

第一节 光控 LED 灯

知识链接

完成以上的各种实验后,我们对 Arduino 的应用也应该有一些认识和了解了,在基本的数字量输入输出和模拟量输入以及 PWM 的产生都掌握以后,我们就可以开始进行一些传感器的应用了。

一、传感技术

传感技术是实现自动化的关键技术之一。传感器已广泛地应用到了工业、农业、环境保护、交通运输、国防以及日常工作与生活等各个领域中。传感器是测量装置,能完成检测任务。它的输入量是某一种被测量,可能是物理量,也可能是化学量、生物量等。它的输出量是某种物理量,这种量应便于传输、转换、处理、显示等等,这种量不一定是电量,还可以是气压、光强等物理量,但主要是电物理量。输出与输入之间有确定的对应关系,且能达到一定的精度。

二、光敏电阻器

光敏电阻器（photovaristor）又叫光感电阻，是利用半导体的光电效应制成的一种电阻值随入射光的强弱而改变的电阻器；入射光强，电阻减小，入射光弱，电阻增大。光敏电阻器一般用于光的测量、光的控制和光电转换（将光的变化转换为电的变化），如图 4-1 所示。

光敏电阻可广泛应用于各种光控电路，如对灯光的控制、调节等场合，也可用于光控开关。

例如：光控电路如图 4-2 所示。将光敏电阻 RG 接到 2、3 两端，调节微调电阻 RP 在光暗时（用手或黑套筒遮住光敏电阻），光敏电阻阻值较大，VT 基极电位较低，使 VT 截止，LED 刚好不亮；而当光线照射光敏电阻 RG 时，由于其阻值下降，VT 基极电位上升，可达近 1V 左右，促使晶体管 VT 饱和导通，LED 发光。若同时配合音响器，可以进行声光报警。

图 4-1　光敏电阻器

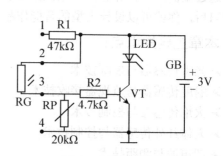

图 4-2　光控电路图

三、模拟输入 AnalogRead（）函数

AnalogRead 函数用于读取引脚的模拟量电压值，每读一次需要花 100ms 的时间。参数 pin 表示所要获取模拟量电压值的引脚，该函数返回值为 int 型，表示引脚的模拟量电压值，范围在 0～1 023。

四、AnalogWrite（）函数

AnalogWrite 函数通过 PWM 的方式在引脚上输出一个模拟量，较多的应用在 LED 灯亮度控制、电机转速控制等方面。AnalogWrite 函数为无返回值函数，有两个参数 pin 和 value，参数 pin 表示所要设置的引脚，只能选择函数支持的引脚；参数 value 表示 PWM 输出的占空比，范围在 0～255 的区间，对应的占空比为 0～100%。

课堂任务

任务：利用光敏电阻制作一个自动光感应灯。

探究活动

1. 准备所需要的元器件：光敏电阻*1；红色 M5 直插 LED*1；10KΩ 直插电阻*1；220Ω 直插电阻*1；面包板*1；面包板跳线*1 扎；Arduino 开发板*1。

2. 按照图 4-3 和图 4-4 所示连接电路。

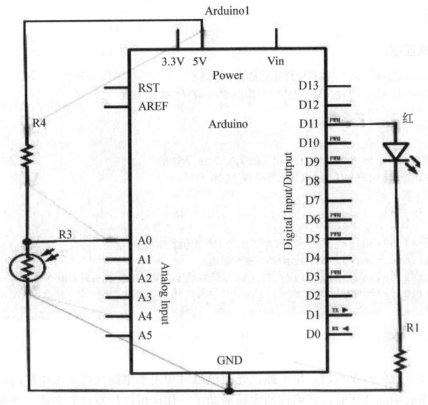

图 4-3 工作原图

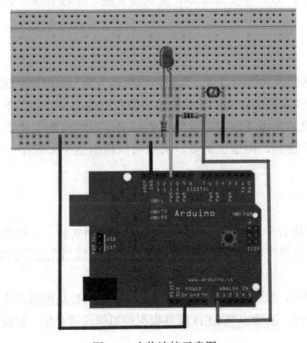

图 4-4 实物连接示意图

3. 如以上原理图连接好就可以编写程序了。

程序设计

参考源程序：

```
int potpin=0;//定义模拟接口 0 连接光敏电阻
int ledpin=11;//定义数字接口 11 输出 PWM 调节 LED 灯亮度
int val=0;//定义变量 val
void setup()
{
pinMode(ledpin,OUTPUT);//定义数字接口 11 为输出
Serial.begin(9600);//设置波特率为 9600
}
void loop()
{
val=analogRead(potpin);//读取传感器的模拟值并赋值给 val
Serial.println(val);//显示 val 变量数值
analogWrite(ledpin,val);// 打开 LED 灯并设置亮度（PWM 输出最大值 255）
delay(10);//延时 0.01 s
}
```

成果分享

将程序下载到开发板后，用手抓住光敏电阻时和用手电筒直射光敏电阻时，察看一下亮度，如果有明显变化时，证明你的实验成功了。你也可以让身边的亲戚、朋友、老师、同学来分享你的成果。你也可以拍成 DV 发到朋友圈、学校分享平台，让更多的人分享你的成果。

思维拓展

这里我们将传感器返回值除以 4，原因是模拟输入 AnalogRead()函数的返回值范围是 0 到 1023，而模拟输出 AnalogWrite()函数的输出值范围是 0 到 255。下载完程序再试着改变光敏电阻所在的环境的光强度就可以看到我们的小灯有相应的变化了。在日常生活中，光敏电阻的应用是很广泛的，用法也很多，大家可以根据这个实验举一反三，做出更好的互动作品。

想创就创

本次实验我们先进行一个较为简单的光敏电阻的使用实验。光敏电阻既然是可以根据光强改变阻值的元件，自然也需要模拟口读取模拟值了，实现当光强不同时 LED 灯的亮度也会有相应的变化。

在程序设计过程中，我们用模拟输入 AnalogRead()函数从模拟口读取模拟值，然后通过 AnalogWrite（ledpin,val）函数点亮 LED 灯并根据模拟值设置亮度，实现了一个光传感控制灯的设计。

请你根据本实验方案，设计一个智能校道灯，当天黑了灯自动开，当天亮了灯自动关闭。

第二节　Arduino 串口温度计

知识链接

温度传感器（temperature transducer）是指能感受温度并转换成可用输出信号的传感器。温度传感器是温度测量仪表的核心部分，品种繁多。按测量方式可分为接触式和非接触式两大类，按照传感器材料及电子元件特性分为热电阻和热电偶两类。接触式温度传感器的检测部分与被测对象有良好的接触，又称温度计；它的敏感元件与被测对象互不接触，又称非接触式测温仪表。这种仪表可用来测量运动物体、小目标和热容量小或温度变化迅速（瞬变）对象的表面温度，也可用于测量温度场的温度分布。

温度传感器工作原理：金属膨胀原理设计的传感器，金属在环境温度变化后会产生一个相应的延伸，因此传感器可以以不同方式对这种反应进行信号转换。例如：双金属杆和金属管传感器，随着温度升高，金属管（材料 A）长度增加，而不膨胀钢杆（金属 B）的长度并不增加，这样由于位置的改变，金属管的线性膨胀就可以进行传递。反过来，这种线性膨胀可以转换成一个输出信号。

LM35 是由 National Semiconductor 所生产的温度传感器，其输出电压为摄氏温标。LM35 是一种得到广泛使用的温度传感器。由于它采用内部补偿，所以输出可以从 0℃开始。LM35 有多种不同封装型式。在常温下，LM35 不需要额外的校准处理即可达到±1/4℃的准确率。

目前，已有两种型号的 LM35 可以提供使用。LM35DZ 输出为 0℃～100℃，而 LM35CZ 输出可覆盖-40℃～110℃，且精度更高，两种芯片的精度都比 LM35 高，不过价格也稍高。LM35 是很常用且易用的温度传感器元件，在元器件的应用上也只需要一个 LM35 元件，只利用一个模拟接口就可以，难点在于算法上的将读取的模拟值转换为实际的温度。

课堂任务

利用 LM35 温度传感器和 Arduino 开发板制作一个串口监视窗温度计，能通过 Arduino 串口监视器窗口读出实时温度值。

探究活动

1. 准备所需器材：Arduino 开发板*1；直插 LM35*1；面包板*1；面包板跳线*1 扎；下载线。

2. 按照右侧原理图连接电路。LM35 模拟信号线接 Arduino 开发板的 A0，Arduino 开发板的+5V 接 LM35 正极，LM35 负极接 Arduino 开发板的 GND，如图 4-5 所示。

3. 编写程序并下载程序到开发板。

程序设计

```
int potPin = 0; //定义模拟接口 0 连接 LM35 温度传感器。
void setup()
{
Serial.begin(9600);//设置波特率
}
void loop()
{
int val;//定义变量
int dat;//定义变量
val=analogRead(0);// 读取传感器的模拟值并赋值给 val
dat=(125*val)>>8;//温度计算公式
Serial.print("Tep:");//原样输出显示 Tep 字符串代表温度
Serial.print(dat);//输出显示 dat 的值
Serial.println("C");//原样输出显示 C 字符串
delay(500);//延时 0.5 s
}
```

成果分享

将程序下载到 Arduino 开发板后，打开 Arduino 开发板的监视器，你会看到温度值，如图 4-6 所示，证明你的实验成功了。您也可以让身边的亲戚、朋友、老师、同学来分享你的成果。你也可以拍成 DV 发到朋友圈、学校分享平台，让更多的人分享你的成果。

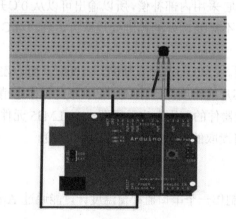

图 4-5　实物连接示意图

图 4-6　串口温度值

思维拓展

本次实验采用了 LM35 温度传感器与开发板，通过编写程控程序实现了 Arduino 串口温度计。在日常生活中温度计的应用是很广泛的，用法也是很多，大家可以根据这个实验举一反三，做出更好的作品。

除了温度计，还有可以根据测量的温度进行自动控制，特别是在高温行业，人无法接触的地方就可以发挥温度控制器作用了。

另外，从程序设计过程中，我们发现有几行语句很有意思，请大家说一说：

1. dat=(125*val)>>8；//温度计算公式，有何作用？
2. Serial.print(dat)的作用是什么？

想创就创

晶辉科技（深圳）有限公司的张北、王天亮发明了温度控制阀及蒸箱，国家专利号为：201110027998.0，本发明公开了一种温度控制阀，旨在提供一种由热蒸汽来控制其开合状态的温度控制阀。本发明采用的实施方案是：一种温度控制阀，包括呈"碟形"的双金属片Ⅰ（1）、密封端盖（2）和套接在所述密封端盖（2）的外缘上的密封件（3），所述双金属片Ⅰ（1）上开有排气孔Ⅰ（11），所述双金属片Ⅰ（1）的中心凸出有感应部（13），所述密封端盖（2）与所述感应部（13）相连接，所述双金属片Ⅰ（1）与所述密封件（3）之间留有空隙。

请您仔细阅读上面专利内容，并说出该专利的创意和创新点是什么，然后自己想想有什么启发？这个温度传感器原理及程序，举例说明可以应用在哪些生活用具上，能让生活用具更加智能化？编写一个创意作品制作方案，如能把它变成现实更好，祝大家成功。

第三节　消防火焰报警器

知识链接

一、火焰传感器

flame transducer 火焰是由各种燃烧生成物、中间物、高温气体、碳氢物质以及无机物质为主体的高温固体微粒构成的。火焰的热辐射具有离散光谱的气体辐射和连续光谱的固体辐射。不同燃烧物的火焰辐射强度、波长分布有所差异，但总体来说，其对应火焰温度的 $1\sim 2\mu m$，近红外波长域具有最大的辐射强度，根据这种特性可制成火焰传感器。例如，汽油燃烧时的火焰辐射强度的波长。火焰传感器是机器人专门用来搜寻火源的传感器，当然火焰传感器也可以用来检测光线的亮度，只是本传感器对火焰特别灵敏。火焰传感器利用红外线对火焰非常敏感的特点，使用特制的红外线接收管来检测火焰，然后把火焰的亮度转化为高低变化的电平信号，输入中央处理器中，中央处理器根据信号的变化做出相应的程序处理。

远红外火焰传感器可以用来探测火源或其他一些波长在 700nm～1 000nm 范围内的热源。在机器人比赛中，远红外火焰探头起着非常重要的作用，它可以用作机器人的眼睛来寻找火源或足球。利用它可以制作灭火机器人、足球机器人等。

二、远红外火焰传感器工作原理

远红外火焰传感器能够探测到波长在 700nm～1 000nm 范围内的红外光，探测角度为 60°，其中红外光波长在 880nm 附近时，其灵敏度达到最大。远红外火焰探头将外界红外光的强弱变化转化为电流的变化，通过 A/D 转换器反映为 0～255 范围内数值的变化。外界红外光越强，数值越小；红外光越弱，数值越大。火焰传感器利用红外线对火焰非常敏感的特点，使用特制的红外线接收管来检测火焰，然后把火焰的亮度转化为高低变化的电平信号，输入到中央处理器，中央处理器根据信号的变化做出相应的程序处理。

三、火焰传感器的连线

红外接收三极管的短引线端为负极，长引线端为正极。按照图 4-7 将负极接到 5V 接口中，然后将正极和 10K 电阻相连，电阻的另一端接到 GND 接口中，最后从火焰传感器的正极端所在列接入一根跳线，跳线的另一端接在模拟口中。

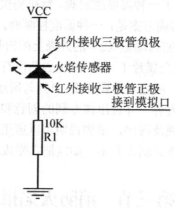

图 4-7 红外工作原理

课堂任务

利用 Arduino 及传感器制作一个火焰报警器。

探究活动

1. 准备所需器材：火焰传感器：1 个；蜂鸣器：1 个；10K 电阻：1 个；多彩面包板实验跳线：若干；Arduino 开发板 1 个；prototype 板子 1 个；下载线 1 条；面包板 1 个。

2. 按照下面原理图连接电路

1）蜂鸣器的连接。首先，将 Arduino 开发板、prototype 板子、面包板连接好，下载线接好。从实验盒中取出蜂鸣器，将蜂鸣器连接到数字第 8 针脚，蜂鸣器另一脚接 GND。完成蜂鸣器的连接。

2）火焰传感器的连接，如图 4-8 所示。

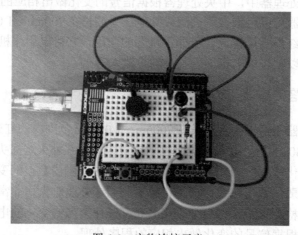

图 4-8 实物连接示意

从实验盒中取出火焰传感器,按照本节所讲述的火焰传感器的接线方法,将火焰传感器接到模拟 A5 口,火焰传感器正极接 Arduino 板上的 5V,火焰传感器负极接 GND。完成整个实验的连线。

3. 实验原理

在有火焰靠近和没有火焰靠近两种情况下,模拟口读到的电压值是有变化的。实际用万用表测量可知,在没有火焰靠近时,模拟口读到的电压值为 0.3V 左右;当有火焰靠近时,模拟口读到的电压值为 1.0V 左右,火焰靠近距离越近电压值越大。

所以在程序一开始,我们可以先存储一个没有火焰时模拟口的电压值 i。接着不断的循环读取模拟口电压值 j、同存储的值做差值 k=j-i、差值 K 与 0.6V 做比较。差值 K 如果大于 0.6V,则判断有火焰靠近,让蜂鸣器发出声音以作报警;如果差值小于 0.6V 则蜂鸣器不响。

4. 编写驱动程序,经编译成功之后,再单击"下载"到 Arduino 开发板上。

程序设计

```
int flame=A5;//定义火焰接口为模拟 5 接口
int Beep=8;//定义蜂鸣器接口为数字 8 接口
int val=0;//定义数字变量
void setup()
{
  pinMode(Beep,OUTPUT);//定义 Beep 为输出接口
  pinMode(flame,INPUT);//定义 flame 为输入接口
  Serial.begin(9600);//设定波特率为 9600
  val=analogRead(flame);
}

void loop() {
  Serial.println(analogRead(flame));//输出模拟值,并将其打印出来
  if((analogRead(flame)-val)>=600)//当模拟值大于 600 时蜂鸣器鸣响
      digitalWrite(Beep,HIGH);
}
```

成果分享

将程序下载到 Arduino 开发板后,我们用打火机打火靠近火焰传感,此时蜂鸣器发出声音,当熄灭打火机,蜂鸣器停止发音,证明你的实验成功了。你也可以让身边的亲戚、朋友、老师、同学来分享你的成果。你也可以拍成 DV 发到朋友圈、学校分享平台,让更多的人分享你的成果。

思维拓展

本次实验采用火焰传感器、蜂鸣器与 Arduino 开发板,通过编写程序实现了消防火焰报警器。在日常生活中火焰传感器的应用是很广泛的,用法也是很多:石油和天然气的勘探、生产、储存与卸料,海上钻井的固定平台、浮动生产贮存于装卸,陆地钻井的精炼厂、天然气重装站、管道,石化产品的生产、储存和运输设施,油库,化学品,易燃材料储存仓库,汽车的制造、油漆喷雾房,飞机的工业和军事,炸药和军需品;汽车的喷漆房;医药业、粉

房等高风险工业染料的生产、储存、运输，都应用火焰传感器，大家可以根据这个实验举一反三，做出更好的智能作品服务于社会。另外还请您完成以下两个问题。

1. 本实验在哪些地方实现了自动化（智能化）？
2. digitalWrite（Beep, HIGH）；的作用是什么？

想创就创

湖北省安防科技研究中心陈京生发明了火焰控制灭火装置，专利号为：201620179443.6，本实用新型涉及一种火焰控制灭火装置。包括外壳，纳米材料，引爆装置等。纳米材料安置在外壳内，外壳底部设置有底盖和黏结装置，引爆装置设置在外壳的内部和外部，外壳上设置有火焰探测口。本火焰控制灭火装置通过化学物理双重灭火机能扑灭火焰。当纳米材料与燃烧物火焰接触，迅速夺取燃烧自由基与热量；产生的大量玻璃状气溶胶吸附在被保护物表面，阻断燃烧所需的氧气。本装置具有，结构简单，安装方便；能实现自动灭火；采用纳米技术材料；灭火时纳米材料悬浮空气中形成气溶胶，受热分解速度快，捕获自由基能力强，灭火效能极高，是常规灭火能力的十倍以上；绿色环保，无腐蚀、无毒无刺激；有效寿命期可达7～10年等优点和效果。

请您仔细阅读上面专利内容，并说出他的创意和创新点是什么，然后自己想想有什么启发？你能不能利用刚才的实验原理制作一个自动灭火器呢？利用这个火焰传感器原理还可以在哪些方面实现智能化？

第四节　红外人体感知灯

知识链接

一、人体红外传感器（PIR），如图片4-9所示模块HC-SR501的工作原理

图4-9　人体感应传感器

人体都有恒定的体温，一般在37℃，所以会发出特定波长10UM左右的红外线，被动式红外探头就是靠探测人体发射的10UM左右的红外线而进行工作的。人体发射的10UM左右的红外线通过菲泥尔滤光片增强后聚集到红外感应源上。红外感应源通常采用热释电元件，这种元件在接收到人体红外辐射温度发生变化时就会失去电荷平衡，向外释放电荷，后续电路经检测处理后就能产生报警信号。

热释电效应：当一些晶体受热时，在晶体两端将会产生数量相等而符号相反的电荷。这种由于热变化而产生的电极化现象称为热释电效应。

菲涅耳透镜：根据菲涅耳原理制成，菲涅耳透镜分为折射式和反射式两种形式，其作用一是聚焦作用，将热释的红外信号折射（反射）在 PIR 上；二是将检测区内分为若干个明区和暗区，使进入检测区的移动物体能以温度变化的形式在 PIR 上产生变化热释红外信号，这样 PIR 就能产生变化电信号。使热释电人体红外传感器（PIR）灵敏度大大增加。

1. 模块参数

（1）工作电压：DC5V 至 20V。
（2）静态功耗：65μA。
（3）电平输出：高 3.3V，低 0V。
（4）延时时间：可调（0.3s～18s）。
（5）封锁时间：0.2s。
（6）触发方式：L 不可重复，H 可重复，默认值为 H（跳帽选择）。
（7）感应范围：小于 120°C 锥角，7m 以内。
（8）工作温度：−15°C～+70°C。

2. 模块特性

（1）这种探头是以探测人体辐射为目标的。所以热释电元件对波长为 10UM 左右的红外辐射必须非常敏感。

（2）为了仅仅对人体的红外辐射敏感，在它的辐射照面通常覆盖有特殊的菲泥尔滤光片，使环境的干扰受到明显的控制作用。

（3）被动红外探头，其传感器包含两个互相串联或并联的热释电元。而且制成的两个电极化方向正好相反，环境背景辐射对两个热释电元件几乎具有相同的作用，使其产生释电效应相互抵消，于是探测器无信号输出。

（4）一旦人侵入探测区域内，人体红外辐射通过部分镜面聚焦，并被热释电元接收，但是两片热释电元接收到的热量不同，热释电也不同，不能抵消，经信号处理而报警。

（5）菲泥尔滤光片根据性能要求不同，具有不同的焦距（感应距离），从而产生不同的监控视场，视场越多，控制越严密。

3. 模块触发方式，如图 4-10 所示

图 4-10　触发方式跳线

L不可重复，H可重复。可跳线选择，默认为H。

A. 不可重复触发方式：即感应输出高电平后，延时时间一结束，输出将自动从高电平变为低电平。

B. 可重复触发方式：即感应输出高电平后，在延时时间段内，如果有人体在其感应范围内活动，其输出将一直保持高电平，直到人离开后才延时将高电平变为低电平（感应模块检测到人体的每一次活动后会自动顺延一个延时时间段，并且以最后一次活动的时间为延时时间的起始点）。

4. 模块可调封锁时间及检测距离调节

（1）封锁时间：感应模块在每一次感应输出后（高电平变为低电平），可以紧跟着设置一个封锁时间，在此时间段内感应器不接收任何感应信号。此功能可以实现（感应输出时间和封锁时间，默认封锁时间 2.5S）两者的间隔工作，可应用于间隔探测产品；同时此功能可有效抑制负载切换过程中产生的各种干扰。

（2）调节检测距离。

5. 模块光敏控制，如图 4-11 所示

图 4-11　光敏控制调节

模块预留有位置，可设置光敏控制，白天或光线强时不感应。光敏控制为可选功能，出厂时未安装光敏电阻。（待验证）

6. 模块优缺点

优点：
本身不产生任何类型的辐射，器件功耗很小，隐蔽性好。价格低廉。

缺点：
容易受各种热源、光源干扰；被动红外穿透力差，人体的红外辐射容易被遮挡，不易被探头接收。易受射频辐射的干扰。

环境温度和人体温度接近时，探测和灵敏度明显下降，有时会造成短时失灵。

7. 模块抗干扰

1. 防小动物干扰；2. 防电磁干扰；3. 防强灯光干扰。

8. 模块安装

红外线热释电人体传感器只能安装在室内，其误报率与安装的位置和方式有极大的关系，正确的安装应满足下列条件：

（1）红外线热释电传感器应离地面 2.0—2.2m。

（2）红外线热释电传感器远离空调，冰箱，火炉等空气温度变化敏感的地方。

（3）红外线热释电传感器探测范围内不得摆设隔屏、家具、大型盆景或其他隔离物。

（4）红外线热释电传感器不要直对窗口，否则窗外的热气流扰动和人员走动会引起误报，有条件的最好把窗帘拉上。红外线热释电传感器也不要安装在有强气流活动的地方。

红外线热释电传感器对人体的敏感程度还和人的运动方向关系很大。热释电红外传感器对于径向移动反应最不敏感，而对于横切方向（即与半径垂直的方向）移动则最为敏感. 在现场选择合适的安装位置是避免红外探头误报、求得最佳检测灵敏度极为重要的一环。

二、继电器

1. 继电器原理

继电器是一种电子控制器件，它具有控制系统（又称输入回路）和被控制系统（又称输出回路），通常应用于自动控制电路中，它实际上是用较小的电流去控制较大电流的一种"自动开关"。故在电路中起着自动调节、安全保护、转换电路等作用。

电磁式继电器一般由铁芯、线圈、衔铁、触点簧片等组成，如图 4-12 所示。只要在线圈两端加上一定的电压，线圈中就会流过一定的电流，从而产生电磁效应，衔铁就会在电磁力吸引的作用下克服返回弹簧的拉力吸向铁芯，从而带动衔铁的动触点与静触点（常开触点）吸合。当线圈断电后，电磁的吸力也随之消失，衔铁就会在弹簧的反作用力下返回原来的位置，使动触点与原来的静触点（常闭触点）释放。这样吸合、释放，从而达到了在电路中的导通、切断的目的。对于继电器的"常开、常闭"触点，可以这样来区分：继电器线圈未通电时处于断开状态的静触点，称为"常开触点"；处于接通状态的静触点称为"常闭触点"。

2. Arduino 中操作继电器

首先 Arduino 中总连线电路如图 4-13 所示。

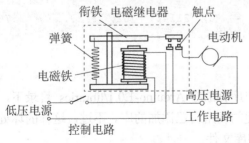

图 4-12 继电器工作原理

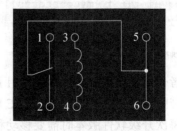

图 4-13 继电器内部电路

也就是说，我们从 13 口输出控制 3，4 之间的电压，从而让 1，2 之前的开关联通到 2 端，这样 5 到 2 之间的电路就联通了。而控制 3 的电源，直接使用

```
pinMode(13, OUTPUT);
digitalWrite(13,HIGH),
```

即可。

为什么要使用继电器？开始想不通一个问题，为什么不直接把电机的正极直接插到 Arduino 上面呢？后来想了想，因为那样输出的电压最大只能是 5V，而采用继电器，就可以用低于 5V 的电压控制大于 5V 的电压了，因为只需要低于 5V 的电压，开关就能打开，从而使用外部大于 5V 的电压。

三、Arduino 库文件

1. 库

库是个好东西，而且是合法的！如果你需要学习如何做某些东西，像修理一辆摩托车，你可以到当地的图书馆找一本书。当然你可以买一本，但是图书馆的好处是，作为一种资源，可以在任何你需要的时候拿来使用，从而保持的你房间整齐。

软件库非常类似。我们知道什么是过程：一个过程是一个要做的事情清单。一个库是一个大的相关过程的集合！如果你想控制一个电机，你可以找一个电机控制库：一个已经为你写好的过程的集合，从而可以让你省去学习电机细节的烦琐工作。

2. 如何使用库

Arduino 项目一个最好的特点是可以通过添加第三方面库来增加对硬件的支持。有很多的库，你可以选择一个需要的来安装。它们只会在你需要它们的时候载入，目前对于大多数的库你可以下载安装它们方便将来使用。程序经常会依赖一些库，你可以在代码的顶端看到它需要什么样的库。如果你看到类似#include<FatReader.h>；那意味着你将需要一个叫做 FatReader 的库或者一个包含 FatReader 文件的库。如果没有安装，你将得到一个错误。我们在编写程过程中调用程序以外的库文件的方法是：#include 用于调用程序以外的库。

这使得程序能够访问大量标准 C 库，也能访问用于 Arduino 的库。注意#include 和#define 一样，不能在结尾加分号，如果你加了分号编译器将会报错。如下面的例子所示。此例包含了一个库，用于将数据存放在 flash 空间内而不是 ram 内。

```
#include <avr/pgmspace.h>
prog_uint16_t myConstants[] PROGMEM = {0, 21140, 702, 9128, 0, 25764, 8456,0,0,0,0,0,0,0,29810,8968,29762,29762,4500};
```

3. 如何安装库

笔者使用的是 Arduino IDE 1.01 版本，用户库存放在 Arduino-1.0.1/libraries 目录下，与 IDE 自带的库放在一起，可以在 IDE 的界面方便的调用自己添加的库。不过，这样的坏处是当用户每次升级软件版本时需要移动和重新安装库文件。

课堂任务

任务：制作一个红外人体感知 LED 灯，当有人在时，点亮 LED 灯，当人离开时熄灭 LED 灯。

探究活动

1. 准备所需器材：Arduino 主板*1；人体红外传感器*1；LED 灯*1；连接线*1；220 欧姆电阻*1，面包板*1；下载线*1。

2. 按照下面原理图连接电路，如图 4-14 所示。

用红外人体感应传感器的信号端接 Arduino 板的 7 针脚，VCC 接 Arduino 板的直流 5V 针脚，GND 接 Arduino 板 GND（接地）；LED 灯或其他要控制继电器接 Arduino 板上 5 针脚（输出 5V 电压脚），这里要说明的 LED 灯要加降压电阻 1KG。注意：如果控制的 220V 交流电灯泡，就要先把 Arduino 的 5 针脚接 5V 继电器低电平输入信号端，由继电器另一端接上 220V 的灯泡，否则会烧坏板子！

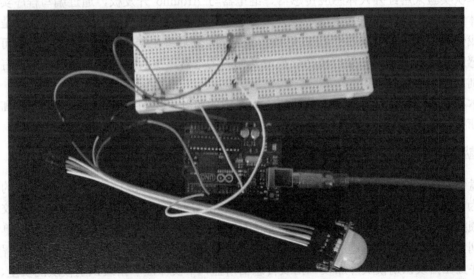

图 4-14　人体感应传感器灯电路连接图

3. 编写程序，然后单击"校验"，再单击"下载"。

程序设计

```
#define recv_pin 7
void setup(){
pinMode(recv_pin,INPUT);
pinMode(5,OUTPUT);
Serial.begin(9600);
}
void loop(){
 int in = digitalRead(recv_pin);
Serial.println(in); //如果检测到人体就为高电位，反之则为低电位
if (digitalRead(recv_pin)==HIGH) {
```

```
    digitalWrite(5,HIGH);
    }
else{
  digitalWrite(5,LOW);
}
}
```

成果分享

将程序下载到 Arduino 开发板后，我们走近红外人体感应传感器，会听到继电器工作声音，然后灯亮了，当你离开红外人体感应传感器时，也会听到继电器工作声音，然后灯熄灭了，证明你的实验成功了。你也可以让身边的亲戚、朋友、老师、同学来分享你的成果。你也可以拍成 DV 发到朋友圈、学校分享平台，让更多的人分享你的成果。

思维拓展

本次实验采用红外人体感应传感器、继电器与 Arduino 开发板，通过编写程序实现了红外人体感应传感器。在日常生活中红外人体感应传感器的应用是很广泛的，用法也是很多，假如我们利用这个实验原理把 LED 灯改为继电器，然后继电器控制一个楼梯灯，就可以实现人体感应控楼梯灯了。如果把楼梯灯换成其他的用电器，那么就可以实现用电器具有人体感应控制功能了。

本次实验过程中会碰到对人体感应不太灵敏的问题，我们要做什么调试才能提高灵敏度呢，那么人体感应灵敏度与什么有关？

想创就创

盘锦兴凯隆电子科技有限公司的张金吉发明的一种人体感应指纹门锁，其申请的国家专利号为：201410565353.6，本发明公开了一种人体感应指纹门锁，包括人体感应指纹门锁手和门锁控制器，人体感应指纹门锁手包括人体触摸感应单元、指纹传感器滑盖驱动单元和指纹识别单元，门锁控制器包括门锁控制模块和电池组。人体感应指纹门锁采用指纹解锁的方式，并且在指纹识别模块外加设一指纹传感器滑盖，不仅保证了指纹识别模块的安全、整洁、卫生，而且使指纹识别模块只有在需要解锁时才被激活，节能环保。

请您仔细阅读上面专利内容，并说出他的创意和创新点是什么，然后自己想想有什么启发？想创就创，请你动起手来，做一个相关人体感应器的作品。

第五节　声控灯

知识链接

一、声音传感器

如图 4-15 所示，声音传感器的作用相当于一个话筒（麦克风）。它用来接收声波，显示声音的振动图像，但不能对噪声的强度进行测量。该传感器内置一个对声音敏感的电容式驻极体话筒。声波使话筒内的驻极体薄膜振动，导致电容的变化，并产生与之对应变化的微小电压。这一电压随后被转化成 0—5V 的电压，经过 A/D 转换被数据采集器接受，并传送给计算机。本次实验采用的声音传感器具有以下几个特征。

（1）可以检测周围环境的声音强度，使用注意：此传感器只能识别声音的有无（根据震动原理）不能识别声音的大小或者特定频率的声音。

（2）灵敏度可调（图中数字电位器调节）。

（3）工作电压 3.3V—5V，输出形式数字开关量输出（0 和 1 高低电平）。

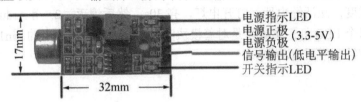

图 4-15　声音传感器接线图

（4）设有固定螺栓孔，方便安装，小板 PCB 尺寸：3.2cm*1.7cm。

二、模块接线说明

VCC 外接 3.3V—5V 电压（可以直接与 5V 单片机和 3.3V 单片机相连）；GND 外接 GND；OUT 小板开关量输出接口（0 和 1）。

三、使用说明

声音模块对环境声音强度最敏感，一般用来检测周围环境的声音强度；模块在环境声音强度达不到设定阈值时，OUT 输出高电平，当外界环境声音强度超过设定阈值时，模块 OUT 输出低电平；小板数字量输出 OUT 可以与单片机直接相连，通过单片机来检测高低电平，由此来检测环境的声音；小板数字量输出 OUT 可以直接驱动继电器模块，由此可以组成一个声控开关；调试方法跟这个视频差不多。只不过如图 4-16 所示模块没有模拟信号输出口，只有数字输出口{TTL 电平}，不能检测声音强度，只能检测声音有无。先提供一段调试声音灵敏度的代码，当你用螺丝刀调节变阻器的时候。要将数据介于 0，1 之间。当有声音时是 0，没有声音时是 1。要调节到刚好都输出的是 1，有一点声音的时候，立即输出 0。结合串口输出并调试代码。

图 4-16　声音传感器

另外，切记在使用声音传感器之前一定要事先调整好模块，用螺丝刀调整，到临界状态。如果有声音，模块输出低电平 0V；如果没有声音，模块输出高点平 5V；是在一个区间内的，一个高一个低。

课堂任务

任务一：学习相关声音传感器相关知识；

任务二：利用 Arduino 与声音传感器制作一个简易声控灯。有两种办法实现：1. 有声音后，达到一定程度，激活继电器，打开电灯，亮 30s。然后熄灭。2. 用 Arduino Uno pin13 上默认自己带的那个 LED 灯。实验就是对着模块吹一声，而后，模块上的 Pin13 出默认的 LED 灯，就亮了 4 秒钟。而后自动熄灭。

探究活动

1. 准备所需器材：Arduino Uno 1 个；prototype 板子 1 个；声音传感器模块 1 个；面包板、导线若干；电阻若干；下载线 1 条。

2. 硬件连接方法及连接图：将声音传感器连接在模拟接口 A0，声音传感器 VCC 接 Arduino 主板 5V，声音传感器 GND 接 Arduino 开发板的 GND，LED 接在 Arduino 开发板的数字接口 10，LED 接 Arduino 开发板的 GND。也可以用 prototype 板子，接线图如图 4-17 所示。

图 4-17 声音传感器接线图

3. 编写自动制控程序，单击"校验"，再单击"下载"到开发板上即可。

程序设计

```
//以下自动控制程序是没有接继电器的，其中变量 Jidianqi 是继电器换为 LED 灯。

int sensorVoice = A0;
int sensorJidianqi = 10;  //定义 10 针脚为继电器或 LED 灯
void setup()
{
  pinMode(sensorJidianqi, OUTPUT);
  pinMode(sensorVoice, INPUT);
  Serial.begin(9600);
```

```
}
void loop()
{
  if (digitalRead(sensorVoice) ==0)
  {
   delay(100);
   if (digitalRead(sensorVoice) ==0)
    {
      digitalWrite(sensorJidianqi, HIGH);//低电平导通继电器
      delay(4000);
      digitalWrite(sensorJidianqi, LOW); //
    }
  }
  else
  {
    digitalWrite(sensorJidianqi, LOW);
  }
}
```

这个是没有用继电器的。用继电器的时候，注意是高电平激活，还是低电平激活继电器，这个要留意，因为不同继电器可能不同。

成果分享

本次实验是采用声音传感器与 Arduino 开发板制作了一个声控灯，当你下载完控制程到 Arduino 开发板时，拍拍手发出声音，打开电灯，亮 30s，然后熄灭。证明你的实验成功。

同学们，把自己所做的声控灯制作过程和效果录制成 DV，然后把 DV 发到朋友圈或学校的分享区，供朋友、家人、同学分享，并接受他们的建议，收集好建议，进一步完善自己的作品。

思维拓展

本实验也可以用的是 Arduino Uno pin13 上默认自己带的那个 LED 灯。实验就是对着模块拍拍手发出声音，然后，Arduino 板上 pin13 相连的 LED 灯，亮了 4 秒钟后自动熄灭。这里，拍拍手发出的声音要达到程序中预定值时才能亮灯，也会因为预设定值太小，原来房间的噪音已经达到预定值，会发生不拍手也会亮灯的情况。因为声音传感器传回的数据是 0~1023，而我们事先假设测得室内安静时模拟口读数小于 30，这个数值是根据实际情况来设定的，如果周围较吵，相应的数值可以略高一些。等待 20s 就是声控灯亮了之后的时间，接收到声音，点亮 20s，20 之后自动熄灭。

声控灯有一种有趣的现象，那就是光线充足时，任你发出多大的声音都不亮；但在黑夜，轻轻一声它就发出了亮光，这是为什么呢？原来声控灯中有光控电路，使其在光线足够的时候不工作，所以声控灯的控制盒实际上是声、光同时控制的，在光亮度能达到的情况下，灯不会亮。

生活中，好多地方都使用声控灯照明，一来节约了电资源，二来使用起来异常方便，不必在黑暗中摸索开关。当然，也有弊端，由于开关的频率比较高，灯泡的寿命大大降低，同

时，也造成了一定的噪音污染；在夜晚，环境噪音较大时，容易造成浪费及光污染。

声控是通过人发出声音的方式控制的设备。使用者通过声音控制按钮、拨号和开关，当忙碌和做其他事情的同时可以很容易地控制设备。第一个声控家电是洗衣机，让消费者通过声音命令操作洗衣机操作面板，移动电话也可通过声控启动拨号程序，最新的声控设备是翼卡车联网，当您需要导航时，您只需按下一键导航按钮，说出目的地，客户服务中心将为您规划最佳路径，将语音导航数据直接发送到您的车辆。免去驾车时烦琐的查询和设定，只需动口，无须动手。

想创就创

河南科强电器科技有限公司的李敬科发明了一种 LED 声控灯，专利号为：201520641678.8，本实用新型的目的是针对现有技术的不足，从而提供一种设计科学、安装方便、进线美观和照明效果好的 LED 声控灯。

为了实现上述目的，本实用新型所采用的技术方案是：一种 LED 声控灯，它包括后盖、扣合在所述后盖上的透明前盖和光源板，所述后盖内设置有安装柱、固定孔和进线孔，所述固定孔包括分别设置在所述后盖两侧的通用固定孔和设置在所述后盖中心的辅助固定孔，所述光源板包括散热翅片和多个固定在所述散热翅片上的 LED 灯珠，所述散热翅片对应所述安装柱开设有固定螺栓孔，所述散热翅片通过螺钉固定在所述安装柱上，所述后盖内设置有声控板，所述声控板的供电输出端分别连通多个所述 LED 灯珠，所述声控板的供电输入端连接有设置在所述进线孔内的输电导线。

基于上述，所述后盖四周向后盖背部延伸形成进线空间，所述进线空间一侧开设有进行凹槽。所述透明前盖上设置有网格透光面。所述声控板包括设置在所述后盖外侧的光敏电阻和连接所述光敏电阻的声控电路。

本实用新型相对现有技术具有实质性特点和进步，具体地说，本实用新型包括后盖、透明前盖和光源板，通过所述后盖设置固定孔增加整个 LED 声控灯的适用性，满足各种安装的需求；进一步说，通过螺钉将所述散热翅片固定在所述安装柱上，便于整个 LED 声控灯的施工安装；进一步说，所述透明前盖采用网格透光面，保证灯光柔和；其具有设计科学、安装方便、进线美观和照明效果好的优点。

请您仔细阅读上面专利内容，并说出他的创意和创新点是什么，然后自己想想有什么启发？想创就创，请你动起手来，做一个声控设备。

第六节　超声波测距仪

知识链接

一、超声波距离传感器

适用于对大幅的平面进行静止测距。普通的超声波传感器测距范围大概是 2cm～450cm，分辨率 3mm（笔者实测比较稳定的距离为 10cm～2m 左右，超过此距离就经常有偶然不准确的情况发生了，当然不排除笔者在测试的过程中存在一定的技术问题）。

如图 4-18 所示，HC-SR04 超声波距离传感器有四个脚：5V 电源脚（Vcc），触发控制端（Trig），接收端（Echo），地端（GND）。

图 4-18　超声波传感器

模块工作原理：
- 采用 IO 触发测距，给至少 10us 的高电平信号。
- 模块自动发送 8 个 40KHz 的方波，自动检测是否有信号返回。
- 有信号返回，通过 IO 输出高电平，高电平持续的时间就是超声波从发射到返回的时间。测试距离=（高电平时间*声速（340m/s））/2。

二、delayMicroseconds 语句的使用方法

delayMicroseconds 指的是延时微秒，delay 指的是耽搁、延迟、拖延、被耽搁或推迟的时间。

超声波发射器向某一方向发射超声波，在发射的同时开始计时，超声波在空气中传播，途中碰到障碍物就立即返回来，超声波接收器收到反射波就立即停止计时。声波在空气中的传播速度为 340m/s，根据计时器记录的时间 t，就可以计算出发射点距障碍物的距离 s，即：s=340m/s×t/2。这就是所谓的时间差测距法。

三、pulseIn 函数知识要点

```
pulseIn()：用于检测引脚输出的高低电平的脉冲宽度。
pulseIn(pin, value)
pulseIn(pin, value, timeout)//*Pin—需要读取脉冲的引脚；Value—需要读取的脉冲类型，
HIGH 或 LOW；Timeout—超时时间，单位微秒，数据类型为无符号长整型。
```

（1）使用 Arduino 采用数字引脚给 SR04 的 Trig 引脚至少 10μs 的高电平信号，触发 SR04 模块测距功能。

（2）触发后，模块会自动发送 8 个 40KHz 的超声波脉冲，并自动检测是否有信号返回。这步会由模块内部自动完成。

（3）如有信号返回，Echo 引脚会输出高电平，高电平持续的时间就是超声波从发射到返回的时间。此时，我们能使用 pulseIn()函数获取到测距的结果，并计算出距被测物的实际距离。

课堂任务

任务一：学习超声波距离传感器相关知识及其工作原理。
任务二：学习相关函数的应用。
任务三：利用 Arduino 及超声波距离传感器制作一个测距仪。

探究活动

1. 准备所需的器材：超声波距离传感器 1 个，Arduino 主板 1 个，下载线 1 条，导线若干。
2. 硬件连接：接线方法如表 4-1 和图 4-19 所示。

表 4-1 超声波传感器接线图

超声波传感器	Arduino
GND	GND
ECHO	3
Trig	2
VCC	+5V

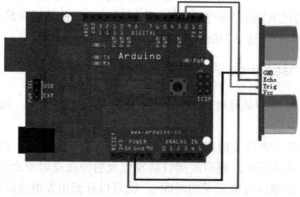

图 4-19 超声波接线图

3. 编写驱动程序，单击"校验"，再单击"下载"。

程序设计

```
const int TrigPin=2;
const int EchoPin=3;
 float cm;
void setup()
{
Serial.begin(9600);
pinMode(TrigPin, OUTPUT);
pinMode(EchoPin, INPUT);
}
void loop()
{
digitalWrite(TrigPin, LOW); //低高低电平发一个短时间脉冲去 TrigPin
delayMicroseconds(2);
```

```
digitalWrite(TrigPin, HIGH);
delayMicroseconds(10);
digitalWrite(TrigPin, LOW);

cm = pulseIn(EchoPin, HIGH) / 58.0;   //将回波时间换算成 cm
cm = (int(cm * 100.0)) / 100.0;   //保留两位小数
Serial.print(cm);
Serial.print("cm");
Serial.println();
delay(1000);
}
```

成果分享

将程序下载到 Arduino 开发板后,我们利用超声波传感器面对墙壁,打开串口监视器,从监视器上可以收到一组数据,然后我们验证一下实际距离,如果相符,证明你的实验成功了。你也可以让身边的亲戚、朋友、老师、同学来分享你的成果。你也可以拍成 DV 发到朋友圈、学校分享平台,让更多的人分享你的成果。

思维拓展

本次实验采用超声波距离传感器与 Arduino 开发板,通过编写程序实现了超声波测量距离仪器。在日常生活中超声波传感器的应用是很广泛的,用法也是很多。如:

超声波碰到杂质或分界面会产生显著反射形成反射成回波,碰到活动物体能产生多普勒效应。因此,超声波检测广泛应用在工业、国防、生物医学等方面。超声波距离传感器可以广泛应用在物位(液位)监测、机器人防撞、各种超声波接近开关,以及防盗报警等相关领域,工作可靠、安装方便、防水型、发射夹角较小、灵敏度高、方便与工业显示仪表连接,也提供发射夹角较大的探头。

具体一点,超声波的应用还有如下几点。

1. 超声波传感器可以对集装箱状态进行探测。将超声波传感器安装在塑料熔体罐或塑料粒料室顶部,向集装箱内部发出声波时,就可以据此分析集装箱的状态,如满、空或半满等。

2. 超声波传感器可用于检测透明物体,液体,任何表面粗糙、光滑,光的密致材料和不规则物体。但不适用于室外、酷热环境或压力罐以及泡沫物体。

3. 超声波传感器可以应用于食品加工厂,实现塑料包装检测的闭环控制系统。配合新的技术可在潮湿环境,如洗瓶机、噪音环境、温度剧烈变化环境等进行探测。

4. 超声波传感器可用于探测液位、探测透明物体和材料,控制张力以及测量距离则主要为包装、制瓶、物料搬运、检验煤的设备运转、塑料加工以及汽车行业等。超声波传感器可用于流程监控以提高产品质量、检测缺陷、确定有无以及其他方面。

5. 超声波传感器可以安装在小车的车头,用来测试障碍物。

想创就创

南昌大学王玉皞、李博远发明了超声波测距方法,专利号为:201410161074.3。该发明公开了一种超声波测距方法,旨在解决当前超声波测距方法及设备受噪声影响较大测量精度低的技术问题,该设备包括对应连接的波形发生装置、发射换能装置、接收换能装置、信号处理装置、显示装置;该抗噪声超声波测距方法运用 Duffing 振子及 Runge-Kutta 算法并与接收信号的运算相结合,可以实现对障碍物精确测距;该发明具有设备结构简单、测距精度高的优点。

请您仔细阅读上面专利内容,并说出他的创意和创新点是什么,然后自己想想有什么启发?想创就创,请你动起手来,利用超声波传感器与 Arduino 设计一个自动检测控制装置。

第七节 空气质量 PM2.5 检测仪

知识链接

PM2.5 传感器也叫粉尘传感器、灰尘传感器,可以用来检测我们周围空气中的粉尘浓度,即 PM2.5 值大小。空气动力学把直径小于 10μm,能进入肺泡区的粉尘通称为呼吸性粉尘,如图 4-20 所示。直径在 10μm 以上的尘粒大部分通过撞击沉积,在人体吸入时大部分沉积在鼻咽部,而 10μm 以下的粉尘可进入呼吸道的深处。而在肺泡内沉积的粉尘大部分是直径在 5μm 以下的粉尘。

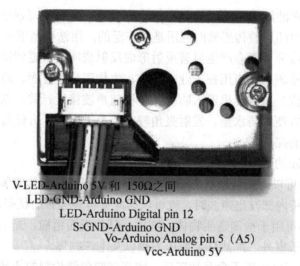

V-LED-Arduino 5V 和 150Ω之间
LED-GND-Arduino GND
LED-Arduino Digital pin 12
S-GND-Arduino GND
Vo-Arduino Analog pin 5 (A5)
Vcc-Arduino 5V

图 4-20 PM2.5 粉尘传感器

PM10 则是指环境空气中空气动力学当量直径小于等于 10μm 的颗粒物。PM2.5 细颗粒物直径小,在大气中悬浮的时间长,传播扩散的距离远,且通常含有大量有毒有害的物质,因而对人体健康影响更大,PM2.5 可进入肺部、血液,如果带有病菌会对人体有很大的危害,包括对我们的呼吸道系统、心血管系统、甚至生殖系统。

PM2.5 粉尘传感器的工作原理是根据光的散射原理来开发的,微粒和分子在光的照射下会产生光的散射现象,与此同时,还吸收部分照射光的能量。当一束平行单色光入射到被测颗粒场时,会受到颗粒周围散射和吸收的影响,光强将被衰减。如此一来便可求得入射光通过待测浓度场的相对衰减率。而相对衰减率的大小基本上能反映出线性反应待测场灰尘的相对浓度。光强的大小和经光电转换的电信号强弱成正比，通过测得电信号就可以求得相对衰减率，进而就可以测定待测场里灰尘的浓度。

PM2.5 传感器被设计用来感应空气中的尘埃粒子，其内部对角安放着红外线发光二极管和光电晶体管，他们的光轴相交，当带灰尘的气流通过光轴相交的交叉区域，粉尘对红外光反射，反射的光强与灰尘浓度成正比。光电晶体管使得其能够探测到空气中尘埃反射光，即使非常细小的如烟草烟雾颗粒也能够被检测到，红外发光二极管发射出光线遇到粉尘产生反射光，接收传感器检测到反射光的光强，输出信号，根据输出信号光强的大小判断粉尘的浓度，通过输出两个不同的脉宽调制信号（PWM）区分不同灰尘颗粒物的浓度。

PM2.5 粉尘传感器/灰尘传感器 GP2Y1010AU0F 是一款光学空气质量传感器，即 PM2.5 传感器，其内部对角安放着红外线发光二极管和光电晶体管，使得其能够探测到空气中尘埃反射光，即使非常细小的，如烟草烟雾颗粒也能够被检测到该款空气质量传感器通常在空气净化系统中应用，可测量 0.8μm 以上的微小粒子，感知烟草产生的烟气和花粉、房屋粉尘等。该款空气质量传感器同时具有体积小、重量轻、便于安装等特点，可广泛应用于空气清新机，换气空调，换气扇等产品。

PM2.5 粉尘传感器/灰尘传感器 GP2Y1010AU0F 特性：

灵敏度：0.5V/（0.1mg/m^3）

输入电压：−0.3−7V

输出电压（无灰尘）：0.9V（TYP）

消耗电流：11mA

灵敏度：0.5V/0.1mg/m^3

体积小，重量轻，便于安装

课堂任务

任务一：学习相关 PM2.5 传感器的相关知识及工作原理。

任务二：利用 Arduino UNO 和 GP2Y1010AU0F 模块制作 PM2.5 空气质量检测仪。

探究活动

1. 准备实验所使用的器材：Arduino UNO*1；GP2Y1010AU0F 模块*1；150Ω 电阻*1；220uF 电解电容*1；面包板*1；跳线若干。

2. 硬件连接：传感器与 Arduino 连接线如表 4-2 所示。

表 4-2 连接对应表

GP2Y1010AU0F	两者之间串联电阻、电容或直接	Arduino
1	串联 150Ω 电阻	5V
1	串联 220uF 电解电容	GND
2	导线	GND
3	导线	2
4	导线	GND
5	导线	A0
6	导线	5V

本教程使用的是 GP2Y1010AU0F 模块，该模块具有非常低的电流消耗（最大 20mA，11 毫安典型值），最高 7VDC 供电。传感器的输出是一个与模拟电压成正比的测量粉尘密度，具有 0.5V/0.1mg/m^3 的灵敏度。

3. 编写程序，单击"校验"，然后再单击"下载"。

程序设计

```
int dustPin=0;
float dustVal=0;
int ledPower=2;
int delayTime=280;
int delayTime2=40;
float offTime=9680;
void setup(){
  Serial.begin(9600);
  pinMode(ledPower,OUTPUT);
  pinMode(dustPin, INPUT);
}

void loop(){
// ledPower is any digital pin on the arduino connected to Pin 3 on the sensor
  digitalWrite(ledPower,LOW);
  delayMicroseconds(delayTime);
  dustVal=analogRead(dustPin);
  delayMicroseconds(delayTime2);
  digitalWrite(ledPower,HIGH);
  delayMicroseconds(offTime);
  delay(1000);
  if (dustVal>36.455)
    Serial.println((float(dustVal/1024)-0.0356)*120000*0.035);
}
```

成果分享

将程序下载到 Arduino 开发板后，打开串口监视器，从监视器上可以收到一组数据，这些数据就是 PM2.5 粉尘传感器测到的数据，测试得到的数据和空气质量对照：

3000+ = 很差

1050–3000 = 差

300–1050 = 一般

150–300 = 好

75–150 = 很好

0–75 = 非常好

证明你的实验成功了。你也可以让身边的亲戚、朋友、老师、同学来分享你的成果。你也可以拍成 DV 发到朋友圈、学校分享平台，让更多的人分享你的成果。

思维拓展

本次实验采用 PM2.5 粉尘传感器/灰尘传感器 GP2Y1010AU0F 与 Arduino 开发板，通过编写程序实现了对空气中 PM2.5 可吸入颗粒物的测量。在日常生活中，超声波传感器的应用是很广泛的，用法也很多。可以用于环境检测，新风系统，物联网等不同领域。

想创就创

浙江菲达环保科技股份有限公司舒英钢申请了一种脱除烟气中 PM2.5 的装置的专利，专利号为 201120315559.5，该实用新型设计公开了一种脱除烟气中 PM2.5 的装置，包括脱除塔、湿式电除尘器、润湿喷淋装置，脱除塔的下部设有烟气进口端，所述脱除塔的烟气进口端设有粒子荷电区、混合凝并区，所述粒子荷电区分为正电晕放电区和负电晕放电区，所述正电晕放电区内设有正电极，所述负电晕放电区内设有负电极，所述烟气进口端上部的脱除塔内设有至少一级润湿喷淋装置，所述湿式电除尘器设置在润湿喷淋装置上方的脱除塔内，所述脱除塔的顶端设有烟气出口。本实用新型设计的优点是：不仅可以去除燃煤中的微细粉尘 PM2.5，还可以去除烟气中的酸雾、重金属粒子等微细颗粒，PM2.5 的去除率≥95%。

请您仔细阅读上面专利内容，并说出他的创意和创新点是什么，然后自己想想有什么启发？想创就创，请您动起手来，利用 PM2.5 粉尘传感器/灰尘传感器 GP2Y1010AU0F 与 Arduino 设计一个智能检测控制装置。

第八节　雨水监控信号灯

知识链接

雨滴传感器是一种传感装置，主要用于检测是否下雨及雨量的大小，并广泛应用于汽车自动刮水系统、智能灯光系统和智能天窗系统等。

汽车在雨天或雪天行驶时，车窗易被雨滴、雪片遮盖，妨碍驾驶员的视线。设置自动刮水系统，其中的雨滴传感器用于检测落雨量，并利用控制器将检测出的信号进行变换，根据变换后的信号自动地按雨量设定刮水器的间歇时间，以便随时控制刮水器电动机，确保行车的前方视野。

雨滴传感器，如图 4-21 所示，可用于各种天气状况的监测，并转成数定信号和 AO 输出。雨滴传感器采用高品质 FR-04 双面材料，超大面积 5.0cm×4.0cm，并用镀镍处理表面，具有对抗氧化、导电性，及寿命方面更优越的性能。

雨滴传感器的性能：
- 比较器输出，信号干净，波形好，驱动能力强，超过 15mA；
- 配电位器调节灵敏度；
- 工作电压 3.3V—5V；
- 输出模式：数字开关量输出（0 和 1）和模拟量 AO 电压输出；
- 使用宽电压 LM393（LM393 数据手册）比较器；

图 4-21 雨滴传感器

使用方法：#接上 5V 电源，电源指示灯亮，感应板上没有水滴时，DO 输出为高电平，开关指示灯灭，滴上一滴水，DO 输出为低电平，开关指示灯亮，刷掉上面的水滴，又恢复到输出高电平状态。AO 模拟输出，可以连接单片机的 AD 口，检测滴在上面的雨量大小。DO TTL 数字输出也可以连接单片机检测是否有雨。

===连接方法===
*VCC：接电源正极（3—5V）
*GND：接电源 GND
*DO：TTL 开关信号输出
*AO：模拟信号输出

课堂任务

任务一：学习雨滴传感器相关知识及工作原理。

任务二：利用 Arduino+雨滴传感器制作雨水监控通讯灯。

探究活动

1. 准备所用器材：Arduino 主板一个；雨滴传感器一个；继电器一个；LED 灯一个；面包板一个；下载线一个；导线若干。

2. 按线路图连接好电路：雨滴传感器分为模拟信号和数字信号两种。

（1）采用模拟信号的雨滴传感器监控雨水量，从 Arduino 串口监视器窗口可以收到雨水量，下图中增加二个 LED 灯，从 Arduino 第 8 针脚接上黄色 LED 灯正极，黄色 LED 灯负极接 GND；从 Arduino 第 9 针脚接上红色 LED 灯正极，红色 LED 灯负极接 GND，如图 4-22 所示。

第四章 传感控制

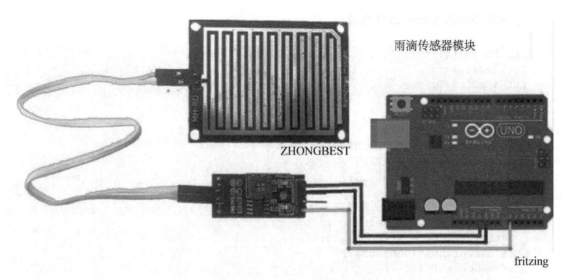

图 4-22 雨水监控连接图

（2）数字信号雨滴传感器，如下图所示，把 LED 正极接到 Arduino 主板的 12 脚，（如果把 LED 换成继电器，把继电器信号线接到 12 脚，LED 灯与继电器相连成为一个电路回路。）负极接地 GND；把雨滴传感器的数据线接到 10 脚，雨滴传感器另两条线就要接+5V 电源和 GND 了，如图 4-23 所示。

（3）根据自己制作的雨滴传感器设计控制程序，单击"校验"，再单击"下载"。

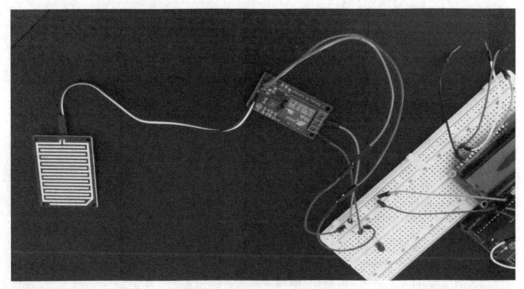

图 4-23 雨水监控灯实物连接

程序设计

雨滴传感器有两个信号输出，一个是模拟信号传感器，另一个是数字信号传感器，所以在编写控制程序时，要注意你手中的传感器，是哪种信号，下面笔者提供两个信号的控制程序代码。

1. 采用模拟信号的雨滴传感器

```
int humidityPin = A0;
int ledPin8=8;
int ledPin9=9;
int sensorVal ;
void setup(){
  Serial.begin(9600);
  pinMode(humidityPin, INPUT);
  pinMode(ledPin8, OUTPUT);
  pinMode(ledPin9, OUTPUT);
}
void loop(){
  sensorVal = analogRead(humidityPin);
  Serial.print("soil moisture:");
  Serial.println(sensorVal);
  if(sensorVal<350) {
Serial.print("No water");
digitalWrite(ledPin8,LOW);  //熄灭黄色LED
digitalWrite(ledPin9,LOW);  //熄灭红色LED
}
  else if(sensorVal < 500 && sensorVal >= 350){
     Serial.print("Little water");
     digitalWrite(ledPin8,HIGH);  //点亮黄色LED
   }
    else if( sensorVal >= 500){
      Serial.print("More water");
     digitalWrite(ledPin9,HIGH);  //点亮红色LED
      delay(800);
    }
}
```

2. 采用数字信号的雨滴传感器

```
#define ledPin 12        //LED灯接口
#define humidityPin 10            //传感器接口
int Value = 0;
void setup() {
  pinMode(ledPin,OUTPUT);    //设定LED接口为输出状态
  pinMode(humidityPin,INPUT);
}
void loop()
{
   Value = digitalRead(humidityPin);
  if(Value == LOW) {
    digitalWrite(ledPin,HIGH);  //点亮LED
  }
  else {
    digitalWrite(ledPin,LOW);  //熄灭LED
  }
}
```

成果分享

如果采用模拟信号传感器时,将程序下载到 Arduino 开发板后,在雨滴传感器上滴一些水,当打开串口监视器,从监视器上可以收到一组数据,这些数据就是雨量值,不断地滴水,当水量达到一定程度时,会点亮黄色,再点亮红灯,再看看监测的雨量是不是我们预定的值。如果误差不大,说明你的实验成功了。你也可以把制作过程及效果拍成 DV 发到朋友圈或学校分享平台,让身边的亲戚、朋友、老师、同学来分享你的成果。

思维拓展

本次实验采用雨滴传感器和 Arduino 开发板制作成一个下雨水监控信号灯,日常生活中雨滴传感器应用很广泛,例如汽车的雨刮,雨滴传感器的作用是在下雨时不需要频繁去拨雨刮开关,它能根据雨量的大小自动的开关,小雨时它刮干净雨水后就不刮了,雨大时就自动转到连续刮,再大时就自动转到快速连续刮,雨小后就转慢速刮,雨停了,它就不刮了。

汽车雨刮工作原理:雨滴传感器不是以几个有限的挡位来变换雨刷的动作速度,而是对雨刷的动作速度做无级调节。它有一个被称为 LED 的发光二极管负责发送远红外线,当玻璃表面干燥时,光线几乎是 100%地被反射回来,这样光电二极管就能接收到很多的反射光线。玻璃上的雨水越多,反射回来的光线就越少,其结果是雨刷动作越快。

想创就创

士林电机厂股份有限公司的叶宗鑫发明了一种雨滴感应装置,国家专利号为:201320660360.5,该实用新型设计公开了一种雨滴感应装置,是安装于一雨滴传感器内,其包括有定位块、光学棱镜、发光模块、主要光线接收模块以及辅助光线接收模块,而发光模块、主要光线接收模块以及辅助光线接收模块均位于整合控制板上并同时形成电性连接,且发光模块用于发射内部光线,辅助光线接收模块仅用于接收外部光线,而主要光线接收模块则会同时接收到内部光线以及外部光线,由此,将辅助光线接收模块所测得的外部光线干扰,与主要光线接收模块收到的外部光源,加以计算后便可排除雨滴传感器外部光线的干扰问题,增进雨滴感应器判断精度。

请您仔细阅读上面专利内容,并说出他的创意和创新点是什么,然后自己想想有什么启发?想创就创,请你动起手来,利用雨滴传感器与 Arduino 设计一个智能雨水检测控制装置。

本章学习评价

完成下列各题,并通过本章的知识链接、探究活动、程序设计、成果分享、思维拓展、想创就创等,综合评价自己在知识与技能、解决实际问题的能力以及相关情感态度与价值观的形成等方面,是否达到了本章的学习目标。

1. 光敏电阻器又叫光感电阻,是利用_____制成的一种电阻值随入射光的强弱而改变的电阻器;入射光_____,电阻减_____,入射光弱,电阻增大。光敏电阻器一般用于光的测量、光的控制和光电转换(将光的变化转换为电的变化)。

2. 温度传感器是指能感受_____并转换成可用_____信号的传感器。

3. 火焰传感器是由各种燃烧生成物、中间物、_____、碳氢物质以及_____为主体的高温固体微粒构成的。

4. 人体都有恒定的体温，一般在 37℃，所以会发出特定波长 10UM 左右的红外线，被动式红外探头就是靠探测人体发射的 10UM 左右的红外线而进行工作的。这是_____传感器工作原理。

5. 继电器是一种电子控制器件，它具有_____（又称输入回路）和被_____（又称输出回路），通常应用于自动控制电路中，它实际上是用较小的电流去控制_____电流的一种"自动开关"。故在电路中起着自动调节、安全保护、转换电路等作用。

6. 声音传感器的作用相当于一个_____。它用来接收声波，显示声音的振动图像，但不能对噪声的强度进行测量。

7. 超声波发射器向某一方向发射超声波，在发射的同时开始计时，_____在空气中传播，途中碰到障碍物就立即返回来，超声波接收器收到_____就立即停止计时。声波在空气中的传播速度为 340m/s，根据计时器记录的时间 t，就可以计算出发射点距障碍物的距离 s，即：s=340m/s×t/2。这就是所谓的时间差测距法。

8. pulseIn 函数格式是_____。

9. pm2.5 粉尘传感器的工作原理是根据光的散射原理来开发的，微粒和分子在光的照射下会产生光的_____，与此同时，还吸收部分照射光的能量。当一束平行单色光入射到被测颗粒场时，会受到颗粒周围_____和_____的影响，光强将被衰减。如此一来便可求得入射光通过待测浓度场的相对衰减率。

10. 光控灯的感知元件是_____，在程序设计中通过_____函数来实现感知；光控灯的控制技术程序是通过_____来实现。

11. 串口温度计的感知元件是_____，在程序设计中通过_____函数来实现感知；控制部分采用_____程序结构实现判断，再通过_____函数实现在串口上显示实时温度的。

12. 人体感应灯的感知元件是_____，在程序设计中通过_____函数来实现感知；控制部分通过_____等语句来实现的自动开关灯的。

13. 声控灯的感知元件是_____，自动控制是通过_____和_____一起实现智能控制。

14. 请你指超声波测距仪制作过程中，哪段程序属于感知部分，哪段程序属于智能控制部分，他们分别由什么函数来实现？分别用了什么程序结构？

15. 请你指雨水监控信号灯制作过程中，哪段程序属于感知部分，哪段程序属于智能控制部分，他们分别由什么函数来实现？分别用了什么程序结构？

16. 连接一个有源蜂鸣器到 Arduino 开发板，编写程序，让它发出以下模式的声音。

（1）长鸣：鸣叫 2s，停 0.5s。

（2）滴滴短声：鸣叫 0.5s，停 0.5s。

（3）急促短声：鸣叫 0.3s，停 0.3s。

（4）长短声：鸣叫 2s，停 0.5s，鸣叫 0.5s，停 0.5s。

17. 修改程序，在上述电路中测量出有源蜂鸣器的电流是多少？如何让有源蜂鸣器不要那么响？

18. 连接一个无源蜂鸣器到 Arduino 开发板，编写一个程序，让它发出 C 大调 1，2，3，4，5，6，7，i 的音阶声音。

19. 连接一个无源蜂鸣器到 Arduino 开发板，编写一个程序，让它播放一段音乐。比如：小蜜蜂。

20. 本章对我启发最大的是_____
_____。

21. 我还不太理解的内容有_____
_____。

22. 我还学会了_____
_____。

23. 我还想学习_____
_____。

第五章 感知物联

"无处不连接，万物皆感知"，物联网蕴含着巨大的机遇，有远见的决策者已纷纷开始行动。全球联网设备数量将于 2025 年增至 1 000 亿，全面覆盖生产和生活的方方面面。试想一下，我们的冰箱能够根据食物储存情况自动制定购物清单发送到主人的手机；开车经过常光顾的餐厅时手机能够自动收到优惠券；智能停车的 App 也实时更新着附近的车位信息；而驾驶过程中的数据将被用来分析车主的驾驶习惯，帮助保险公司确定车险的保费水平，提高经营效益。在物联网世界里，生活充满无限可能。

本章将通过开源硬件 Arduino 开发板分别与蓝牙、WiFi、语音合成、Sim900、乐为物联网、以太网等模块互联，开发智能感知应用项目。掌握智能感知的物与物联、人与物联的技术。认识基于开源硬件的信息系统的基本结构及智能作品网络通信的一般设计流程。以 STEAM 教育理念为指导，利用开源硬件开展项目学习，让学生体验研究和创造的乐趣，培养利用信息技术解决问题和创新设计的意识和能力。

本章还将通过"想创就创"教学环节，引入国家专利库公开的专利技术方案，开发学生的思维，拓展学生视野，提高学生创新创造的信心。让学生理解并自觉践行开源的理念与知识分享的精神，理解保护知识产权的意义。

本章主要知识点：

➤ Arduino 与蓝牙物联控制技术
➤ 蓝牙与手机 APP 物联控制技术
➤ Arduino 与 WiFi 模块物联控制技术
➤ Arduino 与 ENC28J60 以太网模块物联技术
➤ 语音合成模块与无线继电器物联控制技术
➤ 乐为物联网控制技术
➤ 物联网微信无线控制技术

第一节 蓝牙灯

知识链接

蓝牙（Bluetooth®）：是一种无线技术标准，可实现固定设备、移动设备和楼宇个人局域网之间的短距离数据交换（使用 2.4—2.485GHz 的 ISM 波段的 UHF 无线电波）。蓝牙技术最初由电信巨头爱立信公司于 1994 年创制，当时是作为 RS232 数据线的替代方案。蓝牙可连接多个设备，克服了数据同步的难题。

如今，蓝牙由蓝牙技术联盟（Bluetooth Special Interest Group，简称 SIG）管理。蓝牙技术联盟在全球拥有超过 25 000 家成员公司，它们分布在电信、计算机、网络和消费电子等多重领域。美国电子电气工程师协会（简称 IEEE）将蓝牙技术列为 IEEE 802.15.1，但如今已不再维持该标准。蓝牙技术联盟负责监督蓝牙规范的开发，管理认证项目，并维护商标权益。制造商的设备必须符合蓝牙技术联盟的标准才能以"蓝牙设备"的名义进入市场。蓝牙技术拥有一套专利网络，可发放给符合标准的设备。

蓝牙主设备最多可与一个微微网（一个采用蓝牙技术的临时计算机网络）中的 7 个设备通讯，当然并不是所有设备都能够达到这一最大量。设备之间可通过协议转换角色，从设备也可转换为主设备。比如，一个头戴式耳机如果向手机发起连接请求，它作为连接的发起者，自然就是主设备，但是随后也许会作为从设备运行。

蓝牙核心规格可以提供两个或以上的微微网连接以形成分布式网络，让特定的设备在这些微微网中自动同时地分别扮演主和从的角色。

数据传输可随时在主设备和其他设备之间进行（应用极少的广播模式除外）。主设备可选择要访问的从设备。典型的情况是，它可以在设备之间以轮替的方式快速转换。因为是主设备来选择要访问的从设备，理论上从设备就要在接收槽内待命，主设备的负担要比从设备少一些。主设备可以与 7 个从设备相连接，但是从设备却很难与一个以上的主设备相连。规格对于散射网中的行为要求是模糊的。

如图 5-1 Arduino uno 接上一个 HC-06 蓝牙模块，通过 HC-06 与手机里的蓝牙进行通信数据传输，如图 5-1 所示。

Arduino 程序端需设计一个蓝牙接收函数用于接收蓝牙数据，并分析提取红蓝绿色的亮度值。

课堂任务

任务 1：了解 HC-06 蓝牙模块和共阴极三色 LED 灯脚的功能。

任务 2：根据硬件知识内容连接好所有硬件和编写 ARDUINO 程序。

任务 3：初步了解并运用 App Inventor2 制作一个手机 App 控制 LED 灯三种颜色亮度。

探究活动

第一步，准备所需的硬件器材以及功能。

Arduino 主板 1 个，HC-06 蓝牙 1 个，三色 LED 灯 1 个。

如图 5-2 所示：

RX：接收数据端，一般接 Arduino 板的 TX

TX：发送数据端，一般接 Arduino 板的 RX

GND：接地端

VCC：电源，一般接 5V，电压不能越过 6V

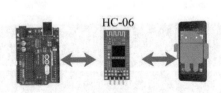

图 5-1　HC-06 蓝牙工作原理

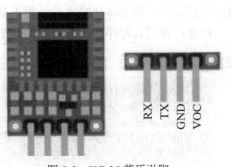

图 5-2　HC-06 蓝牙引脚

共阴极三色 LED 灯功能脚：

共阴极 LED 灯如图 5-3 所示，从左到右脚位顺序是：1. 红、2. 阴极、3. 绿、4. 蓝，最长脚为阴极，阴极接 Arduino 板的 GND 脚，注意为了避免电流过大烧毁 LED 灯，需要在阴极焊接上一只 600Ω 的限流电阻，红脚接 Arduino 板的 11 脚，绿脚接 Arduino 板的 10 脚，蓝脚接 Arduino 板的 9 脚，如图 5-3 所示。

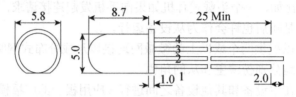

1. RED　2. COMMON　3. BIUE　4. GREEN

图 5-3　三色 LED 灯结构

第二步，硬件连接：根据第一步的内容连接好设备，如图 5-4 所示。

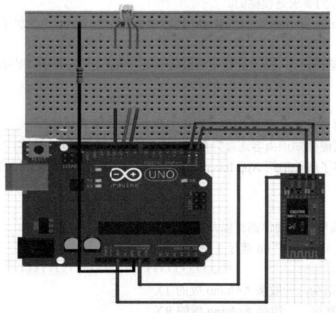

图 5-4　蓝牙灯实物连接

第三步，代码编写。在电脑上启动 Arduino 软件，录入相关程序。编好程序代码之后，首先进行编译，等编译成功之后，再下载程序到 Arduino 主板。

注意：在写入程序时需断开 HC-06 蓝牙模块的 TX 线，否则不能写入程序。

程序设计

```
#include <string.h>
String comdata = "";
char action;
int light=0;//LED 亮度值
int Rpin=11;  //红色接 D11
int Gpin=10;//绿色接 D10
```

```
int Bpin=9;//蓝色接 D9
int lightvalue[2]={0};
void setup()
{
   pinMode(Rpin,OUTPUT);
   pinMode(Rpin,OUTPUT);
   pinMode(Rpin,OUTPUT);
   analogWrite(Rpin,0);
   analogWrite(Gpin,0);
   analogWrite(Bpin,0);
}
//读取蓝牙数据
void bluetoothdata(){
    int mark=0;
    int j=0;
    while (Serial.available() > 0){
       comdata+=char(Serial.read());
       delay(2);
       mark=1;
     }
    if(mark == 1){
       action=comdata[0];
       for(int i = 0; i < comdata.length() ; i++) {
if(comdata[i]=='R'||comdata[i]=='G'||comdata[i]=='B'||comdata[i]==
0x10||comdata[i]==0x13)
   //R 代表红色、G 代表绿色，B 代表蓝色
   {
              j++;
            }
           else{
               lightvalue[j] = lightvalue[j] * 10 + (comdata[i] - '0');
   //获取完整十进制亮度值
           }
         }
          light=lightvalue[1];
        mark = 0;
        j=0;
        /* 清空 comdata 和 SPEEDVALUE 变量，以便等待下一次输入 */
      comdata = "";
      for(int i = 0; i <2 ; i++){
          lightvalue[i]=0;
       }
     }
   }
   void loop(){
       bluetoothdata();
       switch (action){
           case 'R': analogWrite(Rpin,light);
                   break;
           case 'G': analogWrite(Gpin,light);
```

· 125 ·

```
                    break;
        case 'B': analogWrite(Bpin,light);
                    break;
        default:break;
    }

}
```

成果分享

将程序下载到 Arduino 开发板后,检测一下蓝牙是否与三色灯连接,如果能互相通信,说明你成功了。你也可以把制作过程及效果拍成 DV 发到朋友圈或学校分享平台,让身边的亲戚、朋友、老师、同学来分享你的成果。

思维拓展

蓝牙无线通信技术作为一种无线数据与语音通信的开放性全球标准,最开始的应用正是在语音通信领域取代耳机线。直至 4.0 版本推出的低功耗蓝牙技术在智能可穿戴设备与智能家居设备中得以应用,这些都是从最初蓝牙耳机时代逐渐革新升级过来的,现在蓝牙技术应用的智能设备几乎成为白领们追赶潮流的标志。相信很多朋友已经意识到蓝牙技术已然在悄无声息地改变着我们的生活习惯。在回家路上驾驶汽车时,我们已经习惯于将智能手机通过蓝牙与车载语音系统进行连接,从而可以安全地通过汽车音响系统进行听音乐或者拨打和接听电话;居家休闲时,移动手机或者 iPad 同样也可以通过蓝牙与智能机顶盒连接,从而将移动智能设备中的照片同步到尺寸更大、体验更好的超清电视机屏幕上,与朋友和家人们共同分享快乐的每一瞬间。

在本次的实验中,我们制作了蓝牙灯,请问:

1. 蓝牙与三色灯的关系?如何创建连接?
2. 蓝牙已经与三色灯进行连接,用什么来控制蓝牙达到智能控制三色灯的作用?可以用微信、手机 App、语音控制?如何做?

想创就创

东莞虹盛电子科技有限公司发明的基于蓝牙技术的风扇控制结构,其国家专利号:201520451538.4,该实用新型结构涉及风扇技术领域,尤其是涉及基于蓝牙技术的风扇控制结构,具有一风扇、一射频收发系统的模块 RF-BM-S01 安置于风扇的基体上,通过调压控制风扇转速及侦测风扇 FG 发出的方波;一移动终端通过蓝牙技术与射频收发系统模块 RF-BM-S01 连通;RGB·LED 模组组设于风扇的基体上,与射频收发系统模块 RF-BM-S01 电性连接;环境温度感应模块输出温度信号给射频收发系统模块 RF-BM-S01。本实用新型实现智能化调控风扇转速以及对 RGB·LED 模组调光调色、环境温度侦测等众多功能,具有低功耗、低成本、散热佳、集成度高、扩展性强等优点,结构简单,组装制作容易。

请您仔细阅读上面专利内容,并说出他的创意和创新点是什么,然后自己想想有什么启发?想创就创,请你动起手来,设计一个蓝牙控制装置。

第二节 手机 App 控制 LED 灯

在上一节实现 Arduino、蓝牙连接控制三色 LED 灯的基础上，为了实现手机 App 控制已经做好的蓝牙灯，本节课主要介绍如何制作手机 App 实现手机远程控制三色 LED 灯。

知识链接

App INVENTOR2 是一个基于网页，可拖曳的 Android 程序开发环境，它将枯燥的代码变成一块一块的拼图，使 Android 软件开发变得简单有趣。

当前 App Inventor 日趋流行，谷歌已经连续三次开展 App Inventor 全国中学邀请赛；计算机表演赛也增加了 App Inventor 相关项目。学校和培训开设 App Inventor 课程日益增多，都需要搭建 AI2 开发环境。

App Inventor 免费提供给任何人使用。它在线运行（不是桌面程序），可以在任何浏览器中访问。你甚至不需要手机，内置的 Android 模拟器可用于应用的测试。截至 2011 年 1 月，App Inventor 已经拥有了几万个活跃用户以及几十万个应用。

是谁创建了这些应用？是程序员吗？有些人是，但大多数人不是。其中最有说服力的例子是 David Wolber 教授的一门课程。Wolber 教授是本书的作者之一。在旧金山大学（USF），App Inventor 是计算机科学通识课的一部分，主要针对商务和人文学院的学生。许多参加这门课的学生对数学是既恨又怕，而这门课恰恰满足了学生们惧怕数学的核心需求，绝大多数学生连做梦也没想到他们会编写计算机程序。

尽管毫无经验可言，但学生们依然学会了 App Inventor 并成功地创建了伟大的应用。英语专业的学生首创了"开车不发短信"应用；两个通信专业的学生创建了"Android，我的车在哪儿"；而一个国际研究专业的学生创建了"广播中心"应用。有一天晚上，在下班后，一个艺术专业的学生去敲 Wolber 教授办公室的门，询问怎么写一个 while 循环，此时此刻他意识到，App Inventor 已经极大地改变了技术的格局。

现在，App Inventor 已经在美国高中开课。在"挑战技术创新"的课后项目中（面向旧金山湾区的高中女生），在西雅图湖畔学校，以及几所大学的入门课上，都有 App Inventor 的一席之地。

课堂任务

任务一：学习 App INVENTOR2 相关平台知识。

任务二：利用上节课已经做好的蓝牙灯，利用 App Inventor 开发平台编写一个手机 App 控制蓝牙三色 LED 灯。

探究活动

一、硬件连接。

按上节任务连接好蓝牙、Arduino 主板、三色 LED 灯，并上传相关程序到 Arduino 主板。

二、注册并登录 App INVENTOR2

1. 打开网址 http://app.gzjkw.net 注册账号并登录，如图 5-5 所示。

图 5-5　登录界面

2. 创建一个新的项目，名称为 BTLAMP，如图 5-6 所示。

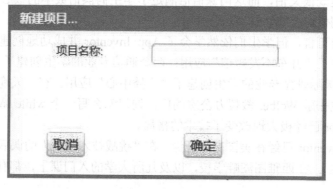

图 5-6　新建项目

三、手机程序界面设计，如图 5-7 所示。

当新建一个项目时就会自动建立一个 Screen1 组件，作为设计手机界面使用的工作窗口。

图 5-7　设计界面

1. 屏幕（Screen）组件属性设置如图 5-8 所示

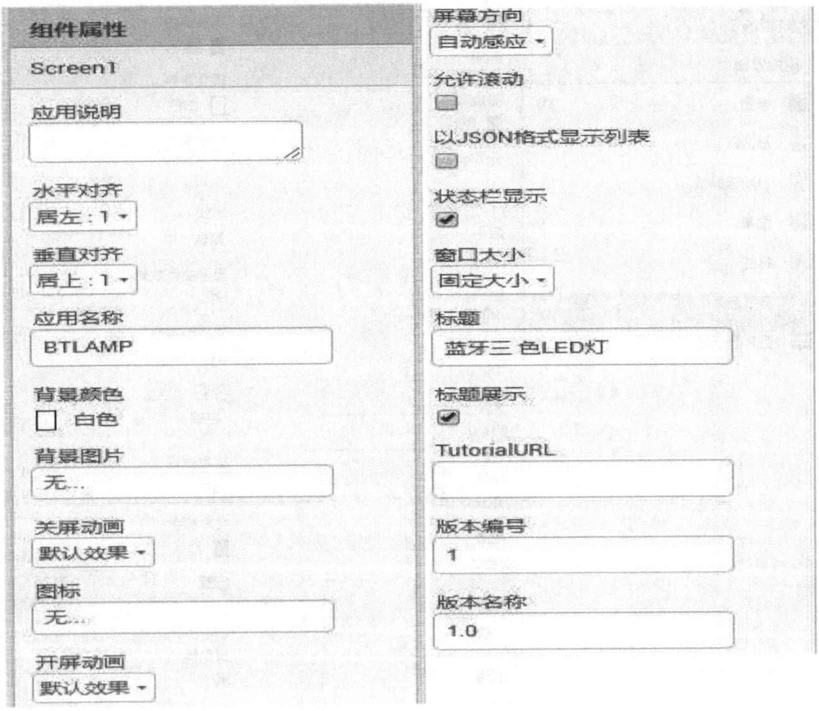

图 5-8　屏幕（Screen）组件属性

2. 在 Screen1 中增加水平布局组件

在组件面板中单击界面布局组件，把水平布局组件拖到 Screen1 并设置其属性如下图。水平对齐 3 表示，水平方向可以放置 3 个组件。在本例中依次放置列表选择框组件（选择）、按钮组件（断开）、文本组件，如图 5-9 所示。

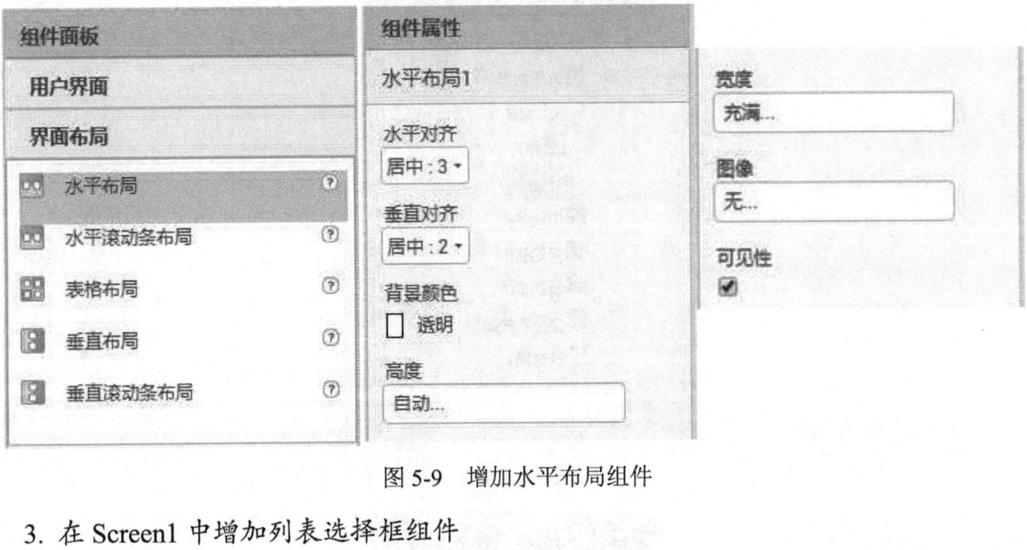

图 5-9　增加水平布局组件

3. 在 Screen1 中增加列表选择框组件

在组件面板中单击用户界面，把列表选择框组件拖到 Screen1 中的水平布局组件中并将列表选择框名称更改为"连接"并设置其属性如图 5-10 所示。

图 5-10　列表选择框组件

组件重命名方法，如图 5-11 所示，单击组件然后按重命名按钮更改名称。组件的名称在逻辑设计时会引用到，可以这样理解，组件名称就是面向对象程序设计里的对象名称，不同的组件有不同的对象属性、对象方法和行为。

图 5-11　组件重命名方法

4. 在 Screen1 中增加断开按钮组件

在组件面板中单击用户界面,把按钮组件拖到 Screen1 中的水平布局组件中并将按钮名称更改为"断开",设置其属性如图 5-12 所示。

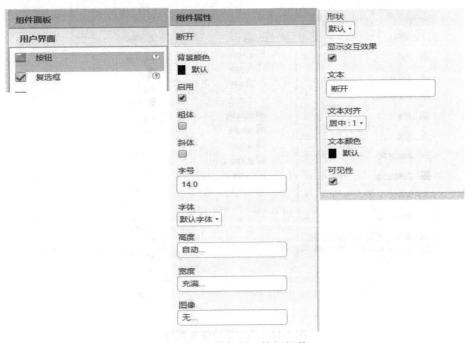

图 5-12　增加断开按钮组件

5. 在 Screen1 中增加状态文本组件

在组件面板中单击用户界面,把文本拖到 Screen1 中的水平布局组件中并将文本名称更改为"状态",设置其属性如图 5-13 所示。

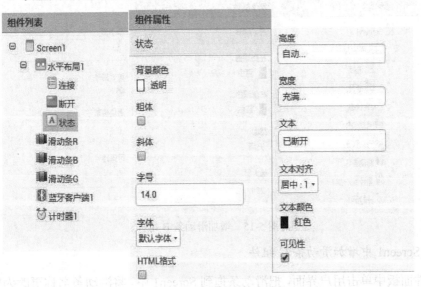

图 5-13　增加状态文本组件

6. 在 Screen1 中增加滑动条 R 组件

在组件面板中单击用户界面，把滑动条拖到 Screen1 中，将滑动条名称更改为"滑动条 R"并设置其属性如图 5-14 所示，最大值不能超过 255。

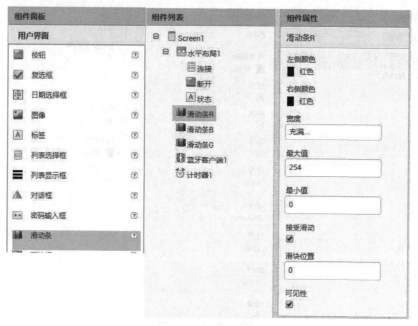

图 5-14　增加滑动条 R 组件

7. 在 Screen1 中增加滑动条 B 组件

在组件面板中单击用户界面，把滑动条拖到 Screen1 中将滑动条名称更改为"滑动条 B"并设置其属性如下图，最大值不能超过 255，如图 5-15 所示。

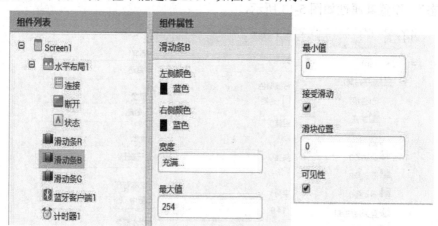

图 5-15　增加滑动条 B 组件

8. 在 Screen1 中增加滑动条 G 组件

在组件面板中单击用户界面，把滑动条拖到 Screen1 中，将滑动条名称更改为"滑动条 G"并设置其属性如下图，最大值不能超过 255，如图 5-16 所示。

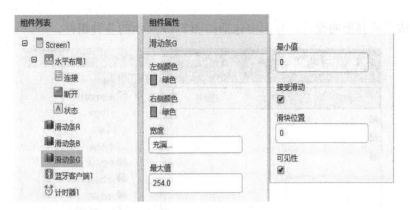

图 5-16　增加滑动条 G 组件

9. 在 Screen1 中增加蓝牙客户端组件

在组件面板中单击通信连接，把蓝牙客户端拖到 Screen1 中，其名称默认为蓝牙客户端 1 如下中图，设置其属性如图 5-17 所示。

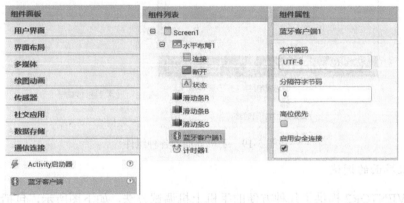

图 5-17　增加蓝牙客户端组件

10. 在 Screen1 中增加定时器组件

在组件面板中单击传感器，把计时器拖到 Screen1 中，默认名称为计时器 1，设置属性如图 5-18 所示，不要点选"启用计时"。

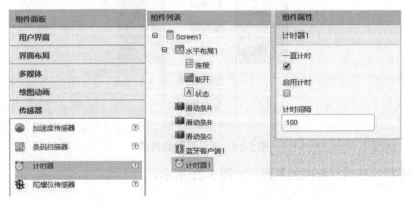

图 5-18　增加定时器组件

至此完成手机界面的设计，界面中包括如图 5-19 所示的各种组件。

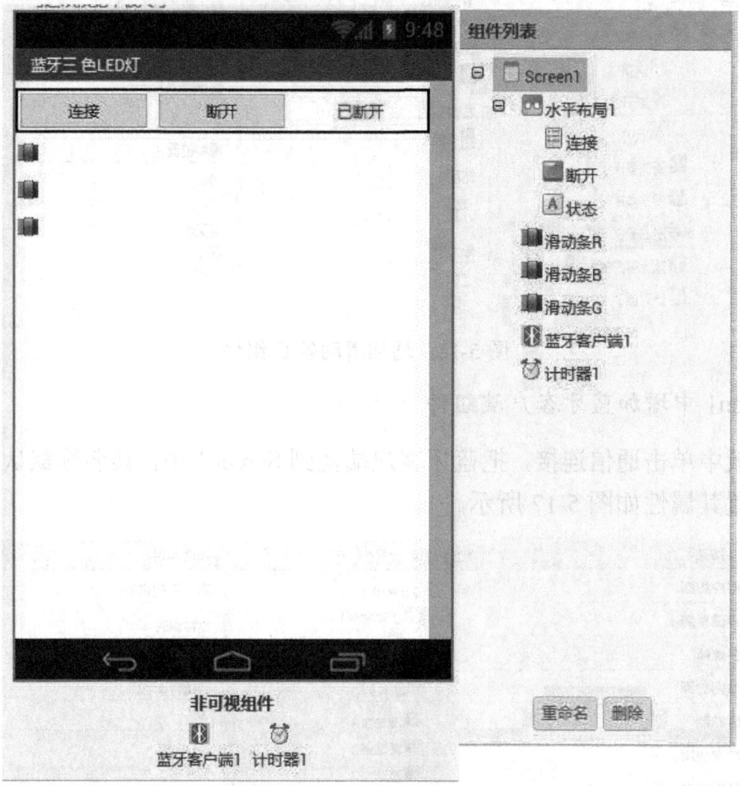

图 5-19　手机界面的各种组件

11. 手机界面的调试

App INVENTOR2 提供了几种方便的手机上机调试方法，如下图所示，包括通过 WiFi 连接手机调试的 AI 伴侣、启动手机模拟器、使用 USB 连接手机调试等，如图 5-20 所示。

图 5-20　手机界面的调试

下图是手机实际运行程序的界面，如图 5-21 所示。

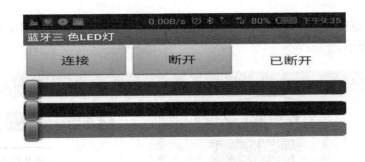

图 5-21 运行程序的界面

四、手机逻辑代码设计

单击右上角的"逻辑设计"进入代码设计界面,如图 5-22 所示。

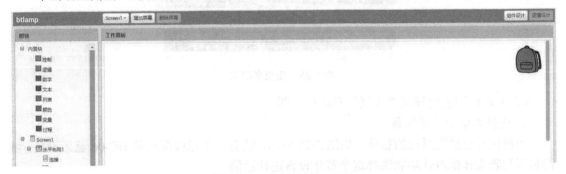

图 5-22 手机逻辑代码设计

(一)首先设置一个全局字符串变量,用于存储发送的数据,名称为"发送值"也就是变量名为"发送值",并初始值为空,如图 5-23 所示。

单击模块,选择单击变量,在右边弹出的界面中单击红色圈内的模块,这样就定义了一个变量,其变量名默认为变量名,所以一般要根据需要更改名称。

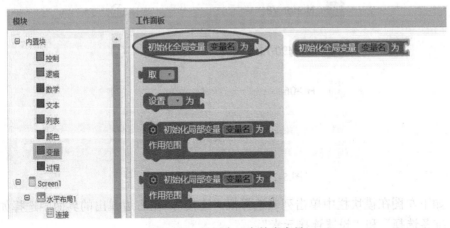

图 5-23 设置全局字符串变量

单击模块，选择单击"文本"，单击红色圈内的模块，并拖拉拼接到初始化全局变量模块里，如图 5-24 所示。

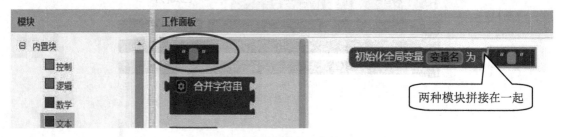

图 5-24　设置全局变量

把默认的变量名更改为"发送值"，如图 5-25 所示位置中单击"变量名"，输入"发送值"，就可以把变量名改为"发送值"，那么它的引用名称就是"发送值"。

图 5-25　变量名改名

（二）设计列表选择框"连接"功能模块图

1. 选择通信的蓝牙设备。

手机里有已经配对过的蓝牙，如图 5-26 所示，就有一个已经配对的 HC-06 蓝牙设备，我们利用列表选择框组件功能选择这个蓝牙设备进行通信。

图 5-26　"连接"功能模块图

（1）如下左图在模块栏中单击列表选择框"连接"，在右边弹出的界面中选择如图 5-27 所示的"准备选择"和"设置连接元素"。

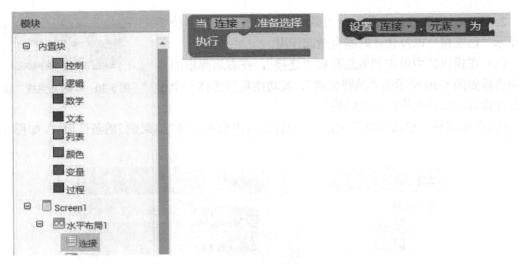

图 5-27 连接

（2）在模块栏中单击蓝牙客户端 1，在右边弹出的界面中选择画圈的部分，如图 5-28 所示。

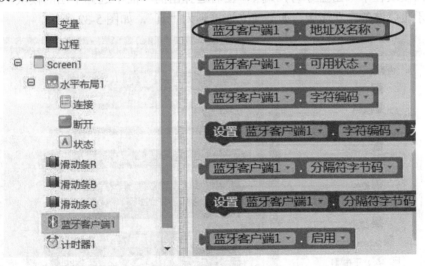

图 5-28 蓝牙客户端 1

把下左图的三个模块像拼图一起拼连在一起，如图 5-29 所示，其功能是当单击"连接"时会弹出一个列表框，显示所有选择已经配对过的蓝牙设备，并让你从中选择一个蓝牙设备。

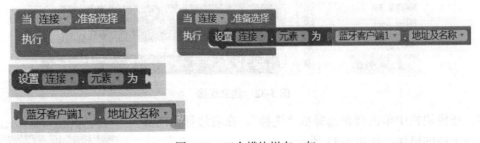

图 5-29 三个模块拼在一起

2. 当选择蓝牙设备完成后，如果成功连接蓝牙设备，让手机显示"已连接"以及让计时器生效起作用。

图 5-30 "选择完成"事件

（1）在模块栏中单击列表选择框"连接"，在右边弹出的界面中选择如图 5-30 所示的"选择完成"，其功能是当选择一个通信蓝牙设备完成后就执行框里的模块。

（2）在模块栏中单击控制模块，在右边弹出的界面中选择"如果则"的条件模块，如图 5-31 所示。

图 5-31 条件模块

（3）在模块栏中单击蓝牙客户端 1，在右边弹出的界面中选择下图的模块，其功能是与选中的蓝牙通信设备建立连接，如果建立连接则为"真"，如图 5-32 所示。

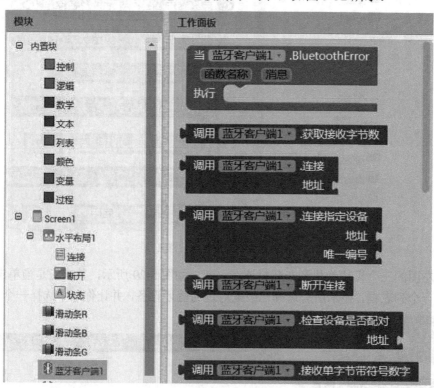

图 5-32 建立连接

（4）在模块栏中单击列表选择框"连接"，在右边弹出的界面中选择下图的模块，如图 5-33 所示。

（5）在模块栏中单击"状态"，在右边弹出的界面中选择红

图 5-33 列表选择框"连接"

色圈的部分，如图 5-34 所示。

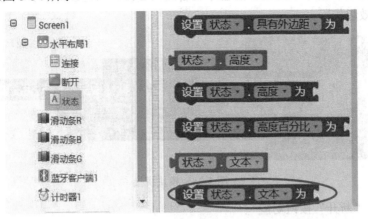

图 5-34　状态

（6）在模块栏选择单击文本，在右边弹出的界面中选择单击画圈的模块，并输入"已连接"，如图 5-35 所示。

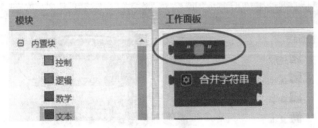

图 5-35　文本

（7）在模块栏选择单击计时器 1，在右边弹出的界面中选择画圈的模块，此模块具有启动或停止计时器工作的功能，如图 5-36 所示。

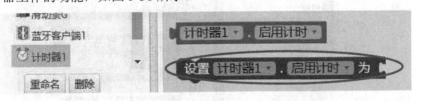

图 5-36　计时器 1

（8）在模块栏选择单击计时器 1，在右边弹出的界面"真"，如图 5-37 所示。

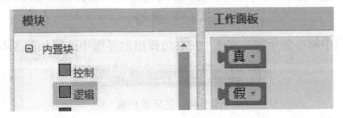

图 5-37　计时器 1

把（1）、（2）、（3）、（4）、（5）、（6）、（7）、（8）中得到的模块拼接在一起，如图 5-38 所

示,其功能是如果手机与 Arduino 的蓝牙设备成功连接,则让手机显示"已连接"状态以及让计时器 1 生效起作用。

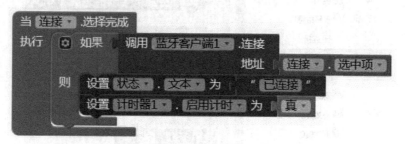

图 5-38 模块拼接

(三)设计"断开"按钮功能

"断开"按钮是起断开蓝牙连接的作用,状态由"已连接"变为"已断开"以及让计时器 1 不能起作用。

(1)在模块栏选择单击"断开",在右边弹出的界面中选择画圈的模块,如图 5-39 所示。

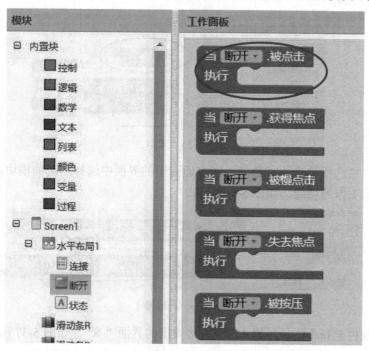

图 5-39 模块栏

(2)在模块栏中单击蓝牙客户端 1,在右边弹出的界面中选择如图 5-40 所示的模块。

图 5-40 蓝牙客户端

(3)在模块栏中单击"状态",在右边弹出的界面中选择画圈的部分,如图 5-41 所示。

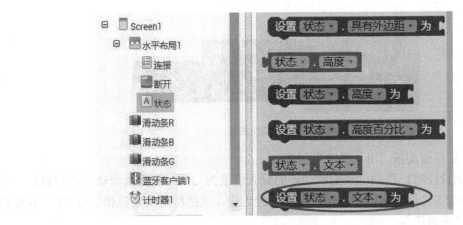

图 5-41　模块栏状态

（4）在模块栏选择单击"文本"，在右边弹出的界面中选择单击红色圈内的模块，并输入"已断开"，如图 5-42 所示。

图 5-42　模块栏文本

（5）在模块栏选择单击"计时器 1"，在右边弹出的界面中选择画圈的模块，如图 5-43 所示。

图 5-43　计时器 1

（6）在模块栏选择单击逻辑，在右边弹出的界面中选择"假"，如图 5-44 所示。

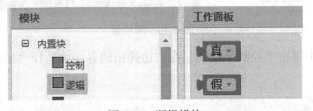

图 5-44　逻辑模块

把（1）、（2）、（3）、（4）、（5）、（6）中得到的模块拼接在一起，如图 5-45 所示。其功能是如果单击"断开"按钮后，就执行断开与蓝牙设备的连接，让手机显示"已断开"状态以及让计时器 1 失效不起作用。

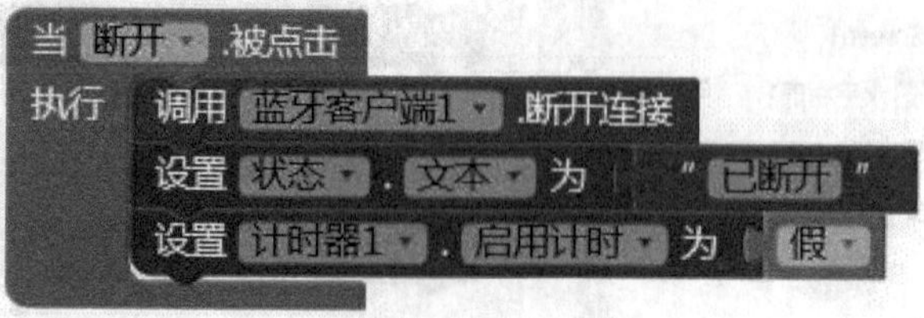

图 5-45 模块拼接

（四）设计红色滑动条"滑动条 R"的功能

在进行界面设计时，我们已经把滑动条的最大值设为 255，当更改滑动条的位置时，其数值就会在 0～255 之间变化，如果这时蓝牙已经连接，就把滑动条数值和字母"R"合并起来再赋给变量"发送值"。

（1）在模块栏选择单击"滑动条 R"，在右边弹出的界面中选择画圈内的模块，如图 5-46 所示，功能是只要滑动"位置改变"就执行里面的模块。

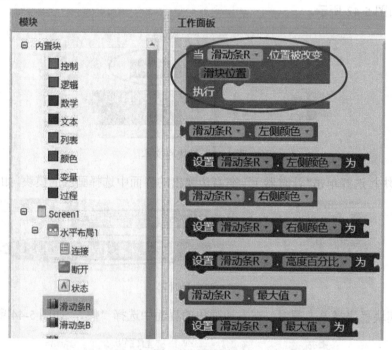

图 5-46 滑动条

（2）在模块栏中单击"控制"模块，在右边弹出的界面中选择"如果 则"的条件模块，如图 5-47 所示。

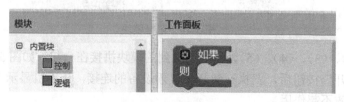

图 5-47 条件模块

（3）在模块栏中单击蓝牙客户端 1，在右边弹出的界面中选择画圈的模块，其值为逻辑类型，如果蓝牙已经连接，则模块的连接状态为"真"，否则为"假"，如图 5-48 所示。

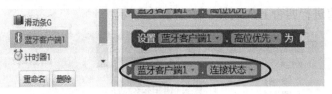

图 5-48　连接状态

（4）在模块栏中单击"变量"，在右边弹出的界面中选择如图 5-49 所示画圈的模块，然后在模块里单击下拉箭头选择"global 发送值"，变成如图 5-49 右侧图所示，此模块相当于全局变量"发送值"赋值语句。

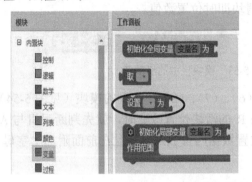

图 5-49　模块栏中的变量

（5）在模块栏中单击文本，在右边弹出的界面中选择画圈的合并字符串模块，如图 5-50 所示。

图 5-50　字符串模块

（6）在模块栏选择单击"文本"，如图 5-51 所示，在右边弹出的界面中选择单击画圈的模块，并输入"R"。在红色滑动条的数值前面附上字母 R 的原因是区分其他颜色滑动条的数值，让 Arduino 端程序判别收到的数值是哪个颜色的数值，假如是接收到 R 则表示是红色滑动条的数值，则用红色数值控制红色 LED 灯亮度，如果是 B 则是控制蓝色 LED 灯亮度数据，G 则表示是控制绿色 LED 灯亮度数据。

图 5-51　模块栏中的文本

（7）在模块栏选择单击"数学"，在右边弹出的界面中选择"四舍五入"模块，其作用是对滑动条位置数值进行四舍五入运算，如图 5-52 所示。

图 5-52　模块栏数值

（8）在模块栏选择单击"滑动条 R"，在右边弹出的界面中选择"滑动条 R 滑块位置"模块，如图 5-53 所示，其功能是取得滑块即时位置数值。

图 5-53　模块栏中的滑动条

把（1）、（2）、（3）、（4）、（5）、（6）、（7）、（8）中得到的模块（见图 5-54）拼接在一起，如下图所示，其功能是当红色滑动条 R 的滑块位置改变时，就先判断手机与 Arduino 蓝牙是否已经连接，如果已连接就把滑块位置数据四舍五入，并且在前面附加上字母 R，形成一个字符串再赋给全局变量"发送值"。

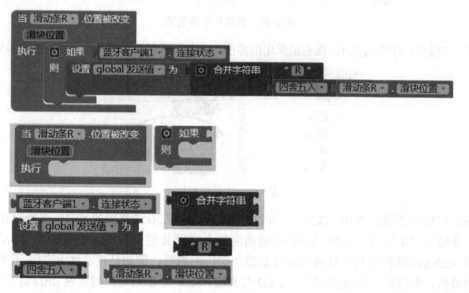

图 5-54　模块拼接

（五）设计绿色滑动条"滑动条 G"的功能模块图

步骤方法如红色滑动条"滑动条 R"的功能一样，只不过把操作对象滑动条 R 换成滑动条 G。更方便快捷的方法是单击"滑动条 R 位置被改变"模块，选取整个功能模块图，再按鼠标右键复制一个完整"滑动条 R"的功能模块图，然后在复制的功能模块图里把所有滑动条 R 换成滑动条 G，方法是单击滑动条 R 旁边的下拉箭头" 滑动条R ▼ "选择滑动条 G，再把合并字符串中的 R 改为 G，最后功能模块图如图 5-55 所示。

图 5-55 滑动条 G

(六) 设计蓝色滑动条"滑动条 B"的功能模块图

步骤方法如红色滑动条"滑动条 R"的功能一样，只不过把操作对象滑动条 R 换成滑动条 B。更方便快捷的方法是单击"滑动条 R 位置被改变"模块，选取整个功能模块图，再按鼠标右键复制一个完整"滑动条 R"的功能模块图，然后在复制的功能模块图里把所有滑动条 R 换成滑动条 B，方法是单击滑动条 R 旁边的下拉箭头"滑动条R▼"选择滑动条 B，再把合并字符串中的 R 改为 B，最后功能模块图如图 5-56 所示。

图 5-56 滑动条 B 的功能模块图

(七) 设计计时器 1 的功能模块图

(1) 在模块栏选择单击"计时器 1"，在右边弹出的界面中选择"当计时器 1 计时执行"模块，其功能是隔一定时间就执行框里的模块，如图 5-57 所示。

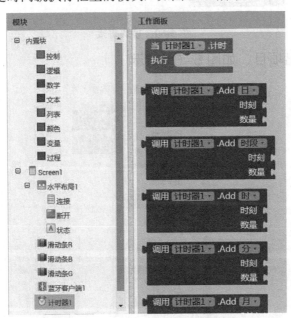

图 5-57 计时器 1 的功能模块图

(2) 在模块栏选择单击"蓝牙客户端 1"，在右边弹出的界面中选择下图的模块，其功能是调用蓝牙客户端发送文本,如图 5-58 所示。

图 5-58 蓝牙客户端 1

(3) 在模块栏中单击"变量",在右边弹出的界面中选择左下图中红色圈内的模块,然后在模块里单击下拉箭头选择"global 发送值",变成如下图所示,此模块相当于全局变量"发送值"赋值语句,如图 5-59 所示。

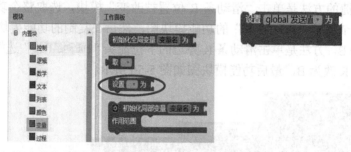

图 5-59 全局变量"发送值"赋值语句

把(1)、(2)、(3)中得到的模块拼接在一起,如图 5-60 所示,其功能是隔一定时间(计时器默认 100,可以在属性中更改)就通过蓝牙发送"global 发送值"变量值。

图 5-60 模块拼接

五、保存、导出项目,如图 5-61 所示

图 5-61 项目

六、逻辑设计调试

逻辑设计调试往往需要调用手机传感器的数据以及检测实际运行情况,因此采用通过 WiFi 连接手机调试的 AI 伴侣、使用 USB 连接手机调试等方式以方便调式,也可打包安装 APK 进行调式,如图 5-62 所示。

图 5-62 逻辑设计调试

七、打包生成安卓 APK 软件,如图 5-63 所示

1. 打包 APK 并显示二维码:可以通过手机扫描下载安装 APK 文件。
2. 打包 APK 并下载到电脑:如下图所示,下载到电脑后需要将 APK 文件安装到手机。

图 5-63 生成安卓 APK 软件

成果分享

将编好的手机 App,安装到手机上,打开手机测试刚制作的手机 App 控制蓝牙三色 LED 灯,看看自己作品效果。如果你手机能搜索到蓝牙及控制灯的话,说明你的实验成功了。你也可以把制作过程及效果拍成 DV 发到朋友圈或学校分享平台,让身边的亲戚、朋友、老师、同学来分享你的成果。

思维拓展

本次实验是通过蓝牙与手机 App 的制作实现手机 App 控制蓝牙灯,日常生活中手机 App 控制的应用很广泛,例如,手机 App 控制电视,手机 App 控制洗衣机等。如果本次实验换成微信,又如何实现呢?另外,请思考,稍改动 Arduino 程序和手机 App 程序,能否做一个具有调节亮度和色温 LED 台灯呢?

想创就创

上海海立特种制冷设备有限公司的蔡葵、唐智钧、郭峰、张护扬发明了一种集 PC、手机

App 控制的中央空调控制系统，国家专利号：201410290585.5。本发明属于中央空调控制系统技术领域。是一种集 PC、手机 App 控制的中央空调控制系统，其特征在于：包括主面板，所述主面板连接一个或多个控制板，一个空调机组由一个控制板控制；每个房间均设有从面板，所述从面板与主面板信号连接，从面板可以查看主面板上设定的空调机组参数以及空调机组的故障反馈；所述主面板还与各房间的风盘信号连接，控制风盘转速；所述从面板也与各房间的风盘信号连接，控制风盘转速；所述主面板通过无线数据连接，受 PC 远程监控；所述主面板通过无线数据连接，受手机 App 远程监控。

请您仔细阅读上面专利内容，并说出他的创意和创新点是什么，然后自己想想有什么启发？想创就创，请你动起手来，请你设计一个手机 App 控制装置。

第三节　与 ESP8266 WiFi 物联上网

知识链接

Arduino WiFi 入门，一般使用的 WiFi 模块芯片是 ESP8266，如图 5-64 所示。ESP8266 在搭载应用并作为设备中唯一的应用处理器时，能够直接从外接闪存中启动。内置的高速缓冲存储器有利于提升系统性能，并减少内存需求。

另外一种情况是，无线上接入承担 WiFi 适配器的任务时，可以将其添加到任何基于微控制器的设计中，连接简单易行，只需通过 SPI/SDIO 接口或中央处理器 AHB 桥接即可。

ESP8266 强大的片上处理和存储能力，使其可通过 GPIO 口集成传感器及其他应用的特定设备，实现了最低前期的开发和运行中最少地占用系统资源。ESP8266 高度片内集成，包括天线开关 balun、电源管理转换器，因此仅需极少的外部电路，且包括前端模块在内的整个解决方案在设计时将所占 PCB 空间降到最低。

图 5-64　ESP8266 WiFi

装有 ESP8266 的系统表现出来的领先特征有：节能 VoIP 在睡眠/唤醒模式之间的快速切换、配合低功率操作的自适应无线电偏置、前端信号的处理功能、故障排除和无线电系统共存特性为消除蜂窝/蓝牙/DDR/LVDS/LCD 干扰。

课堂任务

任务 1：学习了解 WiFi 模块芯片是 ESP8266 结构及功能。

任务 2：设计 Arduino 程序通过 ESP8266 WiFi 模块实现上网。

探究活动

1. 准备所需器材：1 个 Arduino 主板（不熟悉开源硬件的同学可以将其理解为 Atmega328P 单片机开发板）及一根 mini USB 线；1 个 ESP8266 模块；杜邦线若干。

2. 硬件连接：如图接好线。一接上 3.3V 电源，立马感到模块发烫，散热不好处理，如图 5-65 和图 5-66 所示。

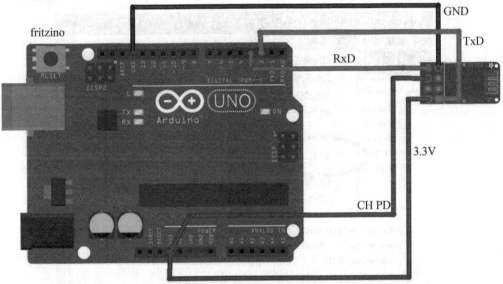

图 5-65　ESP8266 连接电路图

图 5-66　Arduino 与 ESP8266 连接图

3. 硬件连接好之后,就要接上电脑,安装好驱动程序了,如图 5-67 所示。

图 5-67 硬件驱动安装

如果电脑上出现 COM 端口说明驱动是安装成功了。否则需要安装驱动,这里就不多说了。这个使用起来也是很方便的,如图 5-68 所示。

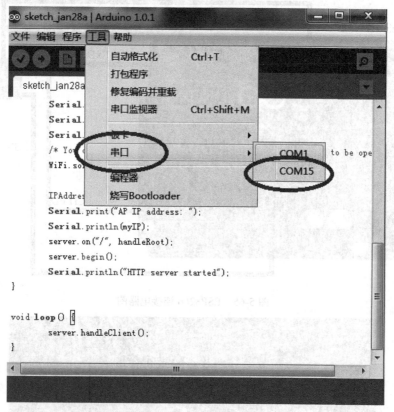

图 5-68 串口选择

4. 编写程序上传就可以了。

程序设计

//注意执行下面程序之前,要把 ESP8266WiFi.h、WiFiClient.h、ESP8266WebServer.h 三个文件加入 D:\arduino-1.0.1\libraries 文件夹下面,否则编译时会出错。

```
#include <ESP8266WiFi.h>
#include <WiFiClient.h>
#include <ESP8266WebServer.h>
```

```
/* 这里是名称 */
const char *ssid = "ESPap";
/* 这里是密码*/
const char *password = "thereisnospoon";

ESP8266WebServer server(80);

/* Just a little test message. Go to http://192.168.4.1 in a web browser
 * connected to this access point to see it.
 */
void handleRoot() {
    server.send(200, "text/html", "<h1>You are connected</h1>");
}

void setup() {
    delay(1000);
    Serial.begin(115200);
    Serial.println();
    Serial.print("Configuring access point...");
    /* You can remove the password parameter if you want the AP to be open.
    */
    WiFi.softAP(ssid, password);

    IPAddress myIP = WiFi.softAPIP();
    Serial.print("AP IP address: ");
    Serial.println(myIP);
    server.on("/", handleRoot);
    server.begin();
    Serial.println("HTTP server started");
}

void loop() {
    server.handleClient();
}
```

如右图所示，上传成功以后就会看到 ESPap 无线热点，如图 5-69 所示。需要注意的一点是，密码是：thereisnospoon。

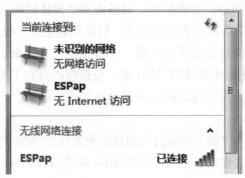

图 5-69　ESPap 无线热点

如果连接上了，打不开网页，重启一下即可。

当然网页内容是可以更改的，如果你想换成别的，只要把上面源码中的代码稍微修改一下就好了。在这里笔者就不多做测试了。

```
Void handleRoot()
{server.send(200, "text/html", "<h1>You are connected</h1>");//把这里的内容修改一下就好
}
```

成果分享

将程序下载到 Arduino 开发板后，用手机或电脑检测 WiFi 连接。如果连接成功，说明你的实验成功了。此时你也可以用这个 WiFi 模块与灯相连，实现远程 WiFi 控制灯，效果会更好。此时，你也可以把制作过程及效果拍成 DV 发到朋友圈或学校分享平台，让身边的亲戚、朋友、老师、同学来分享你的成果。

思维拓展

为了让作为检测设备的 Arduino 之间相互连通，以及对外网中服务器的连接，就需要用到网络通信。然而单凭 Arduino 的本体是实现不了网络通信的，外接网卡的话连接网线则较为烦琐，于是采用了 WiFi 模块来实现通信，毕竟近几年无线路由器也是走进了千家万户。在网上找了很多关于 Arduino 如何通过 WiFi 进行通信，也认识了很多相关模块，最后选取了价格上相对便宜、编译条件简单的 Esp8266-01 模块。

本次实验是 Arduino WiFi 通信功能的实现，是其他基于 Arduino 开发的智能产品通过 WiFi 进入互联网的基石，让你的产品加上"互联网+"的功能，增加了卖点，除了 WiFi 能让 Arduino 与互联网互联，像蓝牙、以太网网模块、GPS 模块都可以把 Arduino 与互联网物联。

想创就创

硕颖数码科技（中国）有限公司的潘鹏程发明了 WiFi 相机，专利号为 201320641703.3。该实用新型设计公开了一种 WiFi 相机，该 WiFi 相机包括壳体、前盖、后盖、主板、WiFi 板、电池组件和摄像头；前盖固定在壳体前端，后盖固定在壳体后端，壳体、前盖和后盖构成容置部；主板和电池组件均安装固定在容置部内；摄像头固定在主板上，摄像头与主板电连接，前盖上设有镜头圈，摄像头与镜头圈相适配；WiFi 板固定在主板上，WiFi 板与主板电连接。该款 WiFi 相机，设有与主板电连接的 WiFi 板，使摄像机具有了无线网络传输功能。通过无线网络传输功能，该实用新型摄像机能很方便地与其他的电子产品进行无线连接，很方便地进行资源共享。

请找出硕颖数码科技（中国）有限公司的潘鹏程发明的 WiFi 相机的创新点和创意，你得到什么启发？想创就创，请你动起手来，利用 WiFi 模块与 Aruduino 互联制作一个 WiFi 网络智能控制设备。

第四节　网页通过 ENC28J60 模块远程控制灯

知识链接

一、继电器控制接口

如图 5-3 所示，继电器控制接口共 4 个引脚，GND 为地，5V 为供电电源，IN1 为 Relay1 的控制信号输入脚，IN2 为 Relay2 的控制信号输入脚；电源指示灯：绿色，只要模块上电则点亮；驱动有效指示灯：红色，控制信号为高电平即相应的指示灯会点亮；5V 直流继电器：松乐 5V 直流继电器，型号为 SRD-05VDC-SL-C；定位孔：4 个 M2 螺丝定位孔，孔径为 2.2mm，使模块便于安装定位；大功率接线端子：以下介绍 Relay1 的接线端子，Relay2 的端子用法雷同。1 号脚（即 NO1）是常开引脚，NC1 是常闭引脚，COM1 是公共端，即继电器没有被驱动时，NO1 和 COM1 两个引脚之间为开路，NC1 和 COM1 连接；当 IN1 脚为高电平驱动继电器时，NO1 和 COM1 连接，NC1 和 COM1 之间为开路，如图 5-70 所示。

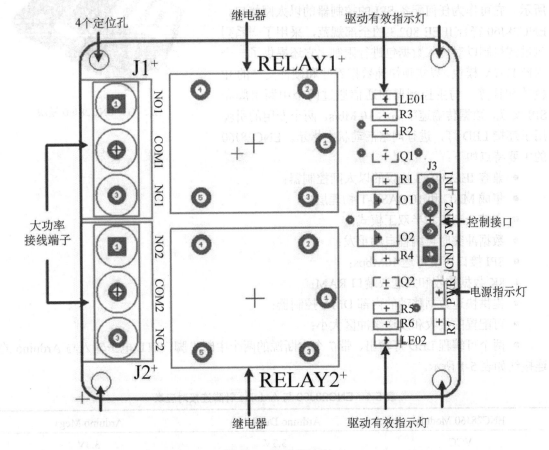

图 5-70　继电器结构

什么是 HTML？一个网页对应多个 HTML 文件，超文本标记语言文件以.htm（磁盘操作系统 DOS 限制的外语缩写）为扩展名或.html（外语缩写）为扩展名。可以使用任何能够生成 TXT 类型源文件的文本编辑器来产生超文本标记语言文件，只用修改文件后缀即可。

标准的超文本标记语言文件都具有一个基本的整体结构，标记一般都是成对出现（部分标记除外，例如：
），即超文本标记语言文件的开头与结尾标志和超文本标记语言的头部与实体两大部分。有三个双标记符用于页面整体结构的确认。

头部内容：<head></head>；这 2 个标记符分别表示头部信息的开始和结尾。头部中包含的标记是页面的标题、序言、说明等内容，它本身不作为内容来显示，但影响网页显示的效果。头部中最常用的标记符是标题标记符和 meta 标记符，其中标题标记符用于定义网页的标题，它的内容显示在网页窗口的标题栏中，网页标题可被浏览器用作书签和收藏清单。

在网页上编写一个控制开关按钮，与 Arduino、以太网模块、继电器实现远程控制用电器，如：灯、门、窗等。

二、ENC28J60

ENC28J60 是带有行业标准串行外设接口（Serial Peripheral Interface，SPI）的独立以太网控制器，如图 5-71 所示。它可作为任何配备 SPI 的控制器的以太网接口。ENC28J60 符合 IEEE 802.3 的全部规范，采用了一系列包过滤机制以对传入数据包进行限制。它还提供了一个内部 DMA 模块，以实现快速数据吞吐和硬件支持的 IP 校验和计算。与主控制器的通信通过两个中断引脚和 SPI 实现，数据传输速率高达 10 Mb/s。两个专用的引脚用于连接 LED 灯，进行网络活动状态指示。ENC28J60 的主要特点如下：

图 5-71　ENC28J60 模块

- 兼容 IEEE802.3 协议的以太网控制器；
- 集成 MAC 和 10 BASE-T 物理层；
- 支持全双工和半双工模式；
- 数据冲突时可编程自动重发；
- SPI 接口速度可达 10Mbps；
- 8K 数据接收和发送双端口 RAM；
- 提供快速数据移动的内部 DMA 控制器；
- 可配置的接收和发送缓冲区大小；
- 两个可编程 LED 灯输出、带 7 个中断源的两个中断引脚、TTL 电平输入与 Arduino 的连接线如表 5-1 所示。

表 5-1　ENC28J60 与 Arduino 针脚连接对应表

ENC28J60 Module	Arduino Due/UNO	Arduino Mega
VCC	3.3V	3.3V
CLKOUT		
ENC-WOL		

续表

ENC28J60 Module	Arduino Due/UNO	Arduino Mega
RESET	RESET	RESET
ENC-INT	2	2
GND	GND	GND
SCK	13	52
MISO	12	50
MOSI	11	51
CS	10	53

课堂任务

任务一：学习相关 ENC28J60 网络模块及继电器知识。

任务二：为家中的电灯安装上以太网控制和继电器控制模块，编写网页远程开关家中的电灯。实现家中电器与互联网相连。

探究活动

1. 准备实验所需器材：1 个 Arduino 兼容主板 Catduino（不熟悉开源硬件的可以将其理解为 Atmega328P 单片机开发板）及一根 mini USB 线；1 个 5V 单路继电器模块；4 根公对母杜邦线，用于连接继电器模块的控制接口和 Catduino 开发板。

2. 硬件连接：用 4 根公对母杜邦线将继电器模块和 Catduino 连接起来，如表 5-2 所示。

表 5-2 继电器模块和 Catduino 连接对应表

Catduino	连接线	5V 单路继电器模块
5V	红线	5V
GND	黑线	GND
D2	黄线	IN1
D3	白线	IN2

下面说一下连线，必要接的 7 根，Arduino 2560 接线：Vcc 接 3.3V（电路接好通电后，一定要用万用表量一下，至少要 3V 以上）；CS 接 10；SI 接 D11；SO 接 D12；SCK 接 D13；RESET 接 RESET；GND 接 GND；LED 灯接 2 脚。CS 根据程序接；SI 接 D51；SO 接 D50；SCK 接 D52；RESET 接 RESET；GND 接 GND。有些 2560 可能 3.3V 电压不够，如果调试 Vcc 可接 5V 电压（建议不要长时间运行，芯片会比较热）。做到这步后，请在浏览器里输入：192.168.1.2，在链接出来的网页里单击图片就可以改变灯的状态。

下载该模块在 Arduino1.0 版本以上适用的程序，然后将其直接解压到需要的工程目录下，其实就是让控制接口的 IN1、IN2 脚均是高低不断变换，使两路继电器都来回吸住衔铁和释放衔铁。

用 mini USB 将 Catduino 连接起来，如果是首次使用该主板，其 USB 转串口驱动可从 Arduino 的 IDE 目录下的 drivers 找到 USB Drivers，可发现继电器模块的绿色电源灯已点亮。

直接到解压的程序目录下打开 DualRelay.ino 文件，选择板子 Arduino Duemilanove w/ ATmega328，然后选择相应的串口，将其下载到主板上，即可发现继电器的红色驱动有效指示灯不断地闪烁，亮了就代表继电器已吸住衔铁，灭了代表释放衔铁。

3. 编写程序，先通过编译，再单击"下载"传到 Arduino 主板上。

程序设计

//上传此程序之前，要把 EtherCard.h 库文件拷贝到 Arduino 库文件中，否则会出错。

```
#include <EtherCard.h>
#define RELAY_PIN       2
static byte mymac[] = {0xDD,0xDD,0xDD,0x00,0x00,0x01};
static byte myip[]  = {192,168,1,2};
byte Ethernet::buffer[700];
char* on = "ON";
char* off = "OFF";
boolean relayStatus;
char* relayLabel;
char* linkLabel;
void setup () {
  Serial.begin(57600);
  Serial.println("WebRelay Demo");
  if(!ether.begin(sizeof Ethernet::buffer, mymac, 10))
    Serial.println( "Failed to access Ethernet controller");
  else
    Serial.println("Ethernet controller initialized");
  if(!ether.staticSetup(myip))
    Serial.println("Failed to set IP address");
  pinMode(RELAY_PIN, OUTPUT);
  digitalWrite(RELAY_PIN, LOW);
  relayStatus = false;
  relayLabel = off;
  linkLabel = on;
}
void loop() {

word len = ether.packetReceive();
word pos = ether.packetLoop(len);
  if(pos) {
    if(strstr((char *)Ethernet::buffer + pos, "GET /?status=ON") != 0) {
    relayStatus = true;
    relayLabel = on;
    linkLabel = off;
  } else if(strstr((char *)Ethernet::buffer + pos, "GET /?status=OFF") != 0) {
    relayStatus = false;
    relayLabel = off;
    linkLabel = on;
  }
  digitalWrite(RELAY_PIN, relayStatus);
```

```
    BufferFiller bfill = ether.tcpOffset();
    bfill.emit_p(PSTR("HTTP/1.0 200 OK\r\n"
      "Content-Type: text/html\r\nPragma: no-cache\r\n\r\n"
      "<html><head><meta                        name='viewport'
content='width=200px'/></head><body>"
      "<div
style='position:absolute;width:200px;height:200px;top:50%;left:50%;margin:
-100px 0 0 -100px'>"
      "<div   style='font:bold   14px   verdana;text-align:center'>Relay   is
$S</div>"
      "<br><div style='text-align:center'>"
      "<a><input                  type=\"button\"             value=\"$S\"
onClick=\"location.href='/?status=$S';\"></a>"
      //"<a href='/?status'></a>"
      "</div></div></body></html>"
    ), relayLabel, linkLabel, linkLabel);
      ether.httpServerReply(bfill.position());
    }
}
```

成果分享

将程序下载到 Arduino 开发板后，IE 地址栏输入 IP 地址 192.168.1.2，出现 ON 和 OFF 两个开关，当你单击 ON 时，会听到继电器工作的声音，点亮灯，说明你的实验成功了。你也可以把制作过程及效果拍成 DV 发到朋友圈或学校分享平台，让身边的亲戚、朋友、老师、同学来分享你的成果。

思维拓展

Arduino 制作智能感知产品，要让它具有网络通信功能，实现远程控制与测量，目前使用比较多的就是 W5100 以太网模块和 ENC28J60 模块了，此模块经过众多高手完善第三方库，已经和官方模块功能一样，因此，ENC28J60 模块是解决智能作品网络功能的设备。我们可以在一个已经制作出来的 Arduino 智控作品中增加一个 ENC28J60 模块，实现"互联网+"功能，又是一个创新点的突出。说到这里，提出以下几个问题。

1. 本项目实验采用 HTML 语言写了一段网页，请你指出来在哪里？它在本项目中有什么作用？

2. 远程控制一个灯，还有什么方法或手段能实现？请你上网查一查有多少种远程控制可以满足要求？

3. 如果要实现远程上传数据，要采用什么方法和手段实现，你能找到吗？

想创就创

江苏桑夏太阳能产业有限公司的肖红升、赵峰、周根荣、洪延艺等发明了通过网页控制的太阳能集热装置远程监控系统，专利号：201020183745.3。该实用新型设计公布了一种通过网页控制的太阳能集热装置远程监控系统，包括客户端和总控端，其中客户端由 N 条监控链路构成，每条链路都由网关路由依次串接单片机以太网控制器、太阳能集热 PLC 控制系统构成，总控端包括总控计算机串接网络交换机，网络交换机和网关路由通过 INTERNET 网络相互通信，太阳能集热 PLC 控制系统接太阳能集热装置，其中 N 为大于 1 的自然数。该实用新型设计结构合理，能有效实现对太阳能集热装置的自动化控制和网络化管理，能实时反应太阳能集热装置现场的监控界面、数据库、动态数据、历史数据、动态曲线、监控信息，能通过远程调整太阳能集热装置的运行状况、设定其运行参数。

请您仔细阅读上面专利内容，并说出他的创意和创新点是什么，然后自己想想有什么启发？想创就创，请你动起手来，利用以太网模块及 Arduino 设计一个网页控制装置。

第五节 语音口令控制 LED 灯

知识链接

1. 语音识别技术，也被称为自动语音识别 Automatic Speech Recognition（ASR），其目标是将人类的语音中的词汇内容转换为计算机可读的输入，例如按键、二进制编码或者字符序列。与说话人识别及说话人确认不同，后者尝试识别或确认发出语音的说话人而非其中所包含的词汇内容。

语音识别是一门交叉学科，语音识别正逐步成为信息技术中人机接口的关键技术，语音识别技术与语音合成技术结合使人们能够甩掉键盘，通过语音命令进行操作。语音技术的应用已经成为一个具有竞争性的新兴高技术产业。

与机器进行语音交流，让机器明白你说什么，这是人们长期以来梦寐以求的事情。语音识别技术就是让机器通过识别和理解过程把语音信号转变为相应的文本或命令的技术。近二十年来，语音识别技术取得显著进步，开始从实验室走向市场。人们预计，未来 10 年内，语音识别技术将进入工业、家电、通信、汽车电子、医疗、家庭服务、消费电子产品等各个领域。语音识别听写机在一些领域的应用被美国新闻界评为 1997 年计算机发展十件大事之一。很多专家都认为语音识别技术是 2000 年至 2010 年间信息技术领域十大重要的科技发展技术之一。

如何提升智能产品的使用体验，实现智能产品的早日爆发，成为当下智能产品发展道路上面临的一大瓶颈。

2. 智能产品通过 App 控制并非真智能。当前，每个智能产品对应一个 App，产品想要实现智能化，需要在手机上安装 App，并通过 App 进行操作。如果一个用户有十多个智能产品，则意味着手机上要装十多个 App。这种应用场景，可以想象出用户的使用体验究竟如何。

对于智能产品的这种现状，芯片厂商美满（Marvell）全球副总裁菲利普·普利迪（Philip·Poulidi）表示："智能产品虽然和互联网连接了，但是智能的程度比较低，仍需要与 App 相连才可实现操作，智能产品并不怎么智能。"

如何寻找突破点，中兴通讯智能家居运营总监田波认为："智能硬件的发展要想突破，需要在用户体验上进行提升。"为了改善这种情况，目前也有一些厂商推出了超级 App，如海尔、小米、京东、乐视等，即可通过一个 App 来实现对诸多智能产品的控制。不过前提是，这些智能产品需要关联厂家的智能家居平台。具体而言，海尔的超级 App 控制的智能产品是与海尔智慧家庭平台相关联，京东的超级 App 控制的是与京东智慧家庭平台关联的产品，小米和乐视的也是如此。

这种推进方式意味着，用户要想实现简便操作，需要购买同一个智能家居平台上的产品才行。而实际上，用户不可能只购买一个品牌的智能产品。

3. 语音控制成为当下智能产品的新抓手。为了提升智能产品的用户体验，同时提升产品销量，解放用户的双手显得更为切实可行。对此，语音控制成为智能产品发展的新抓手。

近期，国内企业开始在智能产品中增添语音控制功能。中兴推出小兴智能语音摄像头，海尔推出小智智能音响，京东推出 Dingdong 语音音响等语音控制类产品。对于增加语音功能的摄像头，中兴通讯智能家居运营总监田波指出："要想提升智能产品的用户体验，关键在于互动。智能语音摄像头可实现语音唤醒和实时通话功能，可极大减少用户通过 App 操作的不便性。"

实现语音控制，需要多层面技术支撑。一方面，发出的声音智能产品要能够接收到，并且接收的声音质量要好；另一方面智能产品收到的声音要处理好。

在声音接收技术上，需要麦克风技术。"语音控制的前提是收录声音，智能产品或机器人想要听得懂，首先要能接收到质量好的声音。当前对于声音的应用还比较初级，今后麦克风市场潜力巨大。"意法半导体执行副总裁兼模拟器件微机电系统（MEMS）及传感器产品事业部总经理贝内德托·维尼亚（Benedetto·Vigna）告诉《智慧产品圈》记者。

在芯片技术支撑上，美满全球副总裁菲利普·普利迪指出："语音识别是认知物联网中非常重要的环节，它需要做到能够真正地识别自然的语音，并且能够模拟自然的语音。当前美满正在开发语音处理器，语音处理器可以支持多麦克风，能够真正捕捉到人的声音，同时会把周边的杂音过滤掉。"

语音控制的优势毋庸置疑，随着产业链的集体发力，语音操作将被培育为人与智能产品交互的一种新的行为模式。

4. 语音控制促使智能产品向人工智能靠近。随着语音控制技术的不断发展，除了增加用户对智能产品的使用黏性，同时还会推动智能产品进一步演进。

关于语音控制对智能产品的推动意义，菲利普·普利迪表示："语音控制促使智能产品向人工智能靠近。人工智能的实现，意味着智能产品开始走向真正的智能化，智能产品可以做到感知、思考、理解和执行。"

智能产品实现真正的智能化后，将促使物联网成为"认知物联网"。菲利普·普利迪指出，认知物联网是会思考的物联网。智能产品能够采集数据并上传到云端，同时所有智能产品间可以互动，如同人与人之间的交流一样。在实现认知物联网的过程中，芯片可以从嵌入层面把传感器进行融合，实现多个不同的传感器之间的融合。

从目前来看，语音控制完全成熟还存在挑战。菲利普·普利迪分析认为，"芯片技术层面已经可以实现，关键的是如何能够在云层面做到人工智能，让机器有一个更好的学习过程。机器学习和人工智能是重心，要考虑如何从芯片层面到云层面的进一步完善，从而实现更自然的语音交互。"

目前，国际巨头已在语音控制上布局，谷歌不断加强 Google Now 的语音切入，苹果

HomeKit智慧家庭平台与Siri不断加强融合,微软也借助Cortana高调进入中国市场并将其整合到Kinnect等家居产品上。据了解,国内已有企业在人工智能方面有所准备。据杭州古北电子科技有限公司(BroadLink)CEO刘宗孺透露,他们将与合作伙伴推出一款机器人,在人机交互、语意分析、人脸识别的基础上,机器人将可以自己思考、学习并帮助用户做判断。

在语音控制的推动下,人工智能开始逐步走入人们视野,智能产品将迎来发展的春天,今后将会有更多越来越智能的产品不断涌现。

课堂任务

任务一:学习语音合成技术及无线传输知识。
任务二:掌握继电器的使用方法。
任务三:利用语言模块与Arduino制作一个语音无线控制开关控制一个LED灯。

探究活动

一、准备工具:1)工具:USB转串口工具;2)智能模块:无线红外模块、无线继电器、无线语音发射模块,如图5-72所示;3)配置软件:IRDEBUG_V1.4.exe、ComMonitor、语音模块上位机2016.4.3.exe。

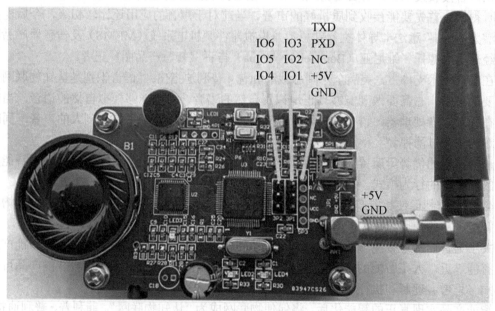

图5-72 语音指令发射模块

二、语音模块和电脑的连接:语音模块和电脑之间通过USB转串口模块连接,首先介绍语音模块和USB转串口之间的连接,如图5-73所示。

1. 下图是USB转串口模块和语音模块之间的连接:
USB转串口的5V—语音模块的VCC
USB转串口的GND—音模块的GND
USB转串口的TXD—语音模块的R
USB转串口的RXD—语音模块的T

2. USB 转串口模块和语音模块之间连接好后，接下来把 USB 转串口模块插到电脑的 USB 上面。

图 5-73　USB 转串口模块和语音模块连接线路

3. USB 转串口驱动的安装，如果你使用的是 XP 系统，请安装 PL2303 驱动 XP 系统，压缩文件如图 5-74 所示。

如果你使用的是 win7 系统，请安装 win7 的 PL2303 驱动，压缩文件如图 5-75 所示。

图 5-74　PL2303 驱动 XP 系统压缩文件　　　图 5-75　win7 的 PL2303 驱动压缩文件

安装的步骤在这里不再赘述，一直单击"下一步"按钮即可。

4. 验证驱动程序是否安装到位

在"计算机"或"我的电脑"选项中选择"设备管理器"，如果驱动安装成功，且 USB 转串口模块插到了电脑上，那么在"设备管理器"里可以看到"端口（COM 和 LPT）选项"点开后可以看到端口号为 COM4，如图 5-76 所示。

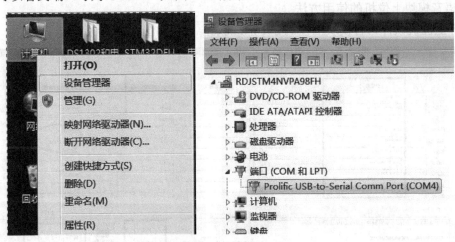

图 5-76　串口驱动安装

在这里如果你看到的端口号是 COM2 到 COM9 都是正常的，但如果是 COM10 以上，那么需要修改下，改到 COM10 以下。否则，不能下载程序。步骤如下。

① 右键看到的端口号，选择属性（R），如图 5-77 所示。

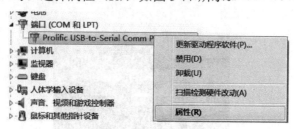

图 5-77 更新驱动程序

② 在弹出的对话框中依次选择"端口设置""高级"，单击高级对话框里"COM 端口号"下拉按钮，选择 COM2 到 COM9 任意的端口（不要在意后面的"使用中"），单击"确定"，如图 5-78 所示。

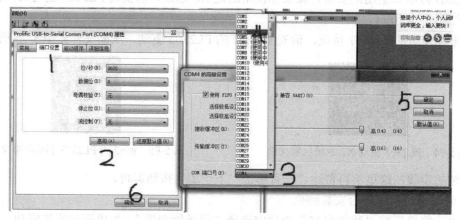

图 5-78 端口设置

③ 到这里，串口端口就设置好了。

5. 语音模块上位机的使用方法

打开上位机软件语音模块上位机 2016.4.3.exe，界面如图 5-79 所示。

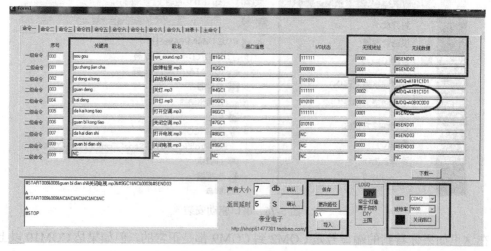

图 5-79 上位机

"命令一"界面介绍。

序号栏：系统默认，无须修改。

关键词栏：语音模块识别的内容，如果需要语音模块识别"搜狗"，那么在关键词这一行填上搜狗的拼音"sou gou"，拼音和拼音之间用空格隔开。总之关键词栏就是指定语音模块识别的声音内容，用关键词的拼音，字与字的拼音用空格隔开。必填。

歌名栏：语音模块识别到关键词里面的声音后，指定语音模块播放的声音文件，这个声音文件可以由自己录制，出厂默认有关灯与开关等声音库 MP3 文件。必填。

串口信息栏：语音模块识别到关键词里面的声音后，串口发出的信息。I/O 状态栏：语音模块识别到关键词里面的声音后，语音模块上面的 6 个 IO 口输出的电平序列。

无线地址栏：语音模块识别到关键词里面的声音后，语音模块向此地址的无线设备发送数据。注意无线地址是 4 位数，如：0001 表示第一类指令；无线发射数据为#SEND01（这个 01 是指在串口调试中学习存储序号为 1）；无线数据，就是要向无线语音模块发射击的指令。如：选择波特率 9600，COM2，连接语音模块。必填。

配置红外控制指令，红外模块默认无线地址为 0001，无线地址栏输入 0001，在无线数据栏输入#SENDXX，XX 表示要发送的红外键值序号，例如#SEND01 表示发送存储序号为 1 的红外指令。

配置无线继电器指令，默认地址为 0002，无线地址栏输入 0002，在无线数栏输入#JDQ=AXBXCXDX，A、B、C、D 分别代表 4 路继电器（分别为 D1 D2 D3 D4，），X 取值为 0 或 1，1 为继电器断开，0 为继电器闭合，如下图所示#JDQ=A0B0C0D0，当语音模块监测到"启动系统"则继电器 ABCD 都闭合。如：开灯在无线数据中输入#JDQ=A0B0C0D0；关灯在无线数据中输入#JDQ=A1B1C1D1；无线地址栏都录入 0002（必须是 4 位数）。

6. 数据的下载过程如图 5-80 所示。

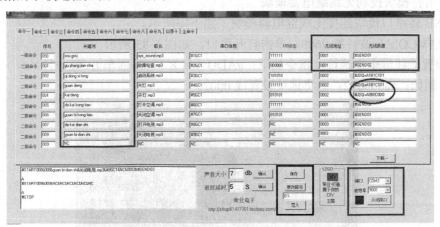

图 5-80　下载过程

当填写完毕后，需要把这些数据下载到语音模块里。

1）单击端口号后面的下拉按钮，找到上面安装驱动后生成的端口号。

2）单击打开串口。

3）单击 下载一 。

4）这个时候软件就会自动把命令一界面的十行指令全部下载到语音模块，可以在左下方的对话框中看到下载过程，如图 5-81 所示。

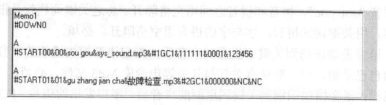

图 5-81 下载过程

举例说明，界面填的数据单为下面图片所示时，如图 5-82 所示。

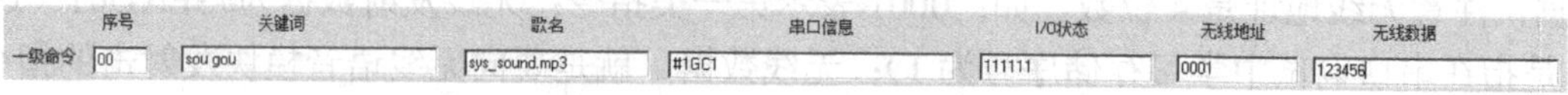

序号	关键词	歌名	串口信息	I/O 状态	无线地址	无线数据
一级命令 00	sou gou	sys_sound.mp3	#1GC1	111111	0001	123456

图 5-82 命令设置

通过上面的上位机下载数据后，这个时候如果你说话内容为"爱丽丝"—"启动系统"—"搜狗"，语音模块就会播放"sys_sound.mp3"这首歌曲，串口会发出字符串"#1GC1"，板子上的六个 IO 口状态全部输出高电平，且向无线地址为"0001"的设备发送数据"123456"。

就是这么简单，想要说话的内容控制播放什么样的歌曲，串口发出什么数据，IO 口输出什么电平，控制哪一个无线设备，全部只要在上位机上填写一下就轻松搞定。可以方便快捷地接入任意一个系统。是智能家居、无线控制、Arduino、机器人，小车等设计的理想选择。特别是本语音模块集成了大功率无线模块，采用高增益天线，有效距离可达上千米，可以实现远距离，无死角覆盖。

三、语音模块控制无线继电器模块

1. USB 转串口模块连接无线继电器模块，如下图所示。

2. 选择 COM3 波特率 9600，单击打开串口，如图 5-83 所示。

3. 设置无线继电器地址，指令如下：#ADD××××（+回车）；其中××××表示 4 位的地址。例如：#add0002；则将地址设置成 0002。

图 5-83 usb 转串口模块连接无线继电器

4. 打开 ComMonitor 文件夹下的软件 ComMonitor.exe。软件起动之后,选择端口和波特率、数据位、去掉清空接收区:16 进制和 16 进制校验;在手动发送内空中输入:#ADD0002,这里的 0002 是上位机软件设计时开灯与关灯指令都在无线地址为 0002。修改完毕,直接点手动发送就可以了。这时就可以把设计好的指令发送到无线继电器模块上,如图 5-84 所示。

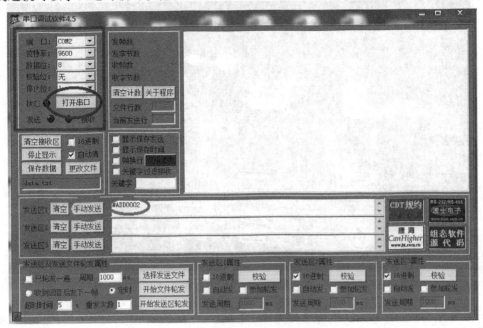

图 5-84　设置无线继电器参数

四、无线继电器与 LED 灯相连

从无线继电器的一组中接出公共端和常开端两条线,一条红色接到 LED 灯正极,另一条黄色线经过一个电阻接到 Arduino 电源 3.3V,用一条导线把 Arduino 的 GND 与 LED 灯负极相连。Arduino 电源用一个 9V 电池,如图 5-85 所示。

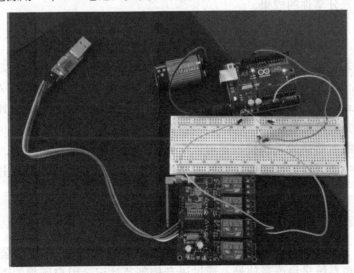

图 5-85　无线继电器与 LED 灯实物连接图

成果分享

设置好语音模块、无线继电器的相关技术参数之后,用充电宝作为电池,充电宝连接线可以用旧式的 D 型接口口线,连接到板卡的 D 型接口,如图 5-86 所示。

图 5-86 语音模块电源接口

接上电源之后,你就可以向语音模块说"爱丽丝"(这里是激活模块),再说"启动系统",跟着说"开灯"和"关灯",观察 LED 灯情况。

另外,语音模块可以拿到其他楼层试试,也是面对语音模块说"爱丽丝"(这里是激活模块),再说"启动系统",跟着说"开灯"和"关灯",观察 LED 灯情况。

经过测试,和同学们分享一下语音控制开关实现无线传输有多远距离。说明你的实验成功了。你也可以把制作过程及效果拍成 DV 发到朋友圈或学校分享平台,让身边的亲戚、朋友、老师、同学来分享你的成果。

思维拓展

同学们,说到这里,你已经成功完成了语音口令无线控制灯的制作,如果无线继电器不与 LED 灯连接,而改为接入一个电阻,然后从这个回路中接一条线接入 Arduino 的一个针脚,然后通过 Arduino 主板程序的判断,这个针脚存在高电平时,再驱动其他设备,这样就可以实现语音控制与单片机相连,这样的装置能创造什么?

如果把无线继电器换成无线接收器可以?换了之后,在智能控制领域,又能实现什么功能,在家用电器中还可以改良哪些?通过本节课的学习,你能为人类制作出什么更加智能的东西?

想创就创

盛玉林发明了一种语音控制开关,专利号:200910212908.8。该发明公开了一种语音控制开关,通过传声系统采集语音信号,通过语音控制芯片记录用户所需的语音信号为开命令或关命令，且通过语音控制芯片对用户后续使用中所发出语音进行分析处理并判断是否与已记录的语音命令相同，从而相应做出接通电源、断开电源或维持电源通断状态的响应工作，使语音控制替代传统机械或电器开关来控制电源的接通和断开，相较传统机械或电器开关而言不存在机械磨损及使用中的较快老化现象，使用寿命较长，且更安全保险，通过语音控制电源通断由于声音在空气中的可传播性，用户无须跑到开关位置进行开关动作，使用更为方便。

请您仔细阅读上面专利内容，并说出他的创意和创新点是什么，然后自己想想有什么启发？想创就创，请你动起手来，利用语音合成模块与 Arduino 设计一个语音口令控制智能作品。

第六节　SIM900　GPRS 液化气短信报警器

知识链接

SIM900 GPRS 无线模块，4 频模块全球可用，如图 5-87 所示。GPRS Shield 扩展板是一个串口的 GSM/GPRS 无线模块。可以学习 GSM/GPRS 手机开发、远程控制设备开发、无线抄表、智能家电，超远距离控制等。GPRS Shield 100%兼容所有的标准 Arduino 开发板。GPRS Shield 是一个 4 频的 GPRS/GSM 模块，同时支持 4 种制式频段 850/900/1800/1900 MHz，适用于国内外，具备可发送 SMS 短信、打电话、GPRS 等所有手机具备的功能。

图 5-87　SIM900 GPRS 无线模块

使用方法：电脑调试 USB—TTL 即可。此版 5—26V2A 电流供电，推荐 5V 电压 2A 电流。插上 Arduino 主板后，必须同时再连接 5—26V2A DC 电源。原因是 GPRS Shield 开机电流和工作最多峰值电流需要最大 2A，但是 USB 口无法提供如此大的电流，所以必须外接供电设备。

保证你的 SIM 卡没有锁住，GPRS Shield 通信的波特率最好是 19200 bps 8-N-1（GPRS Shield 默认自动配对波特率）。

SM 模块使用 SIMcom 公司的 SIM900 高精度无线 GSMGPRS 完全 4 频芯片，使用 SMT 封装且融合了高性能的 ARM926EJ-S 内核。可以适应小型设备的高性价比解决方案。

模块采用标准工业级接口，SIM900 配备支持 GSM 和 GPRS 的 850MHZ、900MHZ、1800MHZ、1900MHz 4 频的语音、短信、数据和传真，高内聚性且低功耗。

技术规格资料：全 4 频：850、900、1 800、1 900MHz，GPRS 多热点类型 108，GPRS

符合 B 型基站，GSM 22+标准，4 型（2W@850900MHz），1 型（1W@18001900MHz）；支持 SAIC（Single Antenna Interference Cancellation）采用兼容 AT 指令控制（GSM 07.07, 07.05 以及 SIMCOM 增强型指令）；低电运行时 0.1mA，工作温度-40℃至+85℃。

AT 参考指令：使用任何串口调试终端，需要勾选"添加新行"或者类似的"添加"。设使用 Arduino IDE 1.0 以上版本的串口窗口需要选择"BothNL&CR"，低版本的 IDE 不支持这个功能。

所谓 AT 指令，就是通讯模块通信用的一种指令，以字母"AT"开头。发送 AT 指令后，会返回以"+"开头的执行结果，如果出错会返回"ERROR"信息，如果正常则会在消息最后发"OK"字样。下面仅以常用功能举例，复杂的功能请参见 SIM900_ATC 文档。

1. 测试信号质量

用串口发送下面的指令：AT+CSQ。此时会收到形如下面这样的回复消息：+CSQ: 11, 0, OK，拨打电话（这条指令后的分号不可少），可以把下面指令里的 10086 替换成其他号码。

ATD10086;（回车）

挂断电话：ATH

接听电话：ATA

2. 发送短信

首先设置成文本模式：AT+CMGF=1 设置使用模块默认的国际标准字母字符集发送短信：AT+CSCS?发送目标号码：AT+CMGS="10086"（回车）此时系统会出现">"提示符，直接输入短信内容：>YE，这条短信的目的是发送给 10086，用来查询余额。0x1A（16 进制发送）：发送成功以后会收到系统如下提示，后面的数字表示发送短信的编号。+CMGS: 115 OK。

3. 接收短信

如果接收到了短信，则系统会在串口输出如下的提示，后面的数字表示短信收件箱里的短信数目：+CMTI: "SM", 2，发送如下 AT 指令，后面的数字是短信索引号。由于使用的是 IRA 编码，中文短信不能显示，可以发英文短信用来测试。AT+CMGR=2。

例如：Arduino+sim900 发送短信例程代码

```
void sendMeg()
{ Serial.println("AT");
 delay(2000);
 Serial.println("AT+CMGF=1");
 delay(2000);
Serial.println("AT+CMGS=\"PHONENUMBER\"");//这里改成你的号码
delay(2000);
Serial.print("Test\r\n");//这里写内容
delay(2000);
Serial.write(0x1A); //原来这里我是"Serial.print(0x1A);"，一直调不出来，后来改了才成功了，那酸爽
}

void setup() {
// put your setup code here, to run once:
 Serial.begin(9600);
```

```
void loop() {
// put your main code here, to run repeatedly:
delay(15*1000);
 sendMeg();
}
```

课堂任务

任务一：学习 GSM900 模块组网设置方法。

任务二：利用 Arduino UNO 和 GSM900 制作一个液化气漏气短信通知报警装置。

探究活动

1. 准备所需器材：Arduino UNO 一个；液化气体传感器 MQ-2g 一个；GSM 900 的模块一个。

2. 硬件连接如下图所示把手机 SIM 卡插入 SIM900 模块，然后把 GSM900 模块插入 Arduino UNO 板上即可，然后把液化气体传感器 MQ-2g 信号线接到 SIM900 模块的 A5 脚，液化气体传感器 MQ-2g+5V 接到 SIM900 模块的+5V，液化气体传感器 MQ-2g GND 接入 SIM900 模块的 GND 端。请注意，手机卡最好使用联通，如图 5-88 所示。

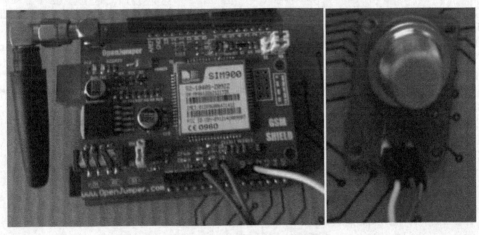

图 5-88　SIM900 液化气短信报警器

程序设计

//上传程序之前，要把下面标明的电话号码改为你自己发短信的手机号码和你自己的接收短信手机号码。

```
int val;            //定义变量 val
#define MAXCHAR 81
char aa[MAXCHAR];
int j=0;
int g_timeout=0;
int Gas_Sensors = A0;
/////////////////////////////////////////////////
char ATE0[]="ATE0";
char CREG_CMD[]="AT+CREG?";
```

```
char SMS_send[]="AT+CMGS=18";
char ATCN[]="AT+CNMI=2,1";
char CMGF0[]="AT+CMGF=0";
char CMGF1[]="AT+CMGF=1";
char CMGR[12]="AT+CMGR=1";
char CMGD[12]="AT+CMGD=1";
/***************************************************/
//#define SEND_MESSA_TO_YOUR "at+cmgs=\"18382117086\"\r\n"//发短信接收的手机号码
#define CALL_YOU_TELNUMBER "ATD18382117086;\r\n"//打电话接受的手机号码
char *Num = "The function module is correct, please rest assured that the use of.
[url=http://shop69712475.taobao.com]http://shop69712475.taobao.com[/url]
\n openjumper ";
                //功能模块矫正完毕，请放心使用。
char *Num1 = "The liquefied gas value is 200~300, the normal value has exceeded. Please check the liquefied gas is closed.\n openjumper ";
                //当前液化气气体值为 200~300，已超过正常值。请检查液化气。
char *Num2 = "The liquefied gas value is 300~700, many have more than normal value. Easy to cause fire and poisoning please close the liquefied petroleum gas immediately.\n openjumper ";
                //当前液化气气体值为 300~700，已超过正常值很多。容易引起火灾和中毒请立即关闭液化气。
char *Num3 = "The liquefied gas value has exceeded 700, now that the range of extreme danger, easy to cause fire and poisoning please close the liquefied petroleum gas immediately.\n openjumper ";
                //当前液化气值已超过 700，现在此范围内极度危险，容易引起火灾和中毒请立即关闭液化气。
char *yy = "at+cmgs=\"18382117086\"\r\n";//发短信接收的手机号码
                //可以设置多个电话 格式如 char *yy = "at+cmgs=\"18382117086\"\r\n";即可。
/***************************************************/
int readSerial(char result[])
    {
        int i = 0;
        while (Serial.available() > 0)
            {
                char inChar = Serial.read();
                    if (inChar == '\n')
                        {
                            result[i] = '\0';
                            Serial.flush();
                            return 0;
                        }
                    if(inChar!='\r')
                        {
                            result[i] = inChar;
                            i++;
                        }
```

```c
        }
void clearBuff(void)//打电话发短信清除指令
    {
        for(j=0;j<MAXCHAR;j++)
            {
                aa[j]=0x00;
            }
            j=0;
    }
int Hand(char *s)//发短信打电话发短信调用指令
    {
        delay(200);
        clearBuff();
        delay(300);
        readSerial(aa);
            if(strstr(aa,s)!=NULL)      //检测单片机和模块的连接
                {
                    g_timeout=0;
                    clearBuff();
                    return 1;
                }
            if(g_timeout>50)
                {
                    g_timeout=0;
                    return -1;
                }
        g_timeout++;
        return 0;
    }
void send_english(char *x,char *i)
    {
        clearBuff();
        Serial.println(CMGF1);
        delay(500);
        while(Hand("OK")==0);
        clearBuff();
        Serial.println(x);
        delay(500);
        while(Hand(">")==0);
        Serial.println(i);
        delay(100);
        Serial.print("\x01A");         //发送结束符号
        delay(10);
        delay(1000);
        while(Hand("OK")==0);
    }

void send_call(void)  //打电话
    {
        clearBuff();
```

```
            Serial.println(CALL_YOU_TELNUMBER);  //打电话
            delay(2000);
            while(Hand("OK")==0);
    }
void setup (void)
    {
            Serial.begin(115200);//设置波特率为115200
            Serial.println("serial port [ok]!");
}
void loop (void)
{

    send_english(yy,Num);
    while(1)
    {
       int sensorValue = analogRead(Gas_Sensors);
       Serial.print("Gas Sensors = " );
       Serial.println(sensorValue);
       if((sensorValue>=200)&&(sensorValue<=300))
       {
          send_english(yy,Num1);
       }
       if((sensorValue>=301)&&(sensorValue<=700))
        {
            send_english(yy,Num2);
        }
       if(sensorValue>=701)
        {
            send_english(yy,Num3);
        }
     delay(60000);//每隔一分钟检查一次气体情况
    }
}
```

成果分享

将程序下载到 Arduino 开发板后，用打火机与气体传感器接触时，看看你预设的手机号码能否收到相关短信，如果指定手机收到短信，那么证明你成功了。你就可以改下接收短信的手机号码了，让其他同学也能分享你的成果，你也可以把制作过程及效果拍成 DV 发到朋友圈或学校分享平台，让身边的亲戚、朋友、老师、同学来分享你的成果。

思维拓展

本实验案例解决了 Arduino 主板与 GPS 的连接，实现发手机短信的技术问题，为 Arduino 在智能报警报障方面有新突破。同学们也可以从本案例出发，把手机短信功能应用到生活中去，帮助人们更好的管理。如：超高温短信报障系统、洗衣机故障自动报障、热水器的 CO 报障及漏电报障系统等等。

同学们还能想到什么应用？

想创就创

浙江中博智能技术有限公司的陈建江研发了智能安防短信报警器,其国家专利为201220343665.9,该实用新型技术属于安防设备技术领域,涉及报警装置,尤其是涉及一种智能安防短信报警器。它解决了现有技术设计不够合理等技术问题。其包括壳体,在壳体内设有集成电路板,其特征在于,所述的集成电路板上设有中央处理器、存储器、用于接收传感器信号的信号接收模块和用于发送报警中文短信的短信发送模块,所述的短信发送模块通过无线通信网络与至少一个手机相连。与现有的技术相比,本智能安防短信报警器的优点在于:设计合理,结构简单,操作使用方便,数据传输稳定可靠,安全系数高。

同学们,请认真阅读上面这段文字,指出智能安防短信报警器的创新点和创意,并谈谈自己得到什么启发,然后以小组为单位,写出一个创意作品方案,如有可能把它变成现实。

第七节　物联网控制灯

知识链接

一、物联网

物联网是新一代信息技术的重要组成部分,也是"信息化"时代的重要发展阶段。其英文名称是:Internet of things(IoT)。顾名思义,物联网就是物物相连的互联网。这有两层意思:其一,物联网的核心和基础仍然是互联网,是在互联网基础上的延伸和扩展的网络;其二,其用户端延伸和扩展到了任何物品与物品之间,进行信息交换和通信,也就是物物相息。物联网通过智能感知、识别技术与普适计算等通信感知技术,广泛应用于网络的融合中,也因此被称为继计算机、互联网之后世界信息产业发展的第三次浪潮。物联网是互联网的应用拓展,与其说物联网是网络,不如说物联网是业务和应用。因此,应用创新是物联网发展的核心,以用户体验为核心的创新2.0是物联网发展的灵魂。

物联网是互联网的应用拓展,与其说是网络,不如说是业务物联网架构分为3层:感知层、网络层和应用层。

感知层由各种传感器及传感器网关构成,是物联网采集信息的来源。

网络层由各种私有网络、互联网,有线和无线通信网网络管理系统和云计算平台等组成,相当于人的神经中枢和大脑,负责传递和处理感知层获取的信息。

应用层是物联网和用户的接口,它与行业需求结合,实现物联网的智能应用。比如:一套智能的订水、订奶系统,在水桶的适当位置安装水压传感器或在奶瓶底部安装重量传感器,采集到的信息,通过WiFi网络(或互联网)传送到供应商订货平台上。当水桶中的水或牛奶没有了,供应商根据传感器终端发回的信息,及时安排送货人员上门服务。这就是物联网的一个简单应用,也是物联网的魅力所在。在本章中,笔者将给大家介绍3个物联网平台:Yeelink、乐联网和Lively。

二、物联网用途

物联网用途广泛,遍及智能交通、环境保护、政府工作、公共安全、平安家居、智能消防、工业监测、环境监测、路灯照明管控、景观照明管控、楼宇照明管控、广场照明管控、老人护理、个人健康、花卉栽培、水系监测、食品溯源、敌情侦查和情报搜集等多个领域。

物联网把新一代 IT 技术充分运用在各行各业之中，具体地说，就是把感应器嵌入和装备到电网、铁路、桥梁、隧道、公路、建筑、供水系统、大坝、油气管道等各种物体中，然后将物联网与现有的互联网整合起来，实现人类社会与物理系统的整合，在这个整合的网络当中，存在能力超级强大的中心计算机群，能够对整合网络内的人员、机器、设备和基础设施实施实时的管理和控制，在此基础上，人类可以以更加精细和动态的方式管理生产和生活，达到"智慧"状态，提高资源利用率和生产力水平，改善人与自然间的关系。

下面以乐联网为例，了解物联网的用途。

课堂任务

任务一：学习了解乐联网平台的使用。

任务二：通过乐联 E-KIT 或 Arduino UNO+w5100 扩展版与乐联网，构建一个物联网远程控制继电器或灯。

探究活动

1. 硬件连接

你需要有乐联 E-KIT 或 Arduino UNO+w5100 扩展版，以及一个继电器。推荐使用乐联推出的套装，如图 5-89 所示。

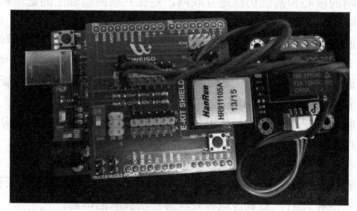

图 5-89　乐为物联网连接继电器

2. 设备连接

把 5V 继电器接到你的 Arduino 设备上 D6 数字引脚（不是模拟引脚），注意：如果要用乐联网控制灯，只要把继电器换成 LED 灯就可以了，也可以将待控制的用电器直接接到继电器上就可以实现了。

3. 通过电脑的 USB 口连接你的设备，并且安装好驱动

（1）首先从以下网址下载需要的 Arduino 库文件。

https://github.com/lewei50/LeweiTcpClient/tree/LeweiTcpClientliteBeta，把它解压缩到你的

Arduino 安装路径，库文件夹，类似于 arduinolibraries。

（2）打开 Arduino IDE

选择 File->Examples->LeweiTcpClient->userSwitch_revertControl 把"YOUR_API_KEY_HERE"用你在网站里面的 user key 替换掉。

4. 乐联网平台设置需要 4 个步骤

1）需要到乐联网（htp/www.lewei50.com/）上申请一个账号。在主页右上角有"注册"按钮，单击后填写账号、密码和邮箱，再登录到邮箱里面激活账号即可，如图 5-90 所示。

图 5-90　乐联网平台注册界面

2）单击主页右上角"登录"按钮登录后直接进入用户中心。在这里你可以看到管理菜单的"我的物联"菜单，可以添加设备，传感器与控制器。添加设备可通过单击"我的设备"选择已有的默认设备或者选择"添加新设备"，如图 5-91 所示。填写相关信息后，单击"保存"按钮就可以了。

图 5-91　乐联网用户中心

相关参数说明如下。

标识：设备的标识。系统自动分配，按 01、02……自动排序。

名称：是你自己命名，一般取控制器功能名称。

设备：选默认网关或者已经连接好的网络，只能选择不能录入。

类型：根据设备采取的不同硬件，设备被分为 4 种类型，Arduino、Ar、lwboard 和其他类型。

3）添加传感器与控制器。添加设备之后，需要添加设备下面的传感器与控制器，单击"传感器与控制器"，选择要添加的设备，有两种类型：传感器与控制器，如图 5-92 所示。

图 5-92　添加传感器与控制器

本节设计控制继电器,在这里只介绍控制器的添加,传感器添加方法与之相同。单击左边的"传感器与控制器",在"控制器列表"中单击右边的"新建"按钮,在"添加传感器"页面中填写相关信息后,单击"保存"就可以了,具体步骤如图 5-93 所示。

图 5-93　添加传感器信息

编辑控制器相关参数说明如下

标识:控制器的缩写,为字母和数字的组合,比如开关为 Kl,湿度为 h1。

类型:可以在下拉菜单选择不同的控制器类型,如开关控制,数值控制等。

4)获取 Userkey。在上面管理菜单"我的账户"或"免费用户"→"设置个人信息"里面可以看到 Userkey,这个 Userkey 是每个用户唯一的,如图 5-94 所示。

图 5-94　获取 Userkey

程序设计

//把下面的程序代码上传到 Arduinog 开发板上,测试完成。

```
int val;
int led=6;
void setup(){
Serial.begin(9600);
pinMode(led, OUTPUT);}
void loop(){
val=Serial.read();
if(val=="k"){
digitalWrite(led, HIGH);
Serial.println("turn on the LED");}
else if(val=="g"){
digitalWrite(led, LOW);
Serial.println("turn off the LED");
}
}
```

成果分享

将程序下载到 Arduino 开发板后,打开乐为物联网(htp/www.lewei50.com/),凭账号登录,再单击相关按钮,如果能控制相关设备,说明你的实验成功了。你也可以把制作过程及效果拍成 DV 发到朋友圈或学校创客分享平台,让身边的亲戚、朋友、老师、同学来分享你的成果。

思维拓展

本实验项目通过 W5100 网络拓展卡、Arduino 主板、继电器(或灯)和乐联网实现了 TCP 远程控制 LED 灯。物联网是不是只有乐联网?为什么要使用乐联网,因为乐联网有三个免费控制器和传感器,作为学生学习使用足够了。

通过 PC 端登上乐联网可以实现远程控制用电器,那么能不能通过微信、短信、App 实现远程控制灯呢,另外,能不能通过物联网实现数据上传功能,这些又该如何实现?

想创就创

扬州大学的王易天、刘雪燕、韩玖荣、刘耀晨等人发明了基于开源电子原型平台的 PM2.5 检测仪,专利号:201620815510.9。该实用新型设计涉及基于开源电子原型平台的 PM2.5 检测仪,包括开源电子原型平台控制板、电源模块、PM2.5 传感器、W5100 网络模块、显示屏和乐联网平台,电源模块、PM2.5 传感器分别连接开源电子原型平台控制板输入端,开源电子原型平台控制板分别输出连接显示屏、W5100 网络模块,W5100 网络模块连接乐联网。该实用新型技术克服了过去存在的无法将数据上传至网络,功能单一又不准确的缺陷。该检测仪可以将 PM2.5 传感器采集到的数据收集起来,存放到内部存储器,通过 W5100 网络模块联入互联网上传数据,通过乐联网平台记录同时将 PM2.5 浓度显示到显示屏上,使用户可以通过 PC 端或者移动端对 PM2.5 状况进行监测,完成了对 PM2.5 的远程检测。

请您仔细阅读上面专利内容，并说出他的创意和创新点是什么，然后自己想想有什么启发？想创就创，请你动起手来，采用感应器与 Arduino 设计一个基于乐为物联网智能检测控制作品。

第八节　微信远程控制 LED 灯

课堂任务

任务一：学习相关微信远程控制功能。
任务二：本节课的任务是设计一个通过乐为物联网微信远程控制灯。

探究活动

1. 器材与硬件连接，与上节课的内容一样。这里不再重复。
2. 下面介绍如何将"乐联网"加入微信中。打开微信，在"通讯录"中选择"查找微众号"，搜索"乐为物联"。单击"关注"后，进入"乐为物联"，提示绑定乐联网账号。这个账号不是微信号，是你在乐联网网站注册的账号和密码。单击链接进入，输入你登录乐联网的账号和密码，单击"确认绑定"完成号绑定。在手机显示绑定成功后，就可以查询设备的实时数据，并进一步控制设备。

前面已经介绍过利用 TCP 远程控制灯（继电器）实现控制功能。在这一节主要介绍如何发布控制命令。还以控制 LD 开关为例，介绍如何用微信远程控制 LED 灯开关。

1）添加"LED 灯开关"设备。选择"我的物联"→"我的设备"→"添加新设备"。注意，"是否可控"一定要勾选"是"，如图 5-95 所示。

图 5-95　添加 LED 灯开关设备

2）新建控制器。选择"我的物联"→"传感器与控制器"→"控制器列表"→"新建"，如图 5-96 所示。编辑控制器并保存，如图 5-97 所示。

3）定义"控制命令管理"。选择"智能物联"→"控制命令管理"→"添加执行命令"，如图 5-98 所示。这里设置的执行命令是向串口发送"k"的命令。

第五章 感知物联

图 5-96 新建控制器

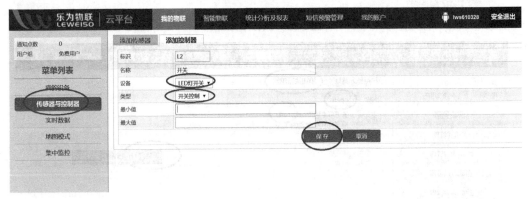

图 5-97 编辑控制器

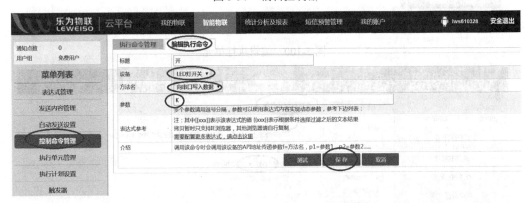

图 5-98 定义"控制命令管理"

4）添加"执行单元管理"。目的是将 open 和串口输出控制命令"k"关联起来。选择"智能物联"→"执行单元管理"，可以看到两个命令"开灯"和"关灯"单击"开灯"命令右侧的"编辑"选项，如图 5-99 所示。进入"编辑执行单元"页面，将"开灯"命令和控制命令"k"关联到一起，如图 5-100 所示。

5）"自定义微信命令"。目的是将微信命令"开"和 open 命令对应起来，这样微信命令就可以通过"开灯"控制串口输出"k"命令了。选择"智能物联"→"自定义微信命令"→"添加自定义命令"，如图 5-101 所示。

• 179 •

图 5-99　执行单元管理

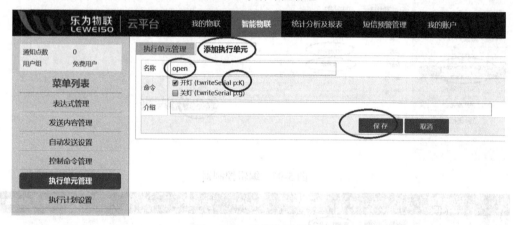

图 5-100　编辑执行单元

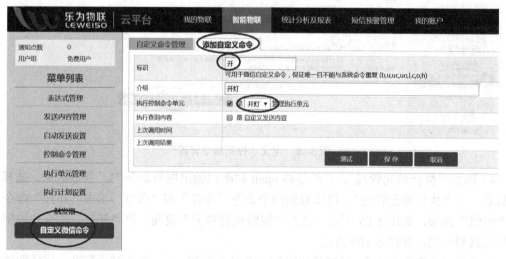

图 5-101　添加"自定义微信命令"

相关参数说明如下。

标识：自定义的微信命令。注意，命令必须唯一且不能与系统命令（b。u。Uc uo，l，c，o，h 等）重复。

介绍：该命令执行的说明。

执行控制命令单元：如果自定义的是执行命令，此处勾选"是"，并在下拉框里面选择该命令控制的具体内容，如果之前没有添加，可以单击右边"执行单元管理"先进行添加执行查询内容：如果自定义的是查询命令，此处勾选"是"，并可以在下拉菜单里选择该命令查询的具体内容。如果之前没有添加，可以单击右边"自定义发送内容"选项，先进行添加。

设置好以后，就可以搭建测试环境验证测试了。

1）将 Arduino 上联到控制计算机串口，上传一个简单的通过串口控制 13 口 LED 灯开关的程序。

2）在计算机上运行"乐为物联串口数据上传工具"（下载地址 https://www.lewei50.com/dev/comtent/downloads），单击"长链接反向控制"开启按钮。其中在串口数据上传工具配置需要注意：Userkey 和你的账号的 Userkey 要一致，网关标识需要和乐联网配置的控制设备的标识一致，串口设置与 Arduino 上联串口一致，比特率设为 9600，如图 5-102 所示。

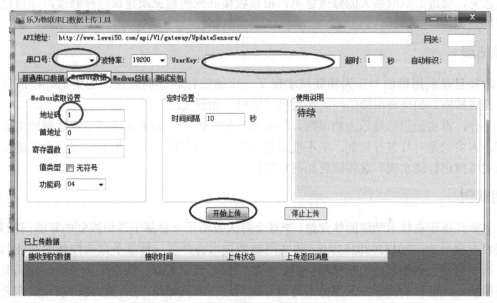

图 5-102 配置串口数据上传工具

3）打开手机微信，单击公众号"乐为物联"进入移动端乐联网平台，单击"智能物联"→"我的命令"，就可以看到"开灯"和"关灯"命令了。这时我们就可以通过微信远程控制 Arduino 开关 LED 灯了。

程序设计

```
int led=13;
void setup(){
Serial.begin(9600);
pinMode(led, OUTPUT);}
void loop()
{
val=Serial.read();
if(val=='k'){
```

```
digitalWrite(led, HIGH);
Serial.println("turn on the LED");
}
else if(val=='g')
{digitalWrite(led, LOW);
Serial.println("turn off the LED");
}
}
```

成果分享

将程序下载到 Arduino 开发板后,你就可以利用微信控制灯了,让其他同学帮你测试一下用微信控灯的过程,看看你的成果如何;你也可以把制作过程及效果拍成 DV 发到朋友圈或学校创客分享平台,让身边的亲戚、朋友、老师、同学来分享你的成果。也让他们给你提点意见,要虚心听取别人的修改意见,根据收集回来的意见或建议进行修改,让自己的作品更加完美。

思维拓展

本项目是利用微信与乐为物联网实现了一个微信控制灯的装置,如果把灯换成风扇如何?换成插座?如果要用微信控制洗衣机可以吗,如何实现?

另外,本实验用的是乐为物联网,还有其他物联网吗?如果换成其他物联网能实现吗?还有,本实验是对灯进行控制,能不能远程控制其他设备呢?如:果农在家里能不能实现对农场的果树进行浇水呢?这些装置如何实现?

想创就创

惠州经济职业技术学院的林龙健、李观金等人发明了一种基于微信控制的智能门锁系统,其国家专利号为:201620883539.0。该实用新型技术公开了一种基于微信控制的智能门锁系统,涉及门锁设备领域,包括移动终端、智能门锁、云服务器、数据采集模块、扫码模块和报警模块,所述移动终端与云服务器通过互联网进行双向通讯,所述智能门锁和数据采集模块通过互联网与云服务器连接,所述扫码模块设置于门体上并与云服务器通过互联网双向通讯,所述报警模块内置于云服务器中。该实用新型技术不仅可以通过云服务器、移动终端实现门锁的远程开启,而且还能够通过扫码模块实现现场的门锁实时开启,相对于现有技术中的智能门锁系统,使得开锁更加便捷,安全系数更高,且设置的报警模块也能在家门被撬时及时发出报警信息,减少财产损失。

请您仔细阅读上面专利内容,并说出他的创意和创新点是什么,然后自己想想有什么启发?想创就创,请你动起手来,采用微信与物联网设计一个基于微信控制的智能感知作品。

本章学习评价

完成下列各题,并通过本章的知识链接、探究活动、程序设计、成果分享、思维拓展、想创就创等活动,综合评价自己在知识与技能、解决实际问题的能力以及相关情感态度与价值观的形成等方面，是否达到了本章的学习目标。

1. 蓝牙核心规格提供两个或以上的微微网连接以形成分布式网络，让特定的设备在这些微微网中自动同时地分别扮演_____和_____的角色。

2. 蓝牙灯制作步骤是：_____；_____
_____；_____。

3. 蓝牙 HC-06 与 Arduino 连接方法：_____
_____；_____。

4. App INVENTOR2 是一个基于_____，可拖曳的_____开发环境，它将枯燥的代码变成一块一块的拼图，使 Android 软件开发变得简单有趣。

5. App INVENTOR2 提供了几种方便的手机上机调试方法：_____
_____；_____。

6. App INVENTOR2 打包生成安卓 APK 软件安装到手机上的方法是：_____
_____；_____。

7. Arduino WiFi 入门，一般使用的 WiFi 模块芯片是 ESP8266，ESP8266 在搭载应用并作为设备中唯一的应用处理器时，能够直接从外接_____启动。ESP8266 模块拥有四个针脚，分别是_____。

8. ESP8266 模块与 Arduino 连接方法：_____
_____；_____。

9. Arduino 与 ESP8266 模块连接上网，在执行编译程序之前，要把 ESP8266WiFi.h、WiFiClient.h、ESP8266WebServer.h 等三个文件加入 D:\arduino-1.0.1\libraries 文件夹下面，否则编译时会出错。这三个文件是 Arduino_____文件。

10. ENC28J60 是带有行业标准_____（Serial Peripheral Interface，SPI）的独立以太网控制器。它可作为任何配备 SPI 的控制器的以太网接口。ENC28J60 符合 IEEE 802.3 的全部规范，采用了一系列包过滤机制以对传入数据包进行限制。

11. ENC28J60 与 Arduino 连接方法：_____
_____；_____。

12. 标准的超文本标记语言文件都具有一个基本的整体结构，标记一般都是成对出现（部分标记除外例如：
），即超文本标记语言文件的_____与_____标志和超文本标记语言的_____与_____两大部分。

13. 语音识别是一门交叉学科，语音识别正逐步成为信息技术中_____的关键技术，_____与语音合成技术结合使人们能够甩掉键盘，通过语音命令进行操作。

14. SIM900 GPRS 无线模块，4 频模块全球可用。SIM900 GPRS Shield 扩展板是一个串口的_____模块。可以学习 GSM/GPRS 手机开发、远程控制设备开发，无线抄表，智能家电，超远距离控制等。GPRS Shield 100%兼容所有的标准 Arduino 开发板。

15. GSM900 液化气短信报警器程序设计中，设定接收短信手机号码函数是_____；设置发送短信的手机号码是_____。

16. 智能产品实现真正的智能化后，将促使物联网成为"认知物联网"。菲利普·普利迪指出，认知物联网是_____物联网。智能产品能够采集数据并_____，同时所有智能产品间可以互动，如同人与人之间的交流一样。在实现认知物联网的过程中，芯片可以把传感器进行融合，实现多个不同的传感器之间的融合。

17. USB 转串口模块和语音模块之间的连接方法_____
_____。

18. 语音模块控制无线继电器地址方法_____。

19. SIM900 GPRS 无线模块发送短信的指令_____；接收短信指令_____。

20. 物联网是新一代信息技术的重要组成部分，也是"信息化"时代的重要发展阶段。其英文名称是："Internet of things（IoT）"。顾名思义，物联网就是_____的互联网。

21. 乐联网（htp/www.lewei50.com/）设置步骤：_____
_____
_____。

22. 微信通过乐联网平台进行控制灯的方法：_____
_____
_____
_____。

23. 智能产品如何增加联网功能，实现远程控制方法：_____
_____。

24. 本章对我启发最大的是_____
_____。

25. 我还不太理解的内容有_____
_____。

26. 我还学会了_____
_____。

27. 我还想学习_____
_____。

第六章 智能生活

　　智能生活的内在实质并不仅是各种外形个性、使用方便的智能感知产品，更主要的是充分体现了和谐社会的三方服务精神和服务能力，从智能感知产品开发需要换位思考，融合出真实的社会应用新需求、新特点，到无处不在的云服务的及时、安全、稳定的管道和数据分析能力，再到各种特长服务部分和机构的服务到位、准确和责任性。三方互通、互动才能真实、准确地体现智能生活的全部内涵。换句话，智能生活是指，利用现代科学技术实现吃、穿、住、行等方面的智能化，将电子科技融于日常的工作、生活、学习及娱乐中。

　　俗话说，"学习"两个字，"习"比"学"更重要。由练习而建立习惯，由习惯而产生能力。这是学习的必然规律。经过前面几章的学习，我们已经了解了 Arduino 智控编程、传感控制、感知到了物联的基本思想和方法，学会了在信息技术环境下综合利用科学、技术、工程、人文艺术与数学学科的相关知识，利用信息技术解决问题的基本思路与方法，认识到开源智控设计与数字化工具在问题解决方案中的价值与作用。因此，我们下一步的任务是巩固与提高。

　　本章将结合学生校园生活实际应用案例，让生活工具装上"互联+"的功能，改善生活，成为新的创造。引导学生综合运用前面所学的智控编程、传感控制、感知物联的知识来解决实际问题。鼓励学生创新性应用，通过多次迭代的过程完善项目设计，及时给予知识指导和问题解决思路的指导。鼓励学生交流与合作，践行开源与知识分享的精神。进一步提高学生搜索并利用开源硬件及相关资料体验作品的创意、设计、制作、测试、运行的完整过程，形成以信息技术学科方法观察事物和对智能感知作品的开发及应用能力，提升计算思维与创新能力。

本章主要知识点：
- 红外遥控灯
- 语音口令万能红外遥控器
- 智能浇水系统
- 自动灭火器
- Arduino 音乐播放器
- Arduino 感温杯
- 停车场车流量记录仪
- RFID-RC522 读取门禁 IC 卡信息

第一节 红外遥控灯

知识链接

红外接收头介绍

（1）什么是红外接收头？红外遥控器发出的信号是一连串的二进制脉冲码。为了使其在无线传输过程中免受其他红外信号的干扰，通常都是先将其调制在特定的载波频率上，然后再经红外发射二极管发射出去，而红外线接收装置则要滤除其他杂波，令接收该特定频率的信号将其还原成二进制脉冲码,也就是解调,如图 6-1 所示。

(2)工作原理。内置接收管将红外发射管发射出来的光信号转换为微弱的电信号,此信号经由 IC 内部放大器进行放大,然后通过自动增益控制、带通滤波、解调变、波形整形后还原为遥控器发射出的原始编码,经由接收头的信号输出脚输入到电器上的编码识别电路。

(3)红外接收头的引脚与连线。红外接收头有三个引脚(见图 6-1)。

用的时候将 VOUT 接到模拟口,GND 接到实验板上的 GND,VCC 接到实验板上的+5V。

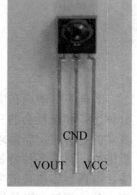

图 6-1 红外接收头

课堂任务

1. 学习红外发射传感器和红外接收传感器知识。
2. 利用 Arduino 和红外感应器制作一个遥控器。

探究活动

1. 实验器件:Arduino 开发板 1 个;红外遥控器:1 个;红外接收头:1 个;LED 灯:6 个;220Ω 电阻:6 个;多彩面包线:若干。

2. 实验连线

首先将板子连接好,接着将红外接收头按照上述方法接好,将 VOUT 接到 Arduino 开发板数字 11 口引脚,将 LED 灯通过电阻接到 Arduino 开发板数字引脚 2,3,4,5,6,7。这样就完成了电路部分的连接。

3. 实验原理

要想对某一遥控器进行解码必须要了解该遥控器的编码方式。本次实验所用产品使用的控器的码方式为:NEC 协议。下面就介绍一下 NEC 协议。

NEC 协议特点:

(1)8 位地址位,8 位命令位;
(2)为了可靠性地址位和命令位被传输两次;
(3)脉冲位置调制;
(4)载波频率 38khz;
(5)每一位的时间为 1.125ms 或 2.25ms。

逻辑 0 和 1 的定义如图 6-2 所示。

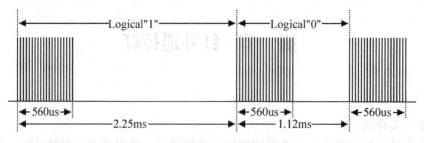

图 6-2 NEC 协议

按键按下立刻松开的发射脉冲,如图 6-3 所示。

图 6-3 发射脉冲

上图显示了 NEC 协议典型的脉冲序列。注意：这需要首先发送 LSB（最低位）的协议。在上面的脉冲传输地址为 0x59，命令为 0x16。一个消息是由一个 9ms 的高电平开始，随后有一个 4.5ms 的低电平（返两段电平组成引寻码），然后由地址码和命令码。地址和命令传输两次。第二次所有位都取反，可用于对所收到的消息中的确认使用。总传输时间是恒定的，因为每一点都与它取反长度重复。如果你不感兴趣，你可以忽略这个可靠性取反，也可以扩大地址和命令。

按键按下一段时间才松开的发射脉冲，如图 6-4 所示。

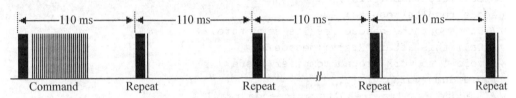

图 6-4 发射脉冲

一个命令发送一次，即使在遥控器上的按键仍然按下。当按键一直按下时，第一个 110ms 的脉冲与上图一样，之后每 110ms 重复代码传输一次。每个重复代码是由一个 9ms 的高电平脉冲和一个 2.25ms 低电平和 560μs 的高电平组成，如图 6-5 所示。

注意：脉冲波形进入一体化接收头以后，因为一体化接收头里要进行解码、信号放大和整形，故要注意：在没有红外信号时，其输出端为高电平，有信号时为低电平，故其输出信号电平正好和发射端相反。接收端脉冲大家可以通过示波器看到，结合看到的波形理解程序。

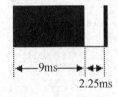

图 6-5 重复代码

遥控器键值：

一排一 = 0x00FFA25D；一排二 = 0x00FFE01F；一排三 =0x00FF629D；

二排一 = 0x00FFA857；二排二 = 0x00FFE21D；二排三 = 0x00FF906F；

三排一 = 0x00FF22DD；三排二 = 0x00FF6897；三排三 = 0x00FF02FD；

四排一 = 0x00FF9867；四排二 = 0x00FFC23D；四排三 = 0x00FFB047；

程序设计

```
#include <IRremote.h>
int RECV_PIN = 11;
int LED1 = 2;
int LED2 = 3;
```

```
int LED3 = 4;
int LED4 = 5;
int LED5 = 6;
int LED6 = 7;
long on1 = 0x00FFA25D;
long off1 = 0x00FFE01F;
long on2 = 0x00FF629D;
long off2 = 0x00FFA857;
long on3 = 0x00FFE21D;
long off3 = 0x00FF906F;
long on4 = 0x00FF22DD;
long off4 = 0x00FF6897;
long on5 = 0x00FF02FD;
long off5 = 0x00FF9867;
long on6 = 0x00FFC23D;
long off6 = 0x00FFB047;
IRrecv irrecv(RECV_PIN);
decode_results results;
// Dumps out the decode_results structure.
// Call this after IRrecv::decode()
// void * to work around compiler issue
//void dump(void *v) {
//  decode_results *results = (decode_results *)v
void dump(decode_results *results) {
  int count = results->rawlen;
  if (results->decode_type == UNKNOWN)
    {
     Serial.println("Could not decode message");
    }
  else
    {
    if (results->decode_type == NEC)
      {
      Serial.print("Decoded NEC: ");
      }
    else if (results->decode_type == SONY)
      {
      Serial.print("Decoded SONY: ");
      }
    else if (results->decode_type == RC5)
      {
      Serial.print("Decoded RC5: ");
      }
    else if (results->decode_type == RC6)
      {
      Serial.print("Decoded RC6: ");
      }
    Serial.print(results->value, HEX);
    Serial.print(" (");
    Serial.print(results->bits, DEC);
```

```
    Serial.println(" bits)");
  }
   Serial.print("Raw (");
   Serial.print(count, DEC);
   Serial.print("): ");

 for (int i = 0; i < count; i++)
    {
     if ((i%2) == 1) {
     Serial.print(results->rawbuf[i]*USECPERTICK, DEC);
     }
    else
    {
     Serial.print(-(int)results->rawbuf[i]*USECPERTICK, DEC);
    }
    Serial.print(" ");
    }
     Serial.println("");
    }

void setup()
 {
  pinMode(RECV_PIN, INPUT);
  pinMode(LED1, OUTPUT);
  pinMode(LED2, OUTPUT);
  pinMode(LED3, OUTPUT);
  pinMode(LED4, OUTPUT);
  pinMode(LED5, OUTPUT);
  pinMode(LED6, OUTPUT);
  pinMode(13, OUTPUT);
  Serial.begin(9600);

  irrecv.enableIRIn(); // Start the receiver
 }

int on = 0;
unsigned long last = millis();

void loop()
{
  if (irrecv.decode(&results))
   {
    // If it's been at least 1/4 second since the last
    // IR received, toggle the relay
    if (millis() - last > 250)
      {
       on = !on;
//     digitalWrite(8, on ? HIGH : LOW);
       digitalWrite(13, on ? HIGH : LOW);
       dump(&results);
      }
```

```
    if (results.value == on1 )
       digitalWrite(LED1, HIGH);
    if (results.value == off1 )
       digitalWrite(LED1, LOW);
    if (results.value == on2 )
       digitalWrite(LED2, HIGH);
    if (results.value == off2 )
       digitalWrite(LED2, LOW);
    if (results.value == on3 )
       digitalWrite(LED3, HIGH);
    if (results.value == off3 )
       digitalWrite(LED3, LOW);
    if (results.value == on4 )
       digitalWrite(LED4, HIGH);
    if (results.value == off4 )
       digitalWrite(LED4, LOW);
    if (results.value == on5 )
       digitalWrite(LED5, HIGH);
    if (results.value == off5 )
       digitalWrite(LED5, LOW);
    if (results.value == on6 )
       digitalWrite(LED6, HIGH);
    if (results.value == off6 )
       digitalWrite(LED6, LOW);
    last = millis();
    irrecv.resume(); // Receive the next value
  }
}
```

分享成果

当你完成制作，将程序下载到 Arduino 开发板后，请其他同学验证你的红外遥控器，看看能不能对红外接收头进行遥控并点亮灯。当灯亮时，说明你成功了。你也可以把制作过程及效果拍成 DV 发到朋友圈或学校创客分享平台，让身边的亲戚、朋友、老师、同学来分享你的成果。然后让他们提出修改意见或建议，收集到意见之后，认真分析和判断，然后进行修改，完善其功能。

思维拓展

对遥控器发射出来的编码脉冲进行解码，根据解码结果执行相应的动作。大家就可以用遥控器遥控你的用电器了，让它听你的指挥。如何制作一个电视遥控器？

红外遥控器是机械式的，能不能更智能一点，有没有语音遥控器呢，也就是面对话筒直接说"开空调"，空调就能打开，说"关空调"，空调就关闭，像这样不是更智能？

相创就创

深圳市博电电子技术有限公司发明的一种遥控器，申请的国家实用新型专利号：

201620146758.0，该实用新型技术涉及一种遥控器，通过智能控制智能红外电子坐便器，包括壳体、设置在所述壳体上的显示模块、设置在壳体内的加速度传感模块、微处理器、红外发射器。遥控器中的加速度传感模块可以自动检测加速度的变化量，也就是说可以检测出遥控器在任意方向上的移动；加速度传感模块与微处理器连接，当加速度传感模块检测到遥控器的移动信号时，输出驱动控制信号给微处理器，驱使微处理器处于工作状态，进而微处理器控制显示模块显示，同时控制红外发射器发出红外信号以控制红外电子坐便器。当遥控器使用完毕后，也就是没有检测到移动信号时，驱动微处理器处于休眠状态（待机模式），这样可以降低功耗，同时不需要额外烦琐的操作，方便使用。

请您仔细阅读上面专利内容，并说出他的创意和创新点是什么，然后自己想想有什么启发？想创就创，请你动起手来，采用红外传感器及开源设备设计一个用于家电的红外遥控器。

第二节 语音口令万能遥控器

知识链接

无线遥控器，顾名思义，就是一种用来远程控制机器的装置，最早由美国的尼古拉·特斯拉于1898年开发出来。目前，市面上常见的有两种，一种是家电常用的红外遥控模式（IR Remote Control），另一种是防盗报警设备、门窗遥控、汽车遥控等常用的无线电遥控模式（RF Remote Control）。

红外遥控器（IR Remote Control）是利用波长为 0.76~1.5μm 的近红外线来传送控制信号的遥控设备。

常用的红外遥控系统一般分发射和接收两个部分。

（1）发射部分的主要元件为红外发光二极管。它实际上是一只特殊的发光二极管，由于其内部材料不同于普通发光二极管，因而在其两端施加一定电压时，它发出的便是红外线而不是可见光。

大量使用的红外发光二极管发出的红外线波长为940nm左右，外形和普通发光二极管相同，只是颜色不同。

（2）接收部分的主要元件为红外接收二极管，一般有圆形和方形两种。在实际应用中要给红外接收二极管加反向偏压，它才能正常工作，亦即红外接收二极管在电路中应用时是反向运用，这样才能获得较高的灵敏度。

由于红外发光二极管的发射功率一般都较小（100mW左右），所以红外接收二极管接收到的信号比较微弱，因此就要增加高增益放大电路，最近几年大多都采用成品红外接收头。

成品红外接收头的封装大致有两种：一种采用铁皮屏蔽，一种是塑料封装。均有三只引脚，即电源正（VDD）、电源负（GND）和数据输出（VOUT）。红外接收头的引脚排列因型号不同而不尽相同，可参考厂家的使用说明。成品红外接收头的优点是不需要复杂的调试和外壳屏蔽，使用起来如同一只三极管，非常方便。但在使用时需注意成品红外接收头的载波频率。

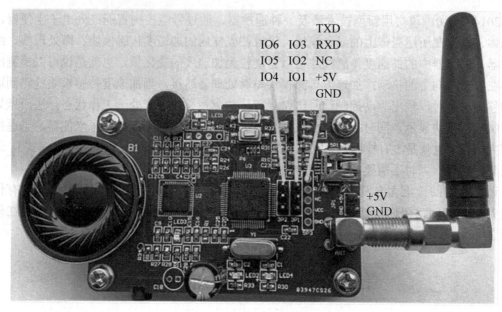

图 6-6 语音指令发射模块

红外遥控常用的载波频率为 38kHz，这是由发射端所使用的 455kHz 晶振来决定的。在发射端要对晶振进行整数分频，分频系数一般取 12，所以 455kHz÷12≈37.9 kHz≈38kHz。也有一些遥控系统采用 36kHz、40kHz、56kHz 等，一般由发射端晶振的振荡频率来决定。

红外遥控的特点是不影响周边环境、不干扰其他电器设备。由于其无法穿透墙壁，故不同房间的家用电器可使用通用的遥控器而不会产生相互干扰；电路调试简单，只要按给定电路连接无误，一般不需任何调试即可投入工作；编解码容易，可进行多路遥控。因此，红外遥控在家用电器、室内近距离（小于 10m）遥控中得到了广泛的应用。

课堂任务

1. 学习无线红外传感器的工作原理及安装知识。
2. 通过无线语音模块和无线红外模块进行空调遥控器设计。

探究活动

一、准备工具

1）工具：USB 转串口工具；2）智能模块：无线红外模块、无线继电器、无线语音模块，如图 6-6 所示；3）配置软件：IRDEBUG_V1.4.exe、ComMonitor、语音模块上位机 2016.4.3.exe。

二、语音模块和电脑的连接

语音模块和电脑之间通过 USB 转串口模块连接，首先介绍语音模块和 USB 转串口之间的连接，连接方法见《第六章第五节语音口令控制 LED 灯》的介绍。

上位机的调试程序中，如图 6-7 所示：

a）选择波特率 9600，COM2（这个串口必须是 9 以下，如果显示 9 以上时，可以修改），连接语音模块。

b）配置红外控制指令，如图 6-1 所示，红外模块默认无线地址为 0001（必须是四位），无线地址栏输入 0001，在无线数据栏输入#SENDXX，XX 表示要发送的红外键值序号，例如，#SEND01 表示发送存储序号（这是在无线红外学习测试软件 IRDEBUG_V1.4.exe 中提到的序号）为 1 的红外指令。

例 1：要设置一个"打开空调"指令，在无线地址栏输入 0001，对应的无线数据栏输入#SEND01，在无线红外学习测试软件学习空调遥控器"开"状态时，学习功能存储序号必须是 1，发射"开"的存储序号也是 1。

例 2：再设置一个"关闭空调"指令，在无线地址栏输入 0001，对应的无线数据栏输入#SEND02，在无线红外学习测试软件学习空调遥控器"关"状态时，学习功能存储序号必须是 2，发射"开"的存储序号也是 2。

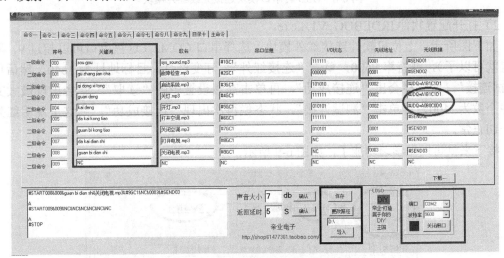

图 6-7　语音模块上位机设置

三、无线红外模块配置

首先按照红外模块使用说明，让红外模块学习你想要发送的按键，学习完毕后打开语音模块上位机，在无线地址栏填入"0001"，无线数据栏填"#SEND01"（#SEND 是识别码，后面的字母表示学习的红外键值序号，例如，你要发送学习到的第一个按键就填#SEND01，你要发送第二个学习到的按键，就填#SEND02），下载这些命令到语音模块，当喊出关键词后，语音模块就会控制红外模块发出学习的对应序号的红外键值。

1）USB 转串口模块连接无线红外模块，如图 6-8 所示，按图连接，不能接错。

USB 转串口的 3.3V——不接，空

USB 转串口的 5V——无线红外模块的 VCC

USB 转串口的 TXD——无线红外模块的 RXD

USB 转串口的 RXD——无线红外模块的 TXD

USB 转串口的 GND——无线红外模块的 GND

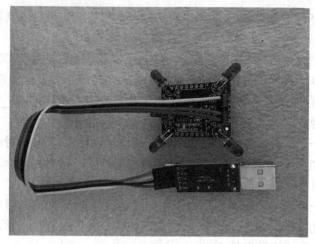

图 6-8　USB 转串口模块连接无线红外模块

2）打开配置软件 IRDEBUG_V1.4.exe。

如下图所示，上位机软件连接红外模块：选择串口 COM2（这里串口可以超过 9，取默认值就可以了），波特率 9600，单击"连接红外"，灯变红灯，目标地址为 3640，然后单击"测试连接"，状态栏会出"连接成功"，再单击高级设置中的"读取"，就会出现最大支持脉冲个数为 400，再单击"测试连接"，状态栏再次出现"连接成功"，到这里说明红外模块一切正常。

接下来就可以做学习功能了，如图 6-9 所示。

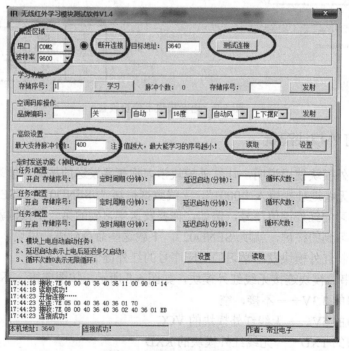

图 6-9　配置上位机软件

在学习功能的存储序号依次 1（第一个功能），点"学习"，红外模块板上亮红灯，在状态栏中显示正在学习，然后用空调遥控器红外灯对准红外模块的接收端，再按空调遥控器开关，直到无线红外模块板上的红灯熄灭，脉冲个数从 0 变为具体值时，说明学习成功，如图 6-10 所示。

图 6-10　无线红外模块学习空调遥控器

确认红外学习成功：存储序号输入 1，然后单击发射按钮，将发出红外射线，若红外受控设备在可接收范围内，将响应此命令。以此类推可以学习 2 号到更多红外指令。大功告成了，如图 6-11 所示。

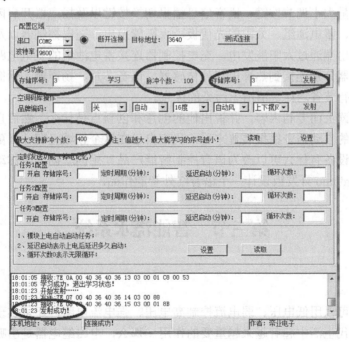

图 6-11　红外发射按钮

成果分享

当你完成作品制作之后，请你的朋友、老师或同学帮你测试刚做好的语音红外遥控器，把语音模块和红外模块都通上电（可以用充电宝供电），让他们面对无线语音模块说"爱丽丝"，等机子回应之后，再说"启动系统"，等机子回答"启动完毕"，你再说"打开空调"，无线红外模块要面向空调区域，等空调起动 5 分钟之后（这里只是怕立即关机会伤害空调），再说"关闭空调"，看看空调是否关闭。

你也可以把制作过程及效果拍成 DV 发到朋友圈或学校创客分享平台，让身边的亲戚、朋友、老师、同学来分享你的成果。让更多的人来分享你的成果，也能收到更多的意见，让你的作品更加完善。

思维拓展

本次实验只是完成空调红外遥控功能。对风扇、电视、电饭煲、台灯、音响等设备也可以用语音遥控器进行控制。如何设定相关参数？

除了红外遥控功能外，还能不能用红外遥控功能与 Arduino 实现远程控制，让工业、农业等设备实现智能化？还有，校园内的设备、设施有没有改进空间？

想创就创

江苏商贸职业学院高敏发明的红外识别自动语音播报装置，专利号为：201620057141.1，该实用新型设计公开了一种红外识别的自动语音播报装置，包括：红外传感单元，包括双探头的热释电红外传感器；音频单元，包括语音芯片以及分别与语音芯片电连接的扬声器和话筒；控制器，分别与热释电红外传感器、语音芯片电连接；按键单元，包括分别与控制器电连接的扬声器音量大小调节按键、语音信息播报切换按键以及扬声器开启闭合按键；电源单元，包括逆变器、蓄电池组、太阳能光伏板、太阳能发电、充电控制器以及角度调节器；太阳能光伏板的输出端通过太阳能发电，充电控制器连接蓄电池组的充电电路；蓄电池组的放电电路通过逆变器分别连接到热释电红外传感器、语音芯片、扬声器、话筒以及控制器。该实用新型设计具有节省功耗、清洁无污染的优点。

请您仔细阅读上面专利内容，并说出他的创意和创新点是什么，然后自己想想有什么启发？从红外识别的自动语音播报装置来看，我们自己在这个领域里有什么更好的想法，特别是校园的设施、设备有什么可以改为语音控制智能产品？想创就创，请你动起手来，采用无线红外模块与 Arduino 开发板设计一个语音红外智能作品。

第三节 智能浇水系统

知识链接

电磁继电器可以用低电压、弱电流控制高电压、强电流电路，还可实现远距离操纵和生产自动化，在现代生活中起着越来越重要的作用。那么，电磁继电器是由哪些部分组成的？它是怎样实现自动控制的呢？

1. 电磁继电器的构造

电磁继电器的构造如图 6-12 所示，A 是电磁铁，B 是衔铁，C 是弹簧，D 是动触点，E 是静触点。电磁继电器工作电路由低压控制电路和高压工作电路组成。控制电路是由电磁铁

A、衔铁 B、低压电源 E1 和开关组成；工作电路是由小灯泡 L、电源 E2 和相当于开关的静触点、动触点组成。连接好工作电路，在常态时，D、E 间未连通，工作电路断开。用手指将动触点压下，则 D、E 间因动触点与静触点接触而将工作电路接通，小灯泡 L 发光。闭合开关 S，衔铁被电磁铁吸下来，动触点同时与两个静触点接触，使 D、E 间连通。这时弹簧被拉长，观察到工作电路被接通，小灯泡 L 发光。断开开关 S，电磁铁失去磁性，对衔铁无吸引力。衔铁在弹簧的拉力作用下回到原来的位置，动触点与静触点分开，工作电路被切断，小灯泡 L 不发光。

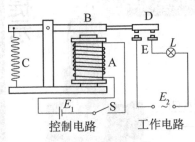

图 6-12　电磁继电器

2. 电磁继电器的工作原理

工作原理：电磁铁通电时，把衔铁吸下来使 D 和 E 接触，工作电路闭合。电磁铁断电时失去磁性，弹簧把衔铁拉起来，切断工作电路。

结论：电磁继电器就是利用电磁铁控制工作电路通断的开关。用电磁继电器控制电路的好处：用低电压控制高电压；远距离控制；自动控制。

3. 电磁继电器的应用

防汛报警器：K 是接触开关，B 是一个漏斗形的竹片圆筒，里面有个浮子 A，水位上涨超过警戒线时，浮子 A 上升，使控制电路接通，电磁铁吸下衔铁，于是报警器指示灯电路接通，灯亮报警，如图 6-13 所示。

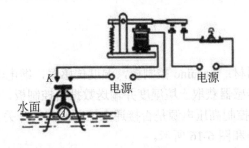

图 6-13　防汛报警器

4. 电动阀门开关

电动阀门动作力矩比普通阀门大，电动阀门开关动作速度可以调整，结构简单，易维护，可用于控制空气、水、蒸汽、各种腐蚀性介质、泥浆、油品、液态金属和放射性介质等不同类型流体的流动。而传统的气动阀门动作过程中因气体本身的缓冲特性，不易因卡住而损坏，但必须有气源，且其控制系统也比电动阀门复杂。本类阀门在管道中一般应当水平安装。

工作原理：电动阀通常由电动执行机构和阀门组成。电动阀使用电能作为动力来通过电动执行机构驱动阀门，实现阀门的开关动作。从而达到对管道介质的开关目的。电磁阀是电动阀的一个种类；是利用电磁线圈产生的磁场来拉动阀芯，从而改变阀体的通断，线圈断电，阀芯就依靠弹簧的压力退回，如图 6-14 所示。

图 6-14　电磁阀

主要用途：电动阀：用于液体、气体和风系统管道介质流量的模拟量调节，是 AO 控制。在大型阀门和风系统的控制中也可以用电动阀做两位开关控制。

课堂任务

任务：为出差人士自动打理阳台植物，设计一个全自动浇水系统。自动浇水器能够实现对于土壤湿度的调控，在土壤湿度低于植物所需水量值时自动浇水，直到湿度达到植物所需湿度时才停止浇水，实现阳台、蔬菜大棚全智能浇水管理系统。减轻出差人士和菜农的后顾之忧。

探究活动

1. 准备所需器材：器材：Arduino 控制板，湿度传感器，继电器，阀门。
2. 硬件连接：湿度传感器获取土壤湿度并输送数据给控制板，由控制板处理数据并发送指令给继电器，由继电器控制高压电源是否接通来控制阀门的开关。

连接方法：如图 6-15 和图 6-16 所示。

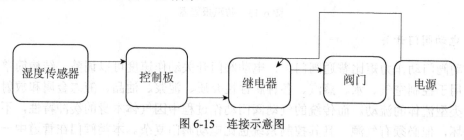

图 6-15　连接示意图

第六章 智能生活

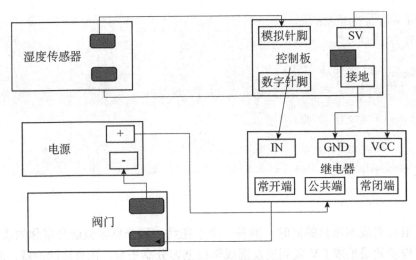

图 6-16 系统连接示意图

本实验装置，采用了土壤湿度传感器、12V 电磁阀门开关、低电平控制强电的继电器。具体直接方式如右图所示，土壤湿度传感器的信号线接入 Arduino 的 A0 针脚，土壤湿度传感器驱动采用直流 5V 电源，直接接入 Arduino 的+5V 与 GND，土壤湿度传感器插入待浇水植物的土壤里；电磁阀门驱动电源部分一边接固定电池的负极，一边接继电器的常开端，继电器的公共端接到固定电池的正极；继电器的驱动信号 IN 接入 Arduino 主板的第 8 针脚，继电器的驱动电源接入 Arduino 的自带电源+5V 和 GND。电磁阀门铜管部分一头接进入管，一头接对准待浇水植物的出口管，如图 6-17 所示。

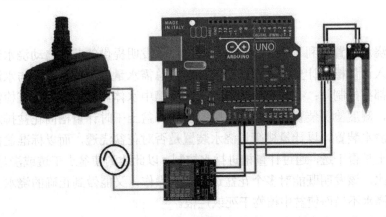

图 6-17 智能浇水系统

程序设计

```
void setup()
{
pinMode(A0,INPUT);
pinMode(8,OUTPUT);
}
void loop()
{
```

```
int n = analogRead(A0);
if (n <300 )
{
  digitalWrite(8,HIGH);
if(n >=600 )
{
  digitalWrite(8,LOW);
}
}
}
```

成果分享

请各小组在完成本项目的同时，准备一个小花盘，到分享区验证分享你的成果，你也可以把制作过程及效果拍成 DV 发到朋友圈或学校创客分享平台，让身边的亲戚、朋友、老师、同学来分享你的成果。

思维拓展

本项目是对植物进行自动浇水，通过电磁阀门自动控制自来水的开与关，达到实验目的。当植物营养不足时，可不可以进行自动施肥呢，如何设计？

我国是农业大国，拥有众多的农田和果园。除了自动浇水和施肥之外，更需要科学管理，农民要知道何时缺水与缺肥，当农作物出现缺水和缺肥情况时，能不能把这些数据上传回家里以方便管理呢？

想创就创

花盆自动浇水装置专利号：201410724130.X，该发明提供的花盆自动浇水装置，在水源与花盆之间接入计量槽，计量槽容积在所连接花盆总需水量以上；计量槽与水源之间、计量槽与花盆之间都有控制阀；有一只标准盆连接计量槽中水体，盆土底处埋有检测盆土湿度的湿度检测装置，湿度检测装置连接控制电路；当测得盆土干时计量槽向花盆排水。本发明提供的花盆自动浇水装置，以计量槽衡量浇水装置是否对花盆浇透，而以标准盆内的湿度检测装置来衡量盆土是否干透，通过计量槽进排水控制，以此达到使盆土干透或浇足的浇水需求。与现有技术相比，该发明既能对多个花盆进行浇水操作，又能做到正确的浇水方式，避免了投资过高和因浇水不当而使盆中植物干死或烂根。

请您仔细阅读上面专利内容，并说出他的创意和创新点是什么，然后自己想想有什么启发？想创就创，请你动起手来，采用传感器制作一个远程控制智能作品。

第四节 自动灭火器

知识链接

火焰传感器，flame transducer 火焰是由各种燃烧生成物、中间物、高温气体、碳氢物质以及无机物质为主体的高温固体微粒构成的。火焰的热辐射具有离散光谱的气体辐射和连续光谱的固体辐射。不同燃烧物的火焰辐射强度、波长分布有所差异，但总体来说，其对应火焰温度的 1~2μm 近红外波长域具有最大的辐射强度。例如，汽油燃烧时的火焰辐射强度的波长。

火焰传感器是机器人专门用来搜寻火源的传感器。当然，火焰传感器也可以用来检测光线的亮度，只是本传感器对火焰特别灵敏。火焰传感器利用红外线对火焰非常敏感的特点，使用特制的红外线接收管来检测火焰，然后把火焰的亮度转化为高低变化的电平信号，输入到中央处理器中，中央处理器根据信号的变化做出相应的程序处理。

远红外火焰传感器功能用途：远红外火焰传感器可以用来探测火源或其他一些波长在 700nm~1000nm 范围内的热源。在机器人比赛中，远红外火焰探头起着非常重要的作用，它可以用作机器人的眼睛来寻找火源或足球。利用它可以制作灭火机器人、足球机器人等。

原理介绍：远红外火焰传感器能够探测到波长在 700nm~1000nm 范围内的红外光，探测角度为 60°，其中红外光波长在 880nm 附近时，其灵敏度达到最强。远红外火焰探头将外界红外光的强弱变化转化为电流的变化，通过 A/D 转换器反映为 0~255 范围内数值的变化。外界红外光越强，数值越小；红外光越弱，数值越大。

紫外火焰传感器可以用来探测火源发出的 400nm 以下热辐射。原理介绍：通过下紫外光，可根据实际设定探测角度，紫外透射可见吸收玻璃（滤光片）能够探测到波长在 400nm 范围以内以其中红外光波长在 350nm 附近时，其灵敏度达到最强。紫外火焰探头将外界红外光的强弱变化转化为电流的变化，通过 A/D 转换器反映为 0~255 范围内数值的变化。外界紫外光越强，数值越小；紫外光越弱，数值越大。

课堂任务

当前市场上的智能灭火器，是温度达到 100℃ 以上才能启动爆炸装置。但实际上当现场达到 100℃ 时，火情已经无法控制了，起不到自动灭火效果。因此，请大家利用电磁阀门和 Arduino、火陷传感器、ABC 干粉灭火器，实现一个自动灭火器装置。

探究活动

1. 准备所需器材：电磁阀门和 Arduino、火焰传感器、ABC 干粉灭火器、9V 电池和 24V 电池。

2. 硬件连接：本实验装置，采用了火焰传感器、24V 电磁阀门开关。火焰传感器的信号线接入 Arduino 的 3 针脚，火焰传感器驱动电源采用直流 5V，直接接入 Arduino 的+5V 与 GND，火焰传感器面向保护位置；电磁阀门驱动电源部分一边接固定 24V 电池的负极，一边接继电器的常开端，继电器的公共端接到固定电池的正极；继电器的驱动信号 IN 接入 Arduino 主板的第 7 针脚，继电器的驱动电源接入 Arduino 的自带电源+5V 和 GND。电磁阀门铜管部分一头接进入 ABC 干粉灭火器，一头接对准要保护的位置。Arduino 接上 9V 电池，如图 6-18 所示。

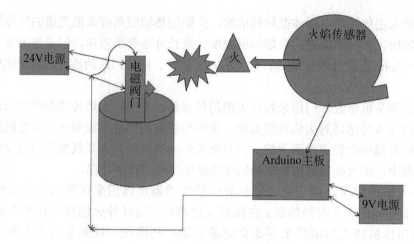

图 6-18　自动灭火器连接示意图

3．工作原理：当火焰传感器感应到有火时，信号传给 Arduino 主板第 3 脚，然后给电磁阀门开关发出高电平，电磁阀门开关打开阀门实现灭火。

4．编写控制程序，然后单击"校验"，再单击"下载"。

程序设计

```
int delay3=7; //控制电磁阀门的继电器信号端
void setup()
{
pinMode(delay3,OUTPUT);
}
void loop()
{
int fire=analogRead(3); //火陷传感器接 3 脚
if (fire>200){                    //附近有火时，读出来的数据是 200 以上的。
digitalWrite(delay3,HIGH);
}
}
```

成果分享

将程序下载到 Arduino 开发板后，要到空旷地方进行实验，灭火器不能对向人，一定要检查好所有装置，火焰传感器和灭火器射出管都要指向火源。当实验成功之后，你可以把制作过程及效果拍成 DV 发到朋友圈或学校创客分享平台，让身边的亲戚、朋友、老师、同学来分享你的成果。

思维拓展

自动灭火器，利用火焰传感器作为启动灭火条件装置，如果换成温度、烟感等传感器，Arduino 程序要改变吗，如何设计？

从本实验过程来看，机器感知是一连串复杂程序所组成的大规模信息处理系统，信息通常由很多常规传感器采集，经过这些程序的处理后，会得到一些非基本感官能得到的结果。

机器感知（Machine perception）或机器认知（Machine Recognition）研究如何用机器或计算机模拟、延伸和扩展人的感知或认知能力，包括：机器视觉、机器听觉、机器触觉……如：计算机视觉（Computer Vision）、模式（文字、图像、声音等）、识别（pattern Recognition）、自然语言理解（Natural Language Understanding）……都是人工智能领域的重要研究内容，也是在机器感知或机器认知方面高智能水平的计算机应用。

如果智能机器感知技术将来能够得到正确运用，智能交通详细数据采集系统的研发、科学系统的分析、改造现有的交通管理体系，对缓解城市交通难题将会有极大帮助。例如，利用逼真的三维数字模型展示人口密集的商业区、重要文物古迹旅游点等；以不同的观测视角，为安全设施的位置部署、提早预防和对突发事件的及时处理等提供实时监测数据，为维系社会公共安全提供保障。

想创就创

长春市远洋塑胶制品有限公司发明了一种自动灭火器，其国家专利号：201310753494.6。该发明公开了一种自动灭火器装置，包括发射筒、灭火介质容器、安全盖、底盘、点火弹簧、发射药筒、引信、启动连杆、启动弹簧和启动键。在使用本发明所提供的自动灭火器时，仅需先将安全盖取下，再将发射筒开口处对准火源，最后按下启动键即可。该发明提供的自动灭火器体积小、结构紧凑，以发射药替代压缩空气，通过发射药燃爆瞬间产生的高压气流与冲击波动灭火介质形成延伸气体动力流，该气流带有强大的气流载体。不再需要传统的钢瓶和短水龙头带，有效减轻了灭火器的重量。且启动灭火器后，灭火介质在瞬间全部被释放出来，使用方法简单、快捷，缩短了使用者在火场的停留时间。

请您仔细阅读上面专利内容，并说出他的创意和创新点是什么，然后自己想想有什么启发？想创就创，请你动起手来，设计一个智能控制作品。

第五节　Arduino 音乐播放器

知识链接

蜂鸣器是一种一体化结构的电子讯响器，采用直流电压供电，广泛应用于电子玩具、定时器等电子产品中作发声器件。蜂鸣器分有源和无源。如果是有源的，单片机只要输出高低电平就可以，如果是无源的，单片机就要输出 PWM 波才可以让蜂鸣器发声。

音乐的音符与 Arduino 程序存在一定的关联，要把音符转化为 Arduino 能识别的语言。如：1=bB 是指：简谱上的 1 等于五线谱中的降 B（即降 si）；4/4 是拍好，意思是以四分音符为一拍，每小节有四拍；我们知道，音符节奏分为一拍、半拍、1/4 拍、1/8 拍，我们规定一拍音符的时间为 1；半拍为 0.5；1/4 拍为 0.25；1/8 拍为 0.125……所以我们可以为每个音符赋予这样的拍子，然后播放出来，音乐就成了。

好了，我们看看如何将简谱翻译成对应频率和拍子。规律就是时间上单个音符没有下划线，就是一拍（1），有下划线是半拍（0.5），两个下划线是四分之一拍（0.25），即"—"=前面音符的拍子+1【有几个+1 就有几拍】；频率上就是按照音符是否带点，点在上还是在下到表中查找就可以了。至此原理清楚，随便拿个简谱来我们都可以翻译成代码了。

课堂任务

任务一：1. 学习相关的音符知识。

任务二：2. 用所学知识以生日快乐歌为例编写程序让 Arduino 音乐播放器。

探究活动

1. 准备实验所需器材：5V 有源蜂鸣器，Arduino uno，杜邦线。

2. 硬件连接：蜂鸣器正极连 Arduino Digital4；蜂鸣器负极连 Arduino GND，连接方法如图 6-19 所示。

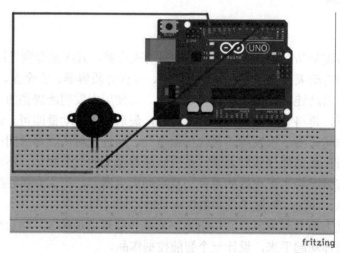

图 6-19　音乐播放器连接示意图

3. 编写控制程序，单击"校验"，再单击"下载"。

程序设计

```
int PIN_SPEAKER = 4;
int length = 25;
char notes[] = "ggagCbggagDCggGECbaffECDC";
int beats[] = {1,1,2,2,2,4, 1,1,2,2,2,4, 1,1,2,2,2,2,2, 1,1,2,2,2,4,1};
int tempo = 300;

void playTone(int tone, int duration) {
  for (long i = 0; i < duration * 1000L; i += tone * 2) {
    digitalWrite(PIN_SPEAKER, HIGH);
    delayMicroseconds(tone);
    digitalWrite(PIN_SPEAKER, LOW);
    delayMicroseconds(tone);
  }
}

void playNote(char note, int duration) {
  char names[] = {'c', 'd', 'e', 'f', 'g', 'a', 'b', 'C', 'D', 'E', 'F', 'G'};
```

```
  int tones[] = {1915, 1700, 1519, 1432, 1275, 1136, 1014, 956, 853, 759, 716,
637, 568};

  for (int i = 0; i < 12; i++) {
    if (names[i] == note) {
      Serial.print("value:");
      Serial.println(note);
      playTone(tones[i]*2, duration);
    }
  }
}

void setup() {
  pinMode(PIN_SPEAKER, OUTPUT);
}

void loop() {
  for (int i = 0; i < length; i++) {
    if (notes[i] == ' ') {
      delay(beats[i] * tempo);
    } else {
      playNote(notes[i], beats[i] * tempo);
    }
    delay(tempo / 2);
  }
}
```

成果分享

本实验案例是以生日快乐歌为例，通过音符、节拍转换成程序代码，然后由蜂鸣器播放生日快乐歌。同学们完成自己的作品之后，可以让其他同学一起来分享，也可以把自己的经验介绍给同学们听，特别是对音乐有爱好的同学，可以把制作过程及效果拍成 DV 发到朋友圈或学校创客分享平台，让身边的亲戚、朋友、老师、同学来分享你的成果，让更多的人能喜欢你的 Arduino 播放器。

思维拓展

Arduino 播放器是一个简单的程序，而且是有源蜂鸣器，通过它们实现了 Arduino 能唱歌的实证案例，打开音乐生的创客之路，让音乐生不会远离创新科技，创新科技也能为音乐界带来新的元素。

《生日快乐》是比较简单的音乐，有没有兴趣编写一首更复杂的歌曲呢，如《爱拼才会赢》，这首歌曲如何做呢？

本案例采用的是有源蜂鸣器，播放的音质较差，如何改进？有源蜂鸣器能否换成音响，或者把音响系统与 Arduino 连接，改善音质，拓宽 Arduino 音乐创客之路。

想创就创

浙江大学城市学院的丁金婷、马挺、黄敏、蔡刚刚、沈乐共同发明了《基于 Arduino 控制的音乐喷泉》专利号为 201320709557.3，该实用新型设计公开了一种基于 Arduino 控制的音乐喷泉，包括喷泉模型、振动传感器、MP3 模块、电机驱动模块、喷头模块和 Arduino 控制单元；所述的振动传感器输出端与 Arduino 控制单元输入端信号连接；所述的 MP3 模块输入端与 Arduino 控制单元输出端信号连接；所述的电机驱动模块输入端与 Arduino 控制单元输出端信号连接；所述的喷头模块输入端与电机驱动模块输出端信号连接。该实用新型设计的有益效果是：可以极大地提高音乐喷泉与人们之间的互动趣味性，让人们能够更好地享受音乐喷泉带来的自然美和艺术美。

请您仔细阅读上面专利内容，并说出他的创意和创新点是什么，然后自己想想有什么启发？想创就创，请你动起手来，请你制作一个音乐智能控制作品。

第六节　Arduino 感温杯

知识链接

DS18B20 数字温度传感器：多数同学在入门学习时会使用 LM35 温度传感器（该传感器为模拟信号，需转换），由于笔者在最初购买时没有注意，直接买了 DS18B20，所以在这一节的实验中就使用了这个传感器。

DS18B20 是常用的数字温度传感器，具有体积小、硬件开销低、抗干扰能力强、精度高的特点。DS18B20 数字温度传感器接线方便，封装成形后可应用于多种场合，如管道式、螺纹式、磁铁吸附式、不锈钢封装式，型号多种多样，有 LTM8877、LTM8874 等等。

DS18B20 引脚定义：（1）DQ 为数字信号输入/输出端；（2）GND 为电源地；（3）VDD 为外接供电电源输入端（在寄生电源接线方式时接地）。

（1）实物及管脚排列图

面对平面，左边为接地，中间 DQ 为数字信号输入输出端，VDD 为外接供电电源输入端，电源供电 3.0～5.5V（在寄生电源接线方式时接地），DS18B20 实物图如图 6-20 所示。

（2）DS18B20 的硬件接口非常简单。供电方式为寄生电源供电或外部供电。寄生电源供电（连接方法如图 6-21 所示）的原理是在数据线为高电平的时候"窃取"数据线的电源，电荷被存储在寄生供电电容上，用于在数据线为低电平的时候为设备提供电源。需要注意的是，DS18B20 在进行温度转换或者将高速缓存里面的数据复制到 EEPROM 中时，所需的电流会达到 1.5mA，超出了电容所能提供的电流，此时可采用一个 MOSFET 三极管来供电。

当 DS18B20 采用外部供电时，只需将其数据线与单片机的一位双向端口相连就可以实现数据的传递。

图 6-20　DS18B20 实物图

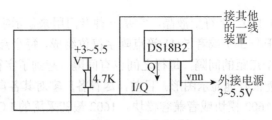

图 6-21 供电方式

注意：当温度高于100℃时，不能使用寄生电源，因为此时器件中较大的漏电流会使总线不能可靠检测高低电平，从而导致数据传输误码率的增大。

DS18B20 内部结构主要由四部分组成：64 位光刻 ROM、温度传感器、非挥发的温度报警触发器 TH 和 TL、配置寄存器。DS18B20 的外形及管脚排列如图 6-22 所示。

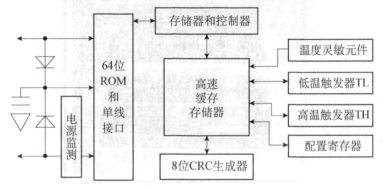

图 6-22 DS18B20 内部结构图

DS18B20 工作原理：DS18B20 的读写时序和测温原理与 DS1820 相同，只是得到的温度值的位数因分辨率不同而不同，且温度转换时的延时时间由 2s 减为 750ms。DS18B20 测温原理如图 6-23 所示。图中低温度系数晶振的振荡频率受温度影响很小，用于产生固定频率的脉冲信号送给计数器 1。高温度系数晶振随温度变化其振荡率明显改变，所产生的信号作为计数器 2 的脉冲输入。计数器 1 和温度寄存器被预置在−55℃所对应的一个基数值。计数器 1 对低温度系数晶振产生的脉冲信号进行减法计数，当计数器 1 的预置值减到 0 时，温度寄存器的值将加 1，计数器 1 的预置将重新被装入，计数器 1 重新开始对低温度系数晶振产生的脉冲信号进行计数，如此循环直到计数器 2 计数到 0 时，停止温度寄存器值的累加，此时温度寄存器中的数值即为所测温度。图 6-23 中的斜率累加器用于补偿和修正测温过程中的非线性，其输出用于修正计数器 1 的预置值。

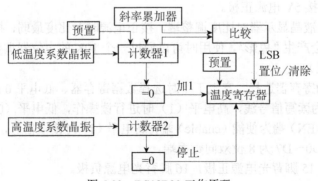

图 6-23 DS18B20 工作原理

1602 液晶板：也叫 1602 字符型液晶，它是一种专门用来显示字母、数字、符号等的点阵型液晶模块。它由若干个 5×7 或者 5×11 等点阵字符位组成，每个点阵字符位都可以显示一个字符，每位之间有一个点距的间隔，每行之间也有间隔，起到了字符间距和行间距的作用，正因为如此导致了它不能很好地显示图形。目前，尽管各厂家对其各自产品命名不尽相同，但均提供几乎同样规格的 1602 模块或者兼容模块。1602 最初采用的 LCD 控制器是 HD44780，在各厂家生产的 1602 模块中，基本上也都采用了与之兼容的控制 IC，所以从特性上来看它们基本上是一样的。因此，我们买到的 1602 模块，在端口标记上可能有所不同，有的从左向右，有的从右向左，但特性上是一样的。本实验中使用的 1602 液晶板，最里面的孔为 1 号，最靠近边上的孔为 16 号，如图 6-24 所示。

图 6-24　1602 液晶板

1602 液晶板各类参数如表 6-1 所示。

表 6-1　1602 液晶板参数

显示容量	16*2 个字符
芯片工作电压	4.5－5.5V
工作电流	2，0MA（5.0V）
模块最佳工作电压	5.0V
字符尺寸	2.95*4.35（WXH）mm

1602 管脚介绍：
第 1 脚：VSS 为电源负极。
第 2 脚：VCC 接 5V 电源正极。
第 3 脚：V0 为液晶显示器对比度调整端，接正电源时对比度最弱，接地电源时对比度最高（对比度过高时会产生"鬼影"，使用时可以通过一个 10K 的电位器调整对比度，本实验使用了一个 1KΩ 电阻）。
第 4 脚：RS 为寄存器选择，高电平 1 时选择数据寄存器、低电平 0 时选择指令寄存器。
第 5 脚：RW 为读写信号线，高电平（1）时进行读操作，低电平（0）时进行写操作。
第 6 脚：E（或 EN）端为使能（enable）端，高电平（1）时读取信息，负跳变时执行指令。
第 7～14 脚：D0～D7 为 8 位双向数据端。
第 15～16 脚：15 脚背光电源正极，16 脚背光电源负极。

1602 字符集介绍：

1602 液晶模块内部的字符发生存储器已经存储了 160 个不同的点阵字符图形，这些字符有：阿拉伯数字、英文字母的大小写、常用的符号和日文假名等，每一个字符都有一个固定的代码，比如大写的英文字母"A"的代码是 01000001B（41H），显示时模块把地址 41H 中的点阵字符图形显示出来，我们就能看到字母"A"。

1602 的 16 进制 ASCII 码表地址可从百度搜索，这里不再列出，只写用法。如：感叹号！的 ASCII 为 0×21，字母 B 的 ASCII 为 0×42。

课堂任务

任务一：学习了解 DS18B20 数字温度传感器相关知识及工作原理。
任务二：直接使用 Arduino 自带的 Liquid Crystal 库来进行驱动液晶显示方法。
任务三：制作一个能通过亮灯个数来显示水杯温度高低的感温杯。

探究活动

1. 所需器材：LED 灯：3 个；电阻：1KΩ（1 个）、4.7KΩ（1 个）；杜邦线：若干；面包板：一个；DS18B20 数字温度传感器一个；Arduino 板一个；1602 液晶板一个。

2. 硬件连接方法：直接使用 Arduino 自带的 Liquid Crystal 库来进行驱动液晶，此库文件允许 Arduino 控制板控制基于 Hitachi HD44780 或与之相兼容芯片大部分的液晶，可以工作于 4bit 或者 8bit 状态。下图为我们所使用的 Arduino 的 LiquidCrystal 库文件位置，只有这里显示的库文件，Arduino 才可以调用。当然也可以自己导入库文件。另外，这里需要使用 One Wire 库和 Dallas Temperature 库（读取相应地址传感器），这两个库需要下载后，自己导入，如图 6-25 所示。

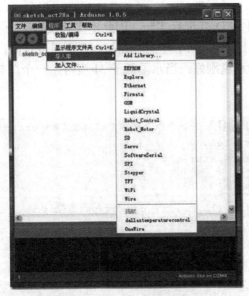

图 6-25　导入库文件示意图

连接线路如图 6-26 所示，液晶与 Arduino 连接采用 4 位连接法，可以省出几个数字端口。通过感温杯可以直观地了解杯内水温的高低，当水温超过一定温度时，会有相应的灯亮起以提示水温。

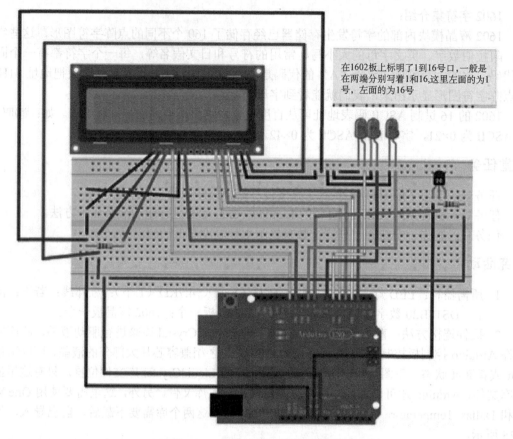

图 6-26 1602 液晶板连接示意图

由于没有多种颜色的 LED 灯进行实验，因此本实验使用三个 LED 灯，用亮灯的个数来表示水温。当水温高于 41℃时，三个灯同时亮起，表示温度过高；当水温界于 31℃与 40℃之间，两个灯亮起，表示水温刚好；当水温低于 31 度时，一个灯亮起，表示水温过低。

程序设计

```
//上传以下程序之前，必须导入 One Wire 库和 Dallas Temperature 库，否则出错。
#include <LiquidCrystal.h>
#include <DallasTemperature.h>
#include <OneWire.h>
#define ONE_WIRE_BUS 8
LiquidCrystal lcd(12, 11, 5, 4, 3, 2);//设置接口
OneWire oneWire(ONE_WIRE_BUS);
DallasTemperature sensors(&oneWire);

void setup(void)
  {
    pinMode(6,OUTPUT);
    pinMode(7,OUTPUT);
    pinMode(9,OUTPUT);
    lcd.begin(16, 2);   //初始化 LCD
    delay(1000); //延时 1000ms
```

```
  sensors.begin();
}

void loop(void)
{
  sensors.requestTemperatures();
  if (sensors.getTempCByIndex(0)<=31.00)
  {
   digitalWrite(6,HIGH);
   digitalWrite(7,LOW);
   digitalWrite(9,LOW);
  }
  else if (sensors.getTempCByIndex(0)>31.00 && sensors.getTempCByIndex(0)<=
41.00)
  {
   digitalWrite(6,HIGH);
   digitalWrite(7,HIGH);
   digitalWrite(9,LOW);
  }
  else
  {
   digitalWrite(6,HIGH);
   digitalWrite(7,HIGH);
   digitalWrite(9,HIGH);
  }

  lcd.clear();  //清屏
  lcd.setCursor(0,0);
  lcd.print("Local Temperature");
  lcd.setCursor(0, 1) ;  //设置光标位置为第二行第一个位置
  lcd.print(" is ");
  lcd.setCursor(5, 1) ;
  lcd.print( sensors.getTempCByIndex(0));  //显示温度小数点后一位
//   delay(1000);
  lcd.print((char)223);  //显示o符号
  lcd.print("C");  //显示字母C
  delay(2000);

}
```

成果分享

从实验效果来看，当把传感器放入水杯后，温度上升，从开始亮一个灯到亮三个灯。当传感器从水杯中取出后，温度开始下降，从亮三个灯到亮一个灯。从效果看，还存在一个问题，就是温度上升和下降的速度比较慢，如何能让其瞬间测量出实际温度，截至目前，还没有更好的解决方案。

同学们，当你成功做完这个实验之后，可以把制作过程及效果拍成 DV 发到朋友圈或学校创客分享平台，让身边的亲戚、朋友、老师、同学来分享你的成果。在分享成果的同时，

请他们提出建议，请你们虚心收集他们的建议和意见，再完善自己的作品。

思维拓展

从实验效果来看，当把传感器放入水杯后，温度上升，从开始亮一个灯到亮三个灯。从效果来看是成功的，但存在几个问题：一是传感器放入水杯，水杯中的水就不能再喝了，能不能不放入水杯，要如何改进才能既达到实验效果，又确保水能喝；二是水杯温度不能瞬间测出水温，如何改进？三是感温杯如果接了一条线在外面，不能成为一体的杯子，实际用途不大，如何改为与水杯成为一体，这就需要解决电源、主板及体重问题。

同学们，想到方法了吗？改进就是创造、创造就有创新，希望您能尽快解决以上问题。

想创就创

喜越（上海）商贸有限公司的陆迅先生发明了一种感温杯，国家专利号为：201520905715.1，该实用新型设计，包括杯盖，杯盖的盖顶开有观察口，杯盖内设有透明件，所述的透明件为一嵌于杯盖内部的衬套，该衬套顶部具有与观察口配合的凸面，凸面密封满嵌于观察口内，该衬套外套设有一金属的筒体，筒体的底部低于衬套的底部，筒体底部还具有向筒体内部延伸的凸缘，衬套底部和筒体凸缘之间夹有感温贴。该实用新型设计同现有技术相比，通过金属件能够将水温准确地传递到感温贴上，感温贴通过颜色显示判断温度的高低，便于饮用者观察，如图 6-27 所示。

请您仔细阅读上面专利内容，并说出他的创意和创新点是什么，然后自己想想有什么启发？想创就创，请你动起手来，请你制作一个与温度有关的智能作品。

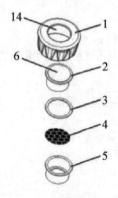

图 6-27 感温杯结构图

第七节 停车场汽车流量记录仪

知识链接

一、4 位数码管

驱动数码管限流电阻肯定是必不可少的，限流电阻有两种接法，一种是在 d1-d4 阳极接，总共接 4 颗。这种接法好处是需求电阻比较少，但是会产生每一位上显示不同数字，亮度会不一样，1 最亮，8 最暗。另外一种接法就是在其他 8 个引脚上接，这种接法亮度显示均匀，但是用电阻较多。本次实验使用 8 颗 220Ω 电阻（因为没有 100Ω 电阻，所以使用 220Ω 的代替，100Ω 亮度会比较高）。

四位数码管总共有 12 个引脚，小数点朝下正放在面前时，左下角为 1，其他管脚顺序为逆时针旋转。左上角为最大的 12 号管脚，如图 6-28 所示。

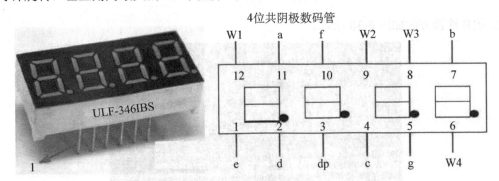

图 6-28　四位数码管

二、超声波模块

超声波传感器适用于对大幅的平面进行静止测距。普通的超声波传感器测距范围大概是 2cm～450cm，分辨率 3mm（笔者实测比较稳定的距离 10cm～2m 左右，超过此距离就有偶然不准确的情况发生了，当然不排除笔者技术问题）如图 6-29 所示。

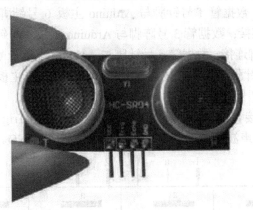

图 6-29　超声波模块

测试对象是 SRF-04 超声波传感器，如右图所示，有 4 个脚：5V 电源脚（Vcc），触发控制端（Trig），接收端（Echo），地端（GND）。

模块工作原理：采用 IO 触发测距，给至少 10us 的高电平信号；模块自动发送 8 个 40KHz 的方波，自动检测是否有信号返回；有信号返回，通过 IO 输出高电平，高电平持续的时间就是超声波从发射到返回的时间，测试距离=(高电平时间*声速(340m/s))/2。

课堂任务

利用所学知识,制作一个校园停车场车位记录仪,显示存在的车位数量。

探究活动

1. 所需器材:Arduino Uno 1 个;超声波模块 1 个;导线若干;电阻若干;4 位数码管 1 个。

2. 硬件连接方法如图 6-30 所示。

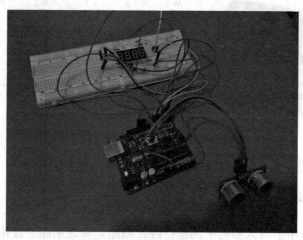

图 6-30　实物连接示意图

图 6-31 为数码管的背面,以正面小数点在下面为准。背面上面:数据管 a 号针脚与 Arduino 主板的 13 号针脚连接;数据管 f 号针脚与 Arduino 主板 6 号针脚连接;数据管 2 号针脚与 Arduino 主板 8 号针脚连接;数据管 3 号阵脚与 Arduino 主板 9 号针脚连接;数据管 b 号针脚与 Arduino 主板 2 号针脚连接;数据管 e 号针脚与 Arduino 主板 5 号针脚连接;数据管 d 号针脚与 Arduino 主板 4 号针脚连接;数据管 c 号针脚与 Arduino 主板 3 号针脚连接;数据管 g 号针脚与 Arduino 主板 7 号针脚连接。

超声波传感的 Vcc 接 Arduino 主板的 3.3V;超声波传感的 Trig 接主板的 11 号针脚;Echo 接主板的 12 号针脚;超声波传感的 GND 接 Arduino 主板的 GND。

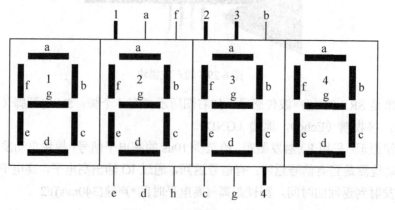

图 6-31　数码管脚示意图

3. 编写控制程序，然后单击"校验"，再单击"下载"。

程序设计

```
int a = 13;
int b = 2;
int c = 3;
int d = 4;
int e = 5;
int f = 6;
int g = 7;
int p = 10;
int d3 = 9;
int d2 = 8;
int i=1;
byte segs[7] = { a, b, c, d, e, f, g };
byte seven_seg_digits[10][7] = { { 0,0,0,0,0,0,1 },   // = 0
                                 { 1,0,0,1,1,1,1 },   // = 1
                                 { 0,0,1,0,0,1,0 },   // = 2
                                 { 0,0,0,0,1,1,0 },   // = 3
                                 { 1,0,0,1,1,0,0 },   // = 4
                                 { 0,1,0,0,1,0,0 },   // = 5
                                 { 0,1,0,0,0,0,0 },   // = 6
                                 { 0,0,0,1,1,1,1 },   // = 7
                                 { 0,0,0,0,0,0,0 },   // = 8
                                 { 0,0,0,0,1,0,0 },   // = 9
                               };
 const int TrigPin = 11;
const int EchoPin = 12;
float distance;
void setup()
{
  pinMode(d2, OUTPUT);
  pinMode(d3, OUTPUT);
  pinMode(a, OUTPUT);
  pinMode(b, OUTPUT);
  pinMode(c, OUTPUT);
  pinMode(d, OUTPUT);
  pinMode(e, OUTPUT);
  pinMode(f, OUTPUT);
  pinMode(g, OUTPUT);
  pinMode(p, OUTPUT);
  pinMode(TrigPin,OUTPUT);
  pinMode(EchoPin,INPUT);
  Serial.begin(9600);
  pinMode(i,OUTPUT);
}int y =0;
 int z =0;
void loop()
{
  digitalWrite( TrigPin,LOW);
```

```
  delayMicroseconds(5);
  digitalWrite(TrigPin,HIGH);
  delayMicroseconds(10);
  digitalWrite(TrigPin,LOW);
   distance = pulseIn(EchoPin,HIGH)/120;
   Serial.println(analogRead(A5));  //串口输出 A5 读取到的值
   delay(200);     //延时 200 毫秒
   if(distance<=10)

{
 y = y+1 ;
 delay(1000);
}
  if(distance>10 && distance<20){
   y=y-1;
 delay(1000);}

  if(y<0){
 y=9;
 z=z-1;}
   if(y>=10)
{
 y = 0;
 z = z+1;
}
   if(z>=3)
{
 z=3;
 y=0;
 digitalWrite(p,HIGH);
}else{
    digitalWrite(p,LOW);
}
 if(z<0){
   y=0;
   z=0;
}

clearLEDs();
 pickDigit(1);
 lightSegments(z);
 delayMicroseconds(1300);
clearLEDs();
 pickDigit(2);
 lightSegments(y);
 Serial.println(distance);
}
void pickDigit(int x)   //定义 pickDigit(x),其作用是开启 dx 端口
{
 digitalWrite(d2, LOW);
 digitalWrite(d3, LOW);
```

```
switch(x)
 {
 case 1:
   digitalWrite(d2, HIGH);
   break;
 default:
   digitalWrite(d3, HIGH);
   break;
 }
}
void clearLEDs()    //清屏
{
 digitalWrite(a, HIGH);
 digitalWrite(b, HIGH);
 digitalWrite(c, HIGH);
 digitalWrite(d, HIGH);
 digitalWrite(e, HIGH);
 digitalWrite(f, HIGH);
 digitalWrite(g, HIGH);
}
void lightSegments(int x) {
 for (int i = 0; i < 7; i++) {
   digitalWrite(segs[i], seven_seg_digits[x][i]);
 }
}
```

成果分享

同学们，将程序下载到 Arduino 开发板后，数码管上能显示数字，当有汽车路过时，能记录下来，说明你成功了。请你把制作过程及效果拍成 DV 发到朋友圈或学校创客分享平台，让身边的亲戚、朋友、老师、同学来分享你的成果。并接受他们的建议，收集好建议，再进一步完善作品。

思维拓展

1. 请大家想一想，看一看，四位数码管的作用是什么？在程序中是哪段语句实现此功能的？
2. 超声波传感器模块是测距离的，如何实现记录车位数，在程序中是如何实现的？
3. 关于车位计数装置方面的专利。专利号：201521034795.4，车位计数器的停车计数装置：包括两组对射型光电开关、控制器和车位计数器；其中每组对射型光电开关又包括相对设置的光电发射端和光电接收端，两组对射型光电开关分布设置在火车铁轨的两侧；两组对射型光电开关接收端在受车厢遮挡时将开关量送入控制器中用以判断是否有车辆通过、车辆经过时是停止还是行进；车位计数器为控制器提供过车开始触发信号，控制器为车位计数器提供在过车过程中是否车辆停止的信息；车位计数器根据控制器送来的车停信息锁定车位计数过程，并在车行时恢复计数。该实用新型技术能够弥补车位计数器工作过程中遇到车辆停止时，难以继续计数的弊端，避免车位计数过程清零，能够弥补车位计数器功能上的不足，结构简单、可靠。

想创就创

一种基于路边停车场的车位地理信息采集及车位检测方法（专利号：201310590019.1），其特征在于，①通过 GPS 卫星接收装置与后台服务器配合，在后台服务器生成与空间物理位置绑定的车位号记录，实现车位地理信息采集功能；②后台服务器通过与空间物理位置绑定的停车位记录，并通过安装在每个车位的两侧边线附近的车位检测器进行车位检测。

请您仔细阅读上面专利内容，并说出他的创意和创新点是什么，然后自己想想有什么启发？想创就创，请你动起手来，制作一个学校宿舍人流量实时计数仪。

第八节　RFID-RC522 读取门禁 IC 卡信息

知识链接

RFID 简介：射频识别即 RFID（Radio Frequency Identification）技术，又称无线射频识别，是一种通信技术，可通过无线电讯号识别特定目标并读写相关数据，而无须识别系统与特定目标之间建立机械或光学接触。常用的有低频（125k~134.2K）、高频（13.56Mhz）、超高频、微波等。RFID 读写器也分移动式的和固定式的，目前 RFID 技术应用很广，如：图书馆，门禁系统，食品安全溯源等，如图 6-32 所示复旦卡和 RC522 芯片。

RFID 技术的基本工作原理并不复杂：标签进入磁场后，接收解读器发出的射频信号，凭借感应电流所获得的能量发送出存储在芯片中的产品信息（Passive Tag，无源标签或被动标签），或者由标签主动发送某一频率的信号（Active Tag，源标签或主动标签），解读器读取信息并解码后，送至中央信息系统进行有关数据处理。一套完整的 RFID 系统，是由阅读器（Reader）与电子标签（TAG）也就是所谓的应答器（Transponder）及应用软件系统三个部分所组成，工作原理是 Reader 发射一特定频率的无线电波能量给 Transponder，用以驱动 Transponder 电路将内部的数据送出，此时 Reader 便依序接收解读数据，送给应用程序做相应的处理。

图 6-32　RFID-RC522 芯片

课堂任务

任务一：学习射频技术及 RFID-RC522 模块的使用方法。
任务二：制作一个 RFID-RC522 读取门禁 IC 卡信息工具。

探究活动

1. 准备实验所需器材：Arduino 开发板*1；下载线*1；面包板*1；RFID-RC522 模块*1；IC 卡*1；杜邦线若干。

2. 硬件连接：本模块采用 MF RC522 芯片，模块与 Arduino 通讯方式为 SPI（同步串行外设接口总线）通信，Arduino 工作在主模式下，RC522 工作在从模式下，模块与 Arduino 控制板连接方式如表 6-2 所示。

表 6-2　模块与 Arduino 控制板连接

Arduino 引脚	RFID 模块引脚
D5	RST
D10	SS
D11	MOSI
D12	MISO
D13	SC

3. 设计程序，单击"校验"，再单击"下载"。

程序设计

```
//下载程序之前，下载一个RFID库文件：RFID.zip到Arduino库中，否则出错。
#include <SPI.h>
#include <RFID.h>
//D10 - 读卡器CS引脚、D5 - 读卡器RST引脚
RFID rfid(10,5);
unsigned char status;
unsigned char str[MAX_LEN];   //MAX_LEN为16，数组最大长度
void setup()
{
  Serial.begin(9600);
  SPI.begin();
  rfid.init(); //初始化
}
void loop()
{
  //Search card, return card types
  if (rfid.findCard(PICC_REQIDL, str) == MI_OK) {
    Serial.println("Find the card!");
    // Show card type
    ShowCardType(str);
    //防冲突检测,读取卡序列号
    if (rfid.anticoll(str) == MI_OK) {
```

```
    Serial.print("The card's number is  : ");
    //显示卡序列号
    for(int i = 0; i < 4; i++){
      Serial.print(0x0F & (str[i] >> 4),HEX);
      Serial.print(0x0F & str[i],HEX);
    }
    Serial.println("");
  }
  //选卡（锁定卡片，防止多数读取，去掉本行将连续读卡）
  rfid.selectTag(str);
}
rfid.halt();    //命令卡片进入休眠状态
}

void ShowCardType(unsigned char*type)
{
  Serial.print("Card type: ");
  if(type[0]==0x04&&type[1]==0x00)
    Serial.println("MFOne-S50");
  else if(type[0]==0x02&&type[1]==0x00)
    Serial.println("MFOne-S70");
  else if(type[0]==0x44&&type[1]==0x00)
    Serial.println("MF-UltraLight");
  else if(type[0]==0x08&&type[1]==0x00)
    Serial.println("MF-Pro");
  else if(type[0]==0x44&&type[1]==0x03)
    Serial.println("MF Desire");
  else
    Serial.println("Unknown");
}
```

成果分享

将程序下载到 Arduino 开发板后，你就可以打开串口监视器窗口，如果能读出射频卡的序列号与卡的类型，那么本次实验成功了。具体状态如图 6-33 所示。

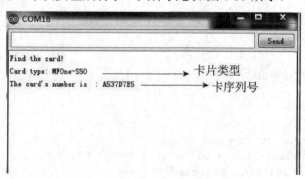

图 6-33　串口监视器窗口

此时，你还可以把制作过程及效果拍成 DV 发到朋友圈或学校创客分享平台，让身边的亲戚、朋友、老师、同学来分享你的成果。

思维拓展

本次实验是利用 RFID-RC522 和 Arduino 串口监视器读取门禁 IC 卡信息，很成功。但仅限于读取功能明显是不够的，能不能实现写入呢，如何做？另外，RFID 读写器也分移动式的和固定式的，目前 RFID 技术应用很广，如：图书馆、门禁系统、食品安全溯源等。

RFID 读写器（Radio Frequency Identification 的缩写）又称为"RFID 阅读器"，即无线射频识别，通过射频识别信号自动识别目标对象并获取相关数据，无须人工干预，可识别高速运动物体并可同时识别多个 RFID 标签，操作快捷方便。RFID 读写器有固定式的和手持式的，手持 RFID 读写器包含有低频、高频、超高频、有源等类型。

RFID 技术目前应用于很多行业，如物流、防伪溯源、工业制造、ETC 等。特别是工业 4.0 的概念提出后，RFID 读写器在制造业得到广泛的应用。

RFID 读写器在制造业使用中，配合电子标签在生产、运输以及仓库管理中的作用日益突出。在生产环节代替条码刷枪，实现自动采集数据；物料拉动环节配合 AGV 小车运输；仓库环节管理货物进出、盘点等。

高速公路电子收费系统 ETC（Electronic Toll Collection 缩写）中，读写器被定义成 RSU（Road Side Unit）。

RFID 读写应用于车场管理中，能够实现对车辆身份进行判别、自动扣费等功能。如果采用远距离 RFID 读写器，则可以实现不停车、免取卡的快速通道，或者无人值守通道。

想创就创

赵郑金好发明的一种 RFID 电子锁，其专利号为：200810083627.2，主要包括绝缘本体、杆部以及电路模块，绝缘本体具有立体螺旋形的天线与环状金属环，金属环的内围表面上嵌入 C 型环，天线则具有延伸突出于该金属环的天线探针，杆部的第一部分呈锥状且被绝缘材料所包覆，而未包覆绝缘材料的第二部分则在外围表面设置环形凹槽，电路模块则内嵌有无线射频识别芯片（RFID），并封装在杆部内，而使 RFID 读取器可读取该 RFID 电子锁内的无线射频识别芯片经由其天线所发送的包含识别码的电磁波。

请您仔细阅读上面专利内容，并说出他的创意和创新点是什么，然后自己想想有什么启发？想创就创，请你动起手来，设计一个 RFID 智能控制作品。

本章学习评价

完成下列各题，并通过本章的知识链接、探究活动、程序设计、成果分享、思维拓展、想创就创等，综合评价自己在知识与技能、解决实际问题的能力以及相关情感态度与价值观的形成等方面，是否达到了本章的学习目标。

1. 内置接收管将红外发射管发射出来_____转换为微弱的电信号，此信号经由 IC 内部放大器进行放大，然后通过_____、带通滤波、解调变、波形整形后还原为遥控器发射出的原始编码，经由接收头的_____输出脚输入到电器上的编码识别电路。

2. 红外接收头的引脚与连线与 Arduino 连接方法：_____
_____。

3. 语音口令万能红外遥控器红外无线模块学习控制方法：_____
_____
_____。

4. 电磁继电器就是利用电磁铁控制工作电路_____的开关。用电磁继电器控制电路的好处：用_____电压控制_____电压；远距离控制；自动控制。

5. 智能浇水系统硬件连接方法：_____
_____
_____。

6. 智能浇水系统程序设计中使用 analogRead（A0）函数，它的作用是_____
_____。

7. 自动灭火器硬件连接方法_____
_____。

8. Arduino 音乐播放器，音乐的音符与 Arduino 程序存在一定的关，要把_____转化为 Arduino 能识别的语言。如：1=bB 是指：简谱上的 1 等于五线谱中的降 B（即降 si）；4/4 是拍好，意思是以_____音符_____拍，每小节有四拍；我们知道，音符节奏分为一拍、半拍、1/4 拍、1/8 拍，我们规定一拍音符的时间为 1；半拍为 0.5；1/4 拍为_____；1/8 拍为 0.125……所以我们可以为每个音符赋予这样的拍子播放出来，音乐就完成了。

9. int tones[] = {1915, 1700, 1519, 1432, 1275, 1136, 1014, 956, 853, 759, 716, 637, 568}; 这段程序语句中，表示_____
_____。

10. void playTone（int tone，int duration）是_____函数；playNote(notes[i], beats[i] * tempo)是_____函数。

11. Arduino 感温杯，DS18B20 数字温度传感器工作原理_____
_____
_____。

12. 停车场汽车流量记录仪中超声波的作用_____。

13. RFID 技术的基本工作原理是_____
_____。

14. RFID-RC522 与 Arduino 硬件连接方法_____
_____。

15. Serial.println（"MFOne-S50"）；这个语句的作用是_____
_____。

16. 请你举例说明怎么开发一个智能感知产品：_____
_____
_____
_____。

17. 本章对我启发最大的是_____
_____。
18. 我还不太理解的内容有_____
_____。
19. 我还学会了_____
_____。
20. 我还想学习_____
_____。

第七章　智能服务机器人

智能服务机器人技术集机械、电子、材料、计算机、传感器、控制等多门学科于一体，是国家高科技实力和发展水平的重要标志。目前，国际智能服务机器人研究主要集中在德国、日本等国家，并成功将智能服务机器人应用于各个行业中，我国近些年在智能服务机器人研究方面也取得很多进展，很多机器人研发公司将研究重点转向智能服务机器人开发，如新松机器人自动化公司在智能服务机器人研究中已经取得很多成就，目前已经开发出三代智能服务机器人。

本章将结合智能服务垃圾分类机器人制作实例，学习运用智能服务垃圾分类机器人的舵机、电机、颜色识别、红外循迹等技术，设计较为开放的任务，给学生充分的想象与创新空间。鼓励创新性的作品，发展学生的创新能力。

本章主要知识点：

➢ 机器人红外循迹
➢ 机器人电机驱动设计
➢ 机器人颜色感知识别技术
➢ 机器人手臂设计
➢ 机器人手臂行为动作设计

第一节　机器人红外循迹设计

知识链接

一、几个概念

1. 函数库：由系统建立的具有一定功能的函数集合。库中存放函数的名称和对应的目标代码，以及连接过程中所需的重要定位信息。用户也可以根据自己的需要建立自己的用户函数库。

2. 库函数：存放在函数库中的函数。库函数具有明确的功能、入口调用参数和返回值。

3. 头文件：有时也称为包含文件。C 语言库函数与用户程序之间进行信息通信时要使用的数据和变量，在使用某一库函数时，都要在程序中嵌入（用#include）该函数对应的头文件。

智能垃圾分类机器人的库函数：库函数由.h 文件（头文件）和.cpp 文件（源程序文件）组成，如表 7-1 所示。

表 7-1　智能垃圾分类机器人的库函数

序号	库函数名称	包含文件	库函数主要功能
1	Track	Track.h、Track.cpp	对应机器人红外传感器的库函数，主要用于控制机器人沿着黑色线进行循线。
2	ColSensor	ColSensor.h、ColSensor.cpp	对应机器人颜色传感器的库函数，主要用于识别机器人垃圾块的颜色。
3	ColQueue	ColQueue.h、ColQueue.cpp	对应机器人颜色传感器的库函数，以队列的形式来记忆机器人检测到的垃圾块的颜色数据。
4	Car	Car.h、Car.cpp	对应机器人电机的库函数，主要用于简单控制机器人的移动。
5	Function	Function.h、Function.cpp	定义红外传感器模块、颜色传感器模块、电机的 Arduino 引脚，控制机器人进出路口、拐弯等，控制舵机动作和初始化等功能。

怎样使用库函数？请把 Track、ColSensor、ColQueue、Car、Function 库函数文件夹全部拷贝到 Arduino 文件下的 libraries 目录下，在 Arduino 编程中将它所在的文件名用#include<>调用。

一部智能垃圾分类小车，要解决几个问题：1. 红外循迹（如何走路）；2. 如何夹或抓取垃圾；3. 如何识别垃圾类型（分类）。

二、TCRT5000 模块

TCRT5000 模块由一个红外发射管和一个红外接收管组成，如图 7-1 所示。

工作原理：循迹模块由 5 个 TCRT5000 反射式光电传感器并行排列组成。工作时，当发射管发射的红外信号经物体反射，并被接收管接收后，接收管的电阻会发生变化，相应的该接收管的电压也会随之变化。

图 7-1　TCRT5000 循迹模块

注意：将 5 个红外接收管的 1 引脚一起引出来，作为红外模块与 Arduino 控制板的连接接口，一般与 Arduino 的模拟端口相连接。

检测原理：

（1）对准黑线：当 TCRT5000 对准比赛地图的黑线时，其发射管发射出的红外线被黑线吸收，而接收管接收到的红外线非常弱，那么接收管截止（电阻大），导致接收管 1 端的输出电压变小。

（2）偏离黑线：当 TCRT5000 偏离比赛地图的黑线时（对准白色区域），其发射管发射出的红外线被反射，而接收管接收到的红外线变强，那么接收管导通（电阻小），导致接收管 1 端的输出电压变大。

检测结论：

（1）通过读取红外对管的输出电压是否发生变化就可以知道机器人是否检测到黑线。

（2）一般情况下，当 Arduino 模拟引脚读到的电压变小时，则说明检测到黑线，反之，则说明偏离黑线。

图 7-2 小车循线示意图

机器人循迹方法：

① 当机器人正中央的 TCRT5000 检测到黑线，那么机器人将直走。

② 当中间两侧的 TCRT5000 检测到黑线，那么机器人将微调方向往中间靠拢。

③ 当最外侧的 TCRT5000 检测到黑线，那么机器人将以稍大的速度调整方向往中间靠拢。

注意：将该功能封装在 Track 库函数。

课堂任务

任务一：按厂家（中山大谷电子科技公司）安装图纸装好机器人。

任务二：设计程序实现机器人循迹走路功能，如图 7-2 所示。

探究活动

1. 红外传感器硬件连接：（1）Arduino UNO 控制板与红外传感器连线如表 7-2 和图 7-3 所示。

表 7-2　Arduino 控制板与红外传感器管脚对应表

序号	Arduino UNO 引脚	循迹模块引脚
1	A1	1
2	A2	2
3	A3	3
4	A4	4
5	A5	5
6	GND	6
7	GND	7
8	VCC	8

图 7-3　Arduino 控制板与红外传感器实物接线

2. 把机器人库文件导入 Arduino 文件中：把 Track、ColSensor、ColQueue、Car、Function 库函数文件夹（如下图所示）全部拷贝到 Arduino 文件下的 libraries 目录下，在 Arduino 编程中将它所在的文件名用#include< >调用。这一步非常重要，如图 7-4 所示。

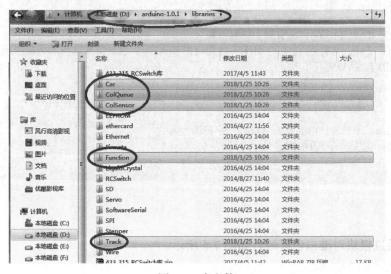

图 7-4　库文件

程序设计

单独设计一个测试红外循迹模块的程序,将该程序复制到 Arduino 工作区间;程序上传到 Arduino 板后,打开串口监视器,如图 7-5 所示。

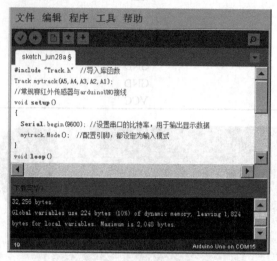

图 7-5 程序下载

参考代码:

```
#include "Track.h"   //导入库函数
Track mytrack(A5,A4,A3,A2,A1);
//常规赛红外传感器与 ArduinoUNO 接线
void setup()
{
  Serial.begin(9600); //设置串口的比特率,用于输出显示数据
  mytrack.Mode();   //配置引脚,都设定为输入模式
}
void loop()
{
  mytrack.Test();    //从引脚中获取数据
  for(int i=0;i<5;i++)   //将下一行代码循环执行 5 次,每次输出一个从引脚获取到的数据,一共 5 个引脚,所以循环 5 次
  {
    Serial.println(mytrack.value[i]);  //将获取到的数据显示出来
  }
  Serial.println("END"); //输出 字符串"END"
  delay(1000); //程序停顿 1s
}
```

程序调试

(1)将循迹模块对准白色区域,如图 7-6 所示。

第七章 智能服务机器人

图 7-6　循迹模块较准白线

（2）如果循迹模块正常，将得到 5 个 TCRT5000 传感器的数值，如图 7-7 所示。

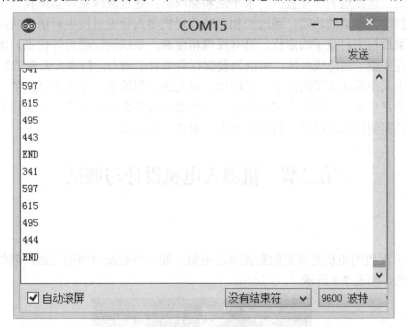

图 7-7　串口监视窗口

（3）红外循迹模块正常工作时。

当对准黑线时，传感器的读数变小，这时的读数一般小于 250；当对准白色区域时，传感器的读数变大，这时的读数一般大于 250。

红外循迹模块工作不正常：如果该红外模块不遵循步骤二、三的读数规律，那么可以认为其已损坏，需要更换。

成果分享

调试好之后，同学之间可以分享小车行走成功的喜悦感，同时也可以拍个视频放在朋友圈供家人、朋友、同学分享，听听他们的意见或建议，再进行下一步修正完善工作。

思维拓展

本实验是设计一部小车根据红外循迹行走的实验，小车行走是寻找轨迹行走的案例，其实和智能寻轨器差不多，但它解决了机器人进行有轨行走的办法。现实生活中，也有很多有轨循迹行走的案例，如：高铁、有轨火车和有轨电车等，都是循轨迹行走，但也容易因各种原因偏离轨道出现事故。

同学们，循迹行车的方法还可以应用在哪里？你想好了？说来听听？

想创就创

天津商业大学的王东、王岭松、王文杰、翟博豪、庞丽雯开发了循迹送餐机器人，专利号为：201510296464.6，该发明公开了一种循迹送餐机器人，为机电液相结合的一体化产品。该发明由机械系统、液压系统和控制系统组成；所述机械系统包括一个驱动轮、直流行走电机、步进转向电机和传感器；机器人通过机械系统实现行走转弯等功能；所述液压系统包括油箱、齿轮泵、直流电机、竖直缸、水平缸和抓取缸；通过液压系统实现找盘子、抓盘子，并将盘子送到客人餐桌的功能；通过控制系统实现机器人行走过程中对运动轨迹的分析与检测，以及端菜过程中对盘子的定位，具有反馈精度高，系统运行稳定等优点。本发明结构简单，系统运行平稳，制造成本低，可以为餐饮行业节省劳动力，解决人力资源短缺的问题。

请你指出天津商业大学的王东、王岭松、王文杰、翟博豪、庞丽雯开发的《循迹送餐机器人》的创意是什么，创新点在哪个地方？有什么意义？你看了之后有什么启发？能不能把本节课的实验案例技术应用到你的生活中去，创造一个作品？

第二节　机器人电机设计与调试

知识链接

1. 机器人配置的电机是常见的直流减速电机，即一些朋友口中的马达，例如，四驱车里就有这种电机，如图7-8所示。

图7-8　马达

机器人配送的电机不同于市场上大部分的同类型电机，其具有较大的减速比，产生的力矩比较大。

PWM 方式定义：指每一脉冲宽度均相等的脉冲列，通过改变脉冲列的周期可以调频，改变脉冲的宽度或占空比可以调压。

本机器人采用方式：在不改变 PWM 方波周期的前提下，通过软件的方法调整 PWM 的占空比来输出不同的电压，从而控制机器人的电机转速。例如，机器人的电机控制采用 50% 的占空比（即一个周期内一半时间是高电平，一半是低电平）。

2. 采用 L298 驱动控制，如图 7-9 所示。

图 7-9　L298 驱动控制模块

3. Arduino 与 L298 的硬件接口电路示意图如图 7-10 所示，另附 L298 驱动板控制方式及电机状态表 7-3。

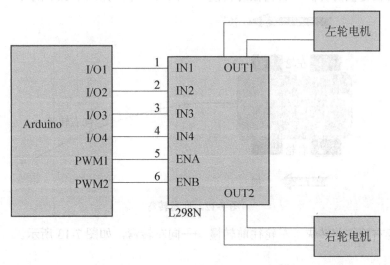

图 7-10　硬件连接示意图

表 7-3　L298 驱动板控制方式及电机状态表

ENA	IN1	IN2	电机状态	ENB	IN3	IN4	电机状态
0	X	X	停止	0	X	X	停止
1	0	0	制动	1	0	0	制动
1	0	1	正转	1	0	1	正转
1	1	0	反转	1	1	0	反转
1	1	1	制动	1	1	1	制动

4. 小车是怎么转弯的呢？

因为在接线时我们是把同一边的两个电机的红线和黑线分别接在相对应的接线端口，所以小车的左轮两个电机转向相同，右轮两个电机的转向也相同。以下我们就这个问题进行必要的分析和判断，如图 7-11 所示。

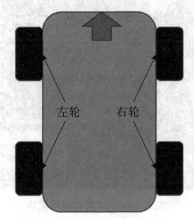

图 7-11　小车的简单示意图

（1）假若左轮往前转快，右轮往前转慢——向右转弯，如图 7-12 所示。

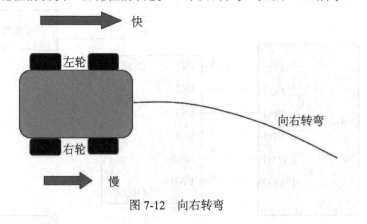

图 7-12　向右转弯

（2）假若右轮往前转快，左轮往前转慢——向左转弯，如图 7-13 所示。

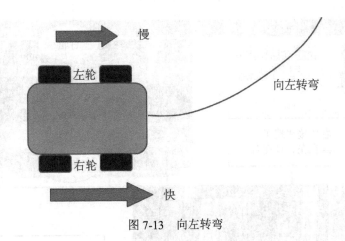

图 7-13　向左转弯

（3）假若左轮往前转，右轮往后转——原地向右打转，如图 7-14 所示。
假若右轮往前转，左轮往后转——原地向左打转。

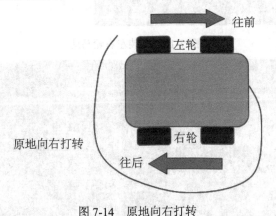

图 7-14　原地向右打转

综上，我们不难发现，正是由于小车左右两边轮子的速度的不同，小车的转弯才得以实现。小车转弯时的半径的大小（即转的弯大不大）是由左右两边车轮的速度差决定的；这对我们后面对小车的调试非常重要。

课堂任务

1. 了解马达及安装过程。
2. 掌握轮子行走方法及规律。
3. 设计程序实现 Arduino 驱动电机程序设计与调试。

探究活动

1. 硬件连接：按厂家安装图纸装好小车轮子，需要检查事项：如果舵机已经安装完成，则建议将舵机的连接线拔掉（不接舵机进行调试）；检查电机接线是否正确，右轮接线端子，黑在左，红在右；左轮接线端子，红在左，黑在右，如图 7-15 和图 7-16 所示。

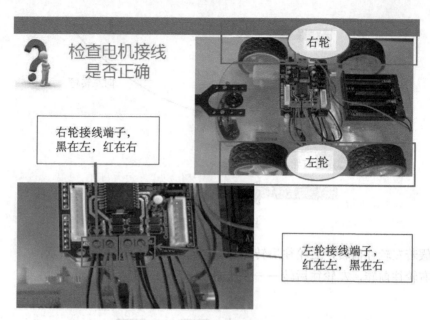

图 7-15　安装左右轮马达

图 7-16　安装好的小车

2. 电机硬件连接,如表 7-4 所示。

表 7-4　电机的硬件连接引脚表

序号	Arduino UNO 引脚	L298P 引脚	电机
1	5	ENA	左轮电机使能端
2	8	IN1	左轮电机方向控制端
3	9	IN2	左轮电机方向控制端
4	6	ENB	右轮电机使能端
5	10	IN3	右轮电机方向控制端
6	11	IN4	右轮电机方向控制端
7		OUT1	左轮电机正级(红色线)
8		OUT2	左轮电机负级(黑色线)
9		OUT3	右轮电机负级(黑色线)
10		OUT4	右轮电机正级(红色线)

3. 程序设计与调试

(1) 定义小车左轮和右轮的速度。

SPEED1——左轮转速（0~255）

SPEED2——右轮转速（0~255）

通过修改 SPEED1 和 SPEED2 这两个变量的数值，就相当于改变左、右轮的速度，从而使小车走直线。小车走直线程序如下。

```
#include "Car.h"
Car mycar(8,9,10,11,5,6);
int SPEED1=140;
int SPEED2=140;
void setup(){
  mycar.Mode();
}
void loop(){
  mycar.Move(SPEED1,SPEED2,8,1000);
}
```

(2) 以小车向左跑偏为例设计与调试小车走直线。

根据以下情况进行设计与调试：A.程序定义 SPEED1=SPEED2=140；B.小车本应走直线，但实际却偏左；C.可得到小车左轮慢，右轮快的状态；D.可修改 SPEED1>140，左轮变快；或修改 SPEED2<140，右轮变慢，如图 7-17 所示。

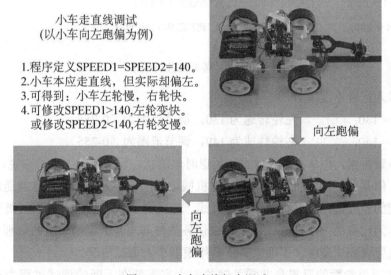

图 7-17　小车直线行走调试

(3) 机器人测试程序的电机调试。

总程序有好多的代码，那么我们该去修改哪一条，怎样去改呢？如图 7-18 所示。

```
61  /*********************setup函数*********************/
62  void setup() {
63      SPEED1 = 130; SPEED2 = 140;
64      TURN = 180; BACK = 200; DELAY = 800;
65      Memory[0] = 0;
66      Serial.begin(9600);
67      mycar.Mode();
68      //定义小车前进时IN1和IN3的电平
69      mycar.Infer(1, 1);
70      mytrack.Mode();
71      //设定红外的阈值
```

需要修改的程序

框内的程序，就是需要修改的地方。

```
63      SPEED1 = 130; SPEED2 = 140;
64      TURN = 180; BACK = 200; DELAY = 800;
```

SPEED1 = 130;   左轮转速为130，调节范围为（0-255）

SPEED2 = 140;   右轮转速为140，调节范围为（0-255）

TURN = 180;   转弯速度为180，调节范围为（0-255）

DELAY = 800;   转弯延时为800ms，调节范围为（大于0）

BACK = 200;   后退刹车延时为200ms，调节范围为（大于0）

图 7-18 需要修改的程序

（4）机器人行进速度调节。

SPEED1 = 130;   左轮转速为 130，调节范围为（0-255）。

SPEED2 = 140;   右轮转速为 140，调节范围为（0-255）。

这两个参数是指，小车在直线前进和后退时候的状态调节。对于电机来说，虽然其型号、厂家等一样，但是不同的电机其内部的一些机械阻力因素不完全一样，这就造成了我们给不同的电机相同的速度值，但有可能不会走直线，这就需要我们耐心、仔细的调节。

同时，作为比赛的一个评分条件，完成任务的时间短是大家都追求的。那么需要小车跑得快一点，就要调高速度值（不能太高，具体根据个人调试情况）。

所以，这两个参数的设置是非常关键的，大家需要在不断的调试过程中选择一个合适的值。

（5）机器人转弯速度调节与设计。

如：TURN = 180；转弯速度为 180，调节范围为（0—255）；这个参数是指，小车在转弯的时候的转弯速度调节。若转弯速度较小或较大，则有可能转弯不成功，如设 TURN = 50，如图 7-19 所示。

图 7-19 转弯速度调节

当然，这个值并不是越大越好。如果太大了，虽然是转弯转得更加快了，但却对小车的稳定性是有一定影响的。甚至，可能会将机器人上的垃圾块直接甩落到地上！所以，这个参数的设置也是非常关键的，大家需要在不断的调试过程中选择一个合适的值。

（6）机器人转弯延时调节。

DELAY = 800；转弯延时为 800ms，调节范围为（大于 0）。这个参数是指，小车在转弯时候要车轮转动的时间，即到底要转多久才能转过这个弯，如图 7-20 所示。

假若我们需要机器人转一个 90°的弯。在这中，我们设置的是转弯的速度，而在此，我们设置的是转弯的延时。所以在此处，若前面的转弯速度调节的比较大，那么此处的转弯延时就应该相应的选小一点。大家通过调节这个延时的数值，可以观察到小车的转弯情况。根据个人的情况选出一个合适的值并在主程序中修改。

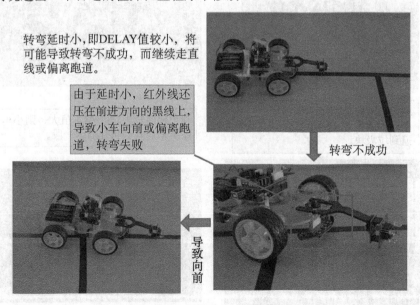

图 7-20 机器人转弯延时调节

（7）机器人刹车延时调节。

BACK = 200；后退刹车延时为 200ms，调节范围为（大于 0）。这个参数是指，小车在遇到情况需要停下来的时候，即完成刹车这个动作所需要的时间，如图 7-21 所示。

图 7-21　机器人停车位置

在机器人的程序设计中，当机器人遇到停车情况时，会马上将原来正转的车轮调节成反转，而反转的那一段时间即为刹车延时。大家通过调节这个延时的数值，可以观察到小车的刹车情况。根据个人的情况选出一个合适的值并在主程序中修改。

刹车延时较小，即 BACK 值小，则小车不能在停止线处停下，可能会撞到垃圾块。

刹车延时较大，即 BACK 值大，则小车停下来后，会再往后退一段，如图 7-22 所示。

图 7-22　机器人刹车延时调节

实际中，我们在进行电机调速的时候，往往需要综合SPEED1（左轮转速）、SPEED2（右轮转速）、TURN（转弯速度）、DELAY（转弯延时）、BACK（刹车延时）这几个参数来不断地调节、测试小车，从而让我们的小车达到最佳的运行状态来参加比赛。

程序设计

电机调试参考代码如下：

```
    #include "Car.h"
Car mycar(8,9,10,11,5,6);
int SPEED1=140;
int SPEED2=140;
void setup(){
  mycar.Mode();
}
void loop(){
  mycar.Move(SPEED1,SPEED2,8,1000);
}

    主程序：
#include "Car.h"
Car mycar(8,9,10,11,5,6);
int SPEED1=140;
int SPEED2=140;
void setup(){
  mycar.Mode();
}
void loop(){
  mycar.Move(SPEED1,SPEED2,8,1000);
}
```

程序调试

使用步骤如下。

（1）打开电源开关，机器人开始鸣叫。
（2）将机器人底部的红外传感器全部对应在黑线区域，此时机器人会继续鸣叫。
（3）机器人鸣叫频率发生变化后，将机器人底部的红外传感器全部对应在白色区域。机器人鸣叫一段时间后结束鸣叫。
（4）将机器人正确放置在地图的出发点。
（5）拿一垃圾块放到颜色传感器前端，蜂鸣器鸣叫则表示已测到方块。然后机器人会自动开始行进。

注意：在机器人行进过程中，周围环境光要均匀，最好不要有阳光照射，否则会对小车的红外和颜色传感器的判断造成很大的影响。

成果分享

本案例是对机器人行走设计与调试实验，当你的车子安装好之后，可以上传程序代码并在赛道上（如图 7-23 所示）试走，如果走出跑道，可以通过调试程序对相关轮子的速度与颜色识别参数进行调整，直到不会跑出赛道为止。

因车子受车本身各部件的影响，如电池电力不足也会跑离赛道。因此，出现跑离赛道，要找出原因之后再进行修正，否则，越调越麻烦。

调好之后，同学之间可以分享小车行走成功的喜悦感，同时也可以拍个视频放在朋友圈供家人、朋友、同学分享，听听他们的建议，再进行下一步修正完善工作。

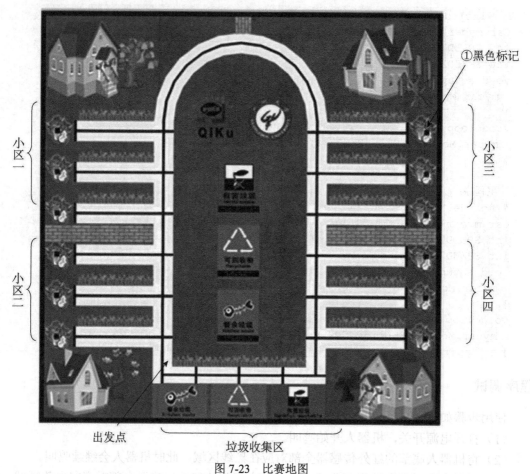

图 7-23 比赛地图

思维拓展

本实验是设计一个小车通过红外传感器行走设计，解决机器人走路问题，如果本实验把红外传感与马达相配合，应用在餐厅送菜服务机器人和图书馆智能借书还书机器人身上，也是一个同样的道理，且完全可以实现。有的人说，相关技术应用在商场、无人超市、货仓式的大型超市、仓库等地方作用更大，可以减少人力和物力成本。例如：快递分拣机器人就是一个很好的应用实例。

想创就创

宁波吉利汽车研究开发有限公司开发的汽车自动驾驶系统，国家专利号：201310280413.5，是一种汽车自动驾驶系统,包括车辆控制单元、定位系统、信息收发装置以及线控转向系统,所述车辆控制单元通过定位系统记录行车路线,并通过信息收发装置与城市道路监控中心进行信息交换,对城市道路监控中心提供的道路信息进行修正,还通过线控转向系统记录方向盘的动作,并综合定位系统的定位功能对转向数据进行修正,在激活自动驾驶功能时,车辆控制单元根据选定路段的道路信息、路况信息以及转向数据对车辆进行自动驾驶控制。由于本发明的汽车自动驾驶系统与城市道路中心有实时数据的交互,可及时更新道路信息、提高导航准确率,并可大大减少车辆超速、闯红灯等违规事故的发生,进而减少车祸的发生概率,一定程度上保证了驾驶员的安全。

请您仔细阅读上面专利内容,并说出他的创意和创新点是什么,然后自己想想有什么启发?想创就创,请你动起手来,把本节课的实验案例技术应用到你的生活中去,制作一个智能控制作品。

第三节　机器人颜色感知设计与调试

知识链接

1. 利用三原色感应原理,如下图所示的TCS3200颜色传感器。
（1）当知道构成各种颜色的三原色的值,就能够知道所测试物体的颜色。
（2）当选定一个颜色滤波器时,它只允许某种特定的原色通过,阻止其他原色通过,如图7-24所示。

图 7-24　颜色传感器

举例说明：例如当选择红色滤波器时,入射光中只有红色可以通过,蓝色和绿色都被阻止,这样就可以得到红色光的光强；同理,选择其他的滤波器,就可以得到蓝色光和绿色光的光强。通过这三个光强值,就可以分析出反射到颜色传感器上的光的颜色。

通常所看到的物体颜色,实际上是物体表面吸收了照射到它上面的白光（日光）中的一部分有色成分,而反射出的另一部分有色光在人眼中的反应。白色是由各种频率的可见光混合在一起构成的,也就是说白光中包含着各种颜色的色光（如红 R、黄 Y、绿 G、青 V、蓝 B、紫 P）。根据德国物理学家赫姆霍兹（Helinholtz）的三原色理论可知,各种颜色是由不同比例的三原色（红、绿、蓝）混合而成的。

TCS3200颜色传感器引脚如表 7-5 所示。

表 7-5 颜色传感器引脚说明

序号	引脚定义	引脚说明
1	GND	接地
2	LED	白光 LED 灯引脚
3	S0	比例因子选择输入脚
4	S1	比例因子选择输入脚
5	VCC	5V 电源
6	OUT	输出端
7	S2	输出频率选择输入脚
8	S3	输出频率选择输入脚

TCS3200 颜色传感器滤波器及比例因子对应表如表 7-6 所示。

表 7-6 TCS3200 颜色传感器滤波器及比例因子对应表

S2	S3	PHOTODIODE TYPE
L	L	Red
L	H	Blue
H	L	Clear（no filter）
H	H	Green
S0	S1	OUTPUT FREQUENCY SCALING（f_o）
L	L	Power down
L	H	2%
H	L	20%
H	H	100%

课堂任务

任务一：学习三原色感应原理。

任务二：机器人颜色感知设计与调试。

探究活动

1. 颜色传感器硬件连接——以常规赛为例

Arduino UNO 控制板与颜色传感器连线如图 7-25 所示，只需接一组 VCC 和 GND 即可，另一组可以不接。LED 灯可以不接。

控制板与颜色传感器连接如表 7-7 所示。

表 7-7 控制板与颜色传感器连线表

序号	Arduino UNO 引脚	颜色传感器模块引脚
1	0	S0
2	1	S1
3	2	OUT
4	3	S2
5	4	S3
6	GND	GND
7	VCC	VCC

图 7-25　颜色传感器模块与控制板连线图

2. 颜色传感器白平衡校正——使用前

白平衡校正原因：从理论上讲，白色是由等量的红色、绿色和蓝色混合构成，但在实际应用中，白色中的三原色并不完全相等，并且对 TCS3200 的光传感器来说，它对红、绿、蓝这三种基本色的敏感性并不相同，从而导致 TCS3200 的 RGB 输出并不相等，因此在测试前必须对颜色传感器进行白平衡校正，通过白平衡校正得到 RGB 比例因子，使得 TCS2300 与所检测的"白色"中的三原色相等。

白平衡校正方法：程序下载到机器人后，启动机器人。

方法一：用一张白色的 A4 纸放在颜色传感器前端，当颜色传感器识别到后，拿走该 A4 纸。

方法二：用手遮挡在颜色传感器前端，当颜色传感器识别到手后，拿开手，然后如图 7-26 所示打开串口调试，观察数据变化。

图 7-26　串口调试

3. 设计与调试

（1）程序下载到机器人后，启动机器人。

方法一：用一张白色的 A4 纸放在颜色传感器前端，当颜色传感器识别到后，拿走该 A4 纸。

方法二：用手遮挡在颜色传感器前端，当颜色传感器识别到手后，拿开手。

（2）白平衡校正。

将 1 张 A4 白纸（如没有白纸，可尝试用手掌代替）放到机器人颜色传感器前面，如图 7-27 所示。

图 7-27　颜色传感器白平衡调整示意图

从 Arduino 串口监视器（如串口调试图）获得 R（红）、G（绿）、B（蓝）值，其中 3 种颜色的值相近，且数值都在 255 附近，如图 7-28 所示。

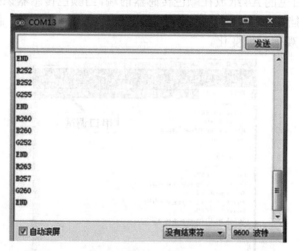

图 7-28　白平衡颜色传感器 R、G、B 值示意图

（3）颜色识别测试。

在颜色传感器前放置一个色块，以蓝色色块为例，如图 7-29 所示。再通过串口监视器，显示数值如图 7-30 所示，并记录测出来的数值。按刚才的办法，换成红色方块和绿色方块，测出结果后并记录。如果传感器正常工作，将来发现蓝色数值明显大于其他两个值（红、绿）。

注意：如果三种色块在测试时，对应色块的颜色值明显大于其他两种颜色值的话，说明颜色传感器能正常工作了。

 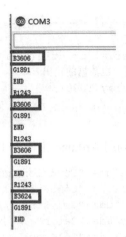

图 7-29　颜色识别测试　　　　　　图 7-30　识别测试串口值

程序设计

1. 在编写程序之前，要把下面几个库文件先拷贝到指定 Arduino 文件夹里。并用#include 命令调用。

```
#include "Function.h"   //包含变量的定义和函数的实现
#include "ColSensor.h"  //颜色传感器类
#include "Track.h"      //巡线传感器类
#include "Car.h"        //小车类
#include "ColQueue.h"   //队列类
#include "Servo.h"
```

2. 颜色传感器测试程序。

```
#include "ColSensor.h"
ColSensor mysensor(0, 1, 3, 4, 2, 10); //颜色传感器在板上所对应的引脚口
void Counter(){
  mysensor.g_count++;   //  计算 1s 内的脉冲数，因为对于 TCS3200 颜色传感器来说，其对
颜色的识别其实就是通过计算 1s 内传感器输出的脉冲数的比较、计算
}
void setup(){
  Serial.begin(9600);   //设置波特率为 9600
 mysensor.Mode();          //初始化颜色传感器的引脚口
  attachInterrupt(0,Counter,RISING);    //  （外部中断函数）0；对应的 0 号引脚；
counter: 中断时要执行的函数；RISING: 表示电平由低电平变为高电平时触发；
  mysensor.Test();       //test（）函数为库里的一个函数，其作用是计算出 RGB 的比例因子
}
void loop(){
  mysensor.Get();                     //获取颜色传感器所识别的 RGB 的三个参数
  Serial.print("R");                  //在串口上输出字符 "R"
  Serial.println(mysensor.g_array[0]);    // 输出颜色传感器感应到的色块对应的红色的值
  Serial.print("B");                  //在串口上输出字符 "B"
  Serial.println(mysensor.g_array[1]);    // 输出颜色传感器感应到的色块对应的蓝色的值
  Serial.print("G");                  //在串口上输出字符 "G"
```

```
    Serial.println(mysensor.g_array[2]);      //输出颜色传感器感应到的色块对应的绿色
的值
    Serial.println("END");                    //R、G、B 三个数值输出完成后，输出 END 表示
结束一组数据的输出
    delay(1000);                              //延时 1s
}
```

3. 利用 Arduino 主板上 13 脚灯来判断颜色识别是正常，程序如下：

```
#include "Function.h"   //包含变量的定义和函数的实现
#include "ColSensor.h"  //颜色传感器类
#include "Track.h"      //巡线传感器类
#include "Car.h"        //小车类
#include "ColQueue.h"   //队列类
#include "Servo.h"

void setup(){
    mysensor.Mode();
    Ready();
}
void loop(){
    if (Color()){
        digitalWrite(13, HIGH); delay(500);
        digitalWrite(13, LOW); delay(500);
    }
}
```

成果分享

颜色传感器调试主要是测试颜色传感器对于颜色的检测是否正常。例如：利用上述例程，用方块测试，若蜂鸣器鸣叫，说明已检测到方块。注意：在使用上述程序代码时，启动前应让颜色传感器对准远处，启动后应在蜂鸣器停止鸣叫后才可测试（自动调节白平衡）。

调好之后，同学之间可以分享小车识别红绿蓝颜色的成功感，同时也可以拍个视频放在朋友圈供家人、朋友、同学分享，听听他们的建议，收集好建议，再进行下一步修正完善工作。

思维拓展

本节课主要采用 TCS3200 颜色传感器与 Arduino 一起构建机器人如何识别不同颜色，有利于制作垃圾分类机器人时，用不同颜色代表不同类别的垃圾，然后再通过小车分拣颜色方块代表抓取垃圾，然后按颜色分类存放实现分类垃圾功能。

如果采用以上方法对颜色传感器测试没有成功，那么可从以下几方面来查找原因：第一步：检查硬件连接，即检查颜色传感器与机器人接口板和控制板的连线是否正确，并确保正常供电；第二步：检查程序代码，即检查颜色传感器的测试代码是否正确，特别注意颜色传感器的引脚定义；第三步：检查测试程序是否成功下载到 Arduino 板上；第四步：如果前面的测试都没有问题，那么可以初步判定该颜色传感器已经损坏，需要更换。

TCS3200D 是 TAOS 公司推出的带数字兼容接口的 RGB 彩色光/频率转换器，它内部集成了可配置的硅光电二极管阵列和一个电流或频率转换器，TCS3200D 的主要特点有（1）可完

成高分辨率的光照度或频率转换；（2）色彩和满度输出频率可编程调整；（3）可直接与微处理器通讯。TCS3200D 是可编程的彩色光到频率转换器，适合于色度计测量应用领域。比如彩色打印、医疗诊断、计算机彩色监视器校准以及油漆、纺织品、化妆品和印刷材料的过程控制和色彩配合。

想创就创

南京林业大学和阜阳市金木工艺品有限公司联合申请的木材颜色识别系统，其专利号为：201520739355.2，该技术提供一种结构简单、运行速度快、成本低廉、失真小，准确性高的木材颜色识别系统，它包括白色发光光源、TCS3200D 颜色传感器、可编程控制器、LCD 液晶触摸屏，白色发光光源发出的光经木材反射进入颜色传感器，颜色传感器、白色发光光源、LCD 液晶触摸屏均与可编程控制器连接。

请您仔细阅读上面专利内容，并说出他的创意和创新点是什么，然后自己想想有什么启发？想创就创，请你动起手来，设计一个颜色识别应用生活的智能控制作品。

第四节　机器人手臂设计与调试

知识链接

舵机顾名思义，像船尾的舵那样，只能转动固定的角度。舵机是一种位置（角度）伺服的驱动器，适用于那些需要角度不断变化并可以保持的控制系统。舵机是船舶上的一种大甲板机械。舵机的大小由外舾装按照船级社的规范决定，选型时主要考虑扭矩大小。

舵机与分类：舵机由直流电机、减速齿轮组、传感器和控制电路组成，是一套自动控制装置，适用于那些需要角度不断变化并可以保持的控制系统。目前在高档遥控玩具，如航模、车模、潜艇模型，以及遥控机器人中已经使用得比较普遍。舵机只能转动固定的角度，一般的舵机最大转角约为 180°，但也有舵机能达到 270°。舵机有身材大小之分，通过身材越大扭力越大，可以根据使用条件选择购买，如图 7-31 所示。

图 7-31　舵机的支架和连接装置

舵机的支架和连接装置：在项目中用上舵机，就要满足两个条件：一是需要个能把舵机固定到基座上的支架，二是得有个能将驱动轴和物体连在一起的连接装置，它就是舵盘，一般购买舵机时已经配套有舵盘。

如何控制舵机：像右图所示那样，舵机有一个三线的接口，黑色（或棕色）GND 的线是接地线，红线 VCC 接+5V 电压，黄线（或是白色或橙色）S 接控制信号端，控制信号是一种脉宽调制（PWM）信号。硬件接好了还需要相应的程序来控制舵转的角度，在 Arduino 中已经内置有舵机函数库，我们可以通过调用函数就可以控制舵机，如图 7-32 所示。

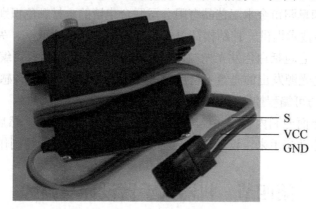

图 7-32　舵机接口

课堂任务

　　任务一：仔细阅读机械臂相关安装图以及控制板上文字标识。
　　任务二：完成三个舵机在机械臂里固定安装。

探究活动

　　1. 机械臂的硬件组装：三个舵机与控制板的连接，如图 7-33 和图 7-34 所示。

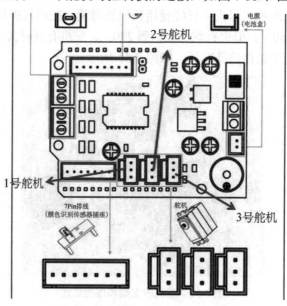

图 7-33　三个舵机连接示意图

图 7-34 舵机实物连接

2. 安装前舵机测试与使用：在安装和调试舵机之前，要先检测它是否能正常工作。

检测步骤：

（1）舵机与 Arduino 控制板相连（参考舵机与控制板的连接），Arduino 板通过数据线与电脑相连。

（2）编写、下载舵机测试程序。

测试代码（以 1 号舵机为例）如下：

```
#include <Servo.h>   //调用舵机函数库
Servo myservo1;  //创建舵机对象
void setup()
{ myservo1.attach(7); //指定 myservo1 与 D7 引脚相连接
  Serial.begin(9600);  //设置比特率，用于输出调试信息
}
void loop()
{ int j=180;
  for(int i=1;i<=j;i++)
{ //设置 1 号舵机转到 180°
  myservo1.write(i);
  Serial.println(i);delay(80);}
  for(int i=j;i>=1;i--)
{ //设置 1 号舵机转回到零度
  myservo1.write(i); Serial.println(i);delay(80); } }
```

（3）观察舵机是否在 0°～180° 来回转动。

把上述舵机的调试代码粘贴到 Arduino ide 的程序区，然后单击上传，将程序写入 Arduino 板。舵机程序上传成功后，用鼠标左键单击 Arduino ide 的"工具——串口监视器"子菜单，即可实时看到舵机的转动角度，如图 7-35 所示。

3. 机械臂舵机的安装

完成舵机测试后，再进行机器人机械臂舵机安装时，建议 1 号、3 号舵机安装在 0°角的位置，2 号舵机安装在 180°角的位置，完成后的安装效果图如图 7-36 所示。

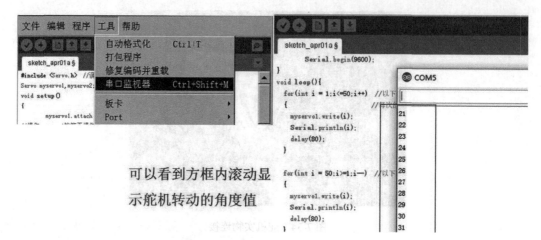

图 7-35 舵机 0~180°来回转动

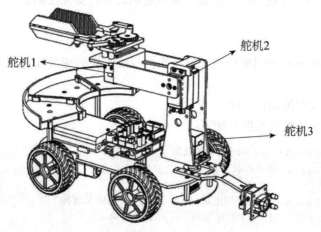

图 7-36 舵机安装位置

（1）1 号舵机的角度调试。

步骤一：将舵机与驱动板 1 号舵机相连，驱动板通过 USB 下载线与电脑相连，下载下列程序。

```
#include <Servo.h>   //调用舵机函数库
Servo myservo1;   //创建一个舵机对象
void setup()
{ myservo1.attach(7);   //指定 myservo1 与 D7 引脚相连接
   //操作 myservo1 就等于操作与对应引脚相连接的舵机
}
void loop()
{ myservo1.write(0);   //设置舵机转到 0°
}
```

步骤二：待舵机转到 0°角后将舵机与 Arduino 板上的连接线拔下来，注意舵机连接线拔下来后不能用手拨动舵机输出轴，否则需要重新调试。

（2）1 号舵机安装示意图，如图 7-37 所示。

将调试到 0°角的舵机安装到机器人上，如下图。安装过程中要注意螺丝不能上得太紧，否则容易损坏舵机。

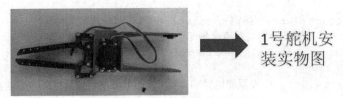

图 7-37　1 号舵机安装实物图

（3）3 号舵机的角度调试。

根据 1 号舵的调式方法，完成 2、3 号舵机的调试与安装，但需更改如图 7-38 中圈内的与舵机有关数值。

```
#include <Servo.h>    //调用舵机函数库
Servo myservo1;       //创建一个舵机对象
void setup()
{
    myservo1.attach(7);   //指定 myservo1 与 D7 引脚相连接
//操作 myservo1 就等于操作与对应引脚相连接的舵机
}
void loop()
{
    myservo1.write(0);    //设置舵机转到 0°
}
```

D7 引脚绑定一号舵机位不需要修改

修改此处数值调整舵机旋转角度

图 7-38　修改数值

（4）2 号和 3 号舵机安装示意图。

2 号舵机和 3 号舵机按安装示意图装好硬件，并连到 Arduino 板上，如图 7-39 所示。

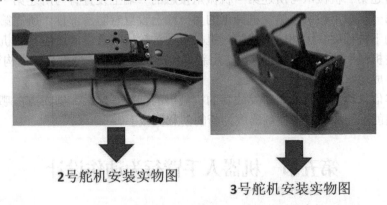

图 7-39　2 号和 3 号舵机安装示意图

程序设计

```
#include <Servo.h>    //调用舵机函数库
```

```
Servo myservo1;    //创建一个舵机对象
void setup()
{ myservo1.attach(7);    //指定myservo1与D7引脚相连接
  //操作myservo1就等于操作与对应引脚相连接的舵机
}
void loop()
{ myservo1.write(0);    //设置舵机转到0°，修改此处值可以调整舵机整的角度。
}
```

成果分享

同学们把自己安装调试好的机械臂以及1、2、3号舵机进行测试，也可以分组交互学习，组与组之间进行作品分享，并对每组作品进行评价，给作品的主人提出有益的建议。

思维拓展

本实验是对垃圾分类机器人的机械臂的设计与安装，通过安装调试，可以清楚地认识到机械手臂也和人手一样，在机械手臂的手关节处安装舵机作为机械手活动关节。因此，舵机的好坏直接影响机器手臂的活动性能。

开发成功的机械臂应用在垃圾分类机人当作捡垃圾的工具手，应用在商场货架前就是智能售货机械手，应用在图书馆可以作为智能图书管理机器人手臂，应用在医疗手术台就是一个智能手术机器人手臂等等，如果机械手臂加上语音控制器，那么机器人手臂用途就更加广泛了。

同学们，你想把这个机械手臂放在哪里应用？

想创就创

厦门匠客信息科技有限公司研发成功了一种机械手，国家实用新型专利号为201620666285.7，该实用新型的实施例提供一种机械手，包括：舵机、舵机支架、第一机械爪及第二机械爪。舵机固定设置于所述舵机支架上，舵机包括舵盘，舵机通过所述舵盘与第一机械爪的一端固定连接。所述第一机械爪与舵盘连接的一端上设置有轮齿。第二机械爪可旋转固定于所述舵机支架上，所述第二机械爪与所述第一机械爪接触的一端上设置有与所述第一机械爪啮合的轮齿。所述第一机械爪与所述第二机械爪的另一端上设置有防滑部件。所述第一机械爪在所述舵机的带动下进行旋转运动，所述第一机械爪通过轮齿啮合带动所述第二机械爪旋转运动从而实现所述机械手的张开和闭合。该实用新型实施例提供的机械手具有结构简单、成本低、抓取目标物件成功率高的特点。

厦门匠客信息科技有限公司研发成功的机械手的创意是什么，创新点在哪里？我们有什么启发，我们能不能加上语音控制器成为新的创意机械手？

第五节 机器人手臂行为动作设计

知识链接

机械手臂是机械人技术领域中得到最广泛实际应用的自动化机械装置，在工业制造、医学治疗、娱乐服务、军事、半导体制造以及太空探索等领域都能见到它的身影。尽管它们的形态各有不同，但它们都有一个共同的特点，就是能够接受指令，精确地定位到三维（或二维）空间上的某一点进行作业。

机械手臂根据结构形式的不同分为多关节机械手臂、直角坐标系机械手臂、球坐标系机械手臂、极坐标机械手臂、柱坐标机械手臂等。图7-40所示为常见的六自由度机械手臂。他由X移动，Y移动，Z移动，X转动，Y转动，Z转动六个自由度组成。

图 7-40　常见六自由度机械手臂

水平多关节机械手臂一般有三个主自由度，Z1转动，Z2转动，Z移动。通过在执行终端加装X转动、Y转动可以到达空间内的任何坐标点。

直角坐标系机械手臂有三个主自由度，X移动，Y移动，Z移动。通过在执行终端加装X转动，Y转动，Z转动可以到达空间内的任何坐标点。

因此，垃圾分类机器人手臂分为1舵机、2舵机、3号舵机的转动实现目标。表7-8是机械臂中三个舵机所处的三种角度位置变量。

表 7-8　机械臂中三个舵机所处的三种角度位置变量

变量名	类型	描述	
s11	Int	初始状态	
s12	Int	张开	1号舵机
s13	Int	夹取	
s21	Int	初始状态	
s22	Int	抬起	2号舵机
s23	Int	放下	
s31	Int	初始状态	3号舵机
s32	Int	转动	

三个舵机动作及变量定义：

1号舵机（控制机械夹张开）的3个变量名：s11，s12，s13，其所处的舵机角度及功能意义位置如图7-41所示。

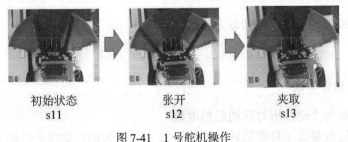

初始状态　　　　　张开　　　　　夹取
　s11　　　　　　　s12　　　　　　s13

图 7-41　1号舵机操作

2号舵机（控制机械夹升降）的3个变量名：s21，s22，s23，其所处的舵机角度及功能意义位置如图 7-42 所示。

图 7-42　2 号舵机（控制机械夹升降）

3 号舵机（控制机械臂旋转）的 3 个变量名：s31，s32，s33，其所处的舵机角度及功能意义位置如图 7-43 所示。

图 7-43　3 号舵机（控制机械臂旋转）

3 号舵机还需要调试出转到垃圾桶三个色盘所对应的实际度数，如图 7-44 所示。

图 7-44　3 号舵机还需要调试出转到垃圾桶

课堂任务

任务一：三个舵机联合调试得出 s11，s12，s13；s21，s22，s23；s31，s32 的变量的角度值。

任务二：完成机械臂捡方块和放方块动作调试。

探究活动

1. 三个舵机联合调试

测试得出舵机每个动作所对应的舵机度数

下面的操作过程是以 1 号舵机转到初始状态（s11）为例，此时 2 号和 3 号舵机不需要与控制板连线，否则 2、3 号舵机就会乱转动。

(1)下面的程序是将 1 号舵机的角度设置为 0~180°,能看到舵机来回转动的效果。

```
#include <Servo.h>   //调用舵机函数库
Servo myservo1;  //创建舵机对象
void setup()
{ myservo1.attach(7);  //指定 myservo1 与 D7 引脚相连接
Serial.begin(9600);  //设置比特率,用于输出调试信息
}
void loop()
{ int j=180;
for(int i=1;i<=j;i++)
{ //设置 1 号舵机转到 180°
myservo1.write(i);
Serial.println(i);delay(80);}
for(int i=j;i>=1;i--)
{ //设置 1 号舵机转回到零度
myservo1.write(i); Serial.println(i);delay(80); } }
```

(2)把上面程序下载到小车主板上(Arduino),当小车舵机旋转到指定位置时,记录下串口监视器中显示的角度,如图 7-45 所示,将图中的 74 记录下来,此 74 即为 s11 的值。

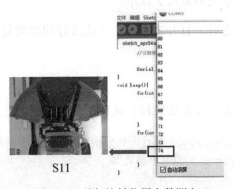

图 7-45　舵机旋转位置参数测定

(3)舵机的动作变量修改采用上述方法,分别测出三个舵机 s11、s12、s13、s21、s22、s23、s31、s32 这 8 个状态所对应的舵机角度值(catch 函数里用到这些角度值)和 switch 函数里面转到三个垃圾桶的角度值,并将这些数值记录下,为智能垃圾分类机器人多个舵机调试时使用。

```
s11 = 70; s12 = 60; s13 = 88;
s21 = 90; s22 = 110; s23 = 60;
s31 = 142; s32 = 0;
switch (n){
    case 1:a = 123;  //红
    case 2:a = 142;  //蓝
 case 3:a = 180;  //绿
    }
```

2. 机械臂动作调试

在记录完三个舵机的所有动作角度后,调试机械臂进行拾颜色方块和放颜色方块的 catch

和 down 动作函数。catch 和 down 需要用到之前记录的 S11、S12、S13；S21、S22、S23；S31、S32。还有 switch(n)函数里面 3 号舵机分别转到红蓝绿垃圾桶对应的角度值。

把三个舵机与控制板连接，仔细观察下面程序代码，此程序用来测试机械臂将方块放到红色垃圾桶的效果，但我们要把程序中有关的数值更改为之前调试记录下来的数值。

（1）将下面程序 Catch 函数里黄色底纹的数字改为之前记录下来的 S11、S12、S13；S21、S22、S23；S31、S32 值。

（2）下面程序 switch 函数和 down 函数绿色部分里 180、160、140 分别为机械臂（3 号舵机控制转动）转到红蓝绿垃圾桶时 3 号舵机的度数，需根据之前调试得出实际度数更改。

（3）将下面程序 down 函数里黄色底纹的数字改为之前记录下来的 S11、S12、S13；S21、S22、S23；S31 值，但是 S32=S31-90 不要改动。

仔细检查下面程序的数值是否已全部改好，改好后将程序下载到 Arduino 中。如果以上程序能正确拾取和放下红色色块，说明 catch 和 down 函数调试完成了，假如不能正确完成，则需要根据出错的位置细调对应舵机变量的数值。

3. 机械臂测试好的程序代码写入主程序

测试完 catch 和 down 之后，打开主程序，将修改好的参数复制到主程序中相同的地方，完成机械臂的完整调试。

程序设计

1. 测试机械臂将方块放到红色垃圾桶的效果程序代码如下。

```
#include "Function.h"   //包含变量的定义和函数的实现
#include "ColSensor.h"  //颜色传感器类
#include "Track.h"      //巡线传感器类
#include "Car.h"        //小车类
#include "ColQueue.h"   //队列类
#include "Servo.h"
//夹取方块并放到小车相应垃圾桶上
void Catch(int n){
    int a;
    int s11, s12, s13, s21, s22, s23, s31, s32;
    //此处参数需修改
    s11 = 70; s12 = 90; s13 = 60;
    s21 = 90; s22 = 110; s23 = 60;
    s31 = 160; s32 = 0;
    //1-3 分别表示红蓝绿 3 个垃圾桶的位置
    switch (n){
      case 1:a = 180; break;
      case 2:a = 160; break;
      case 3:a = 140; break;
       default:return; break;
    }
    myservo1.attach(7, 544, SERVOS_MAX);
```

```
        myservo2.attach(12, 544, SERVOS_MAX);
        myservo3.attach(A0, 544, SERVOS_MAX);
        myservo2.write(s21); myservo1.write(s11); myservo3.write(s31);
        delay(300);
        ServoMove(s21, s22, 2); ServoMove(s31, s32, 3); ServoMove(s11, s12, 1);
        ServoMove(s22, s23, 2); ServoMove(s12, s13, 1); ServoMove(s23, s22, 2);
        ServoMove(s32, a, 3); ServoMove(s22, s21, 2); ServoMove(s13, s11, 1);
        ServoMove(s21, s22, 2); ServoMove(a, s31, 3); ServoMove(s22, s21, 2);
        myservo1.detach(); myservo2.detach(); myservo3.detach();
        Plus();
}
//夹取小车上的垃圾并放到相应的垃圾场
void Down(int n){
        int a = 0;
        int s11, s12, s13, s21, s22, s23, s31, s32;
        //此处参数需修改
        s11 = 70; s12 = s11; s13 = 60;
        s21 = 90; s22 = 110; s23 = s22;
        s31 = 180; s32 = s31 - 90;
        //1-3 分别表示红蓝绿 3 个垃圾桶的位置
        switch (n){
        case 1:a = 180; break;
        case 2:a = 160; break;
        case 3:a = 140; break;
        default:return; break;
        }
        myservo1.attach(7, 544, SERVOS_MAX);
        myservo2.attach(12, 544, SERVOS_MAX);
        myservo3.attach(A0, 544, SERVOS_MAX);
        myservo2.write(s21); myservo1.write(s11); myservo3.write(s31);
        delay(300);
        ServoMove(s21, s22, 2); ServoMove(s31, a, 3); ServoMove(s22, s21, 2);
        ServoMove(s11, s13, 1); ServoMove(s21, s22, 2); ServoMove(a, s32, 3);
        ServoMove(s22, s23, 2); ServoMove(s13, s11, 1); ServoMove(s23, s22, 2);
        ServoMove(s32, s31, 3); ServoMove(s22, s21, 2);
        myservo1.detach(); myservo2.detach(); myservo3.detach();
}
void setup(){
        myservo1.attach(7, 544, SERVOS_MAX);
        myservo2.attach(12, 544, SERVOS_MAX);
        myservo3.attach(A0, 544, SERVOS_MAX);
}
void loop(){
        Catch(1);   // 抓起红色色块
        delay(1000);  //停顿 1s
        Down(1);   //放下红色色块
}
```

2. 垃圾分类机器人主程序代码如下。

//特别提醒：以上主程序 2 号舵机为 270°，为了竞赛需要把原来 180°改为 270°。

```
#include "Function.h"   //包含变量的定义和函数的实现
#include "ColSensor.h"  //颜色传感器类
#include "Track.h"      //巡线传感器类
#include "Car.h"        //小车类
#include "ColQueue.h"   //队列类
#include "Servo.h"
//#define Speed /*用来调试速度和行进方向，先把//去掉，再调试，完成补回*/
int color[4] = { 0, 0, 0, 0 };
int sepan[4]={0,117,94,73};//红蓝绿三个色盘的 3 号舵机角度
int duoji3jiao;//色盘开始转动的角度变量，以免 3 号舵机乱动。
int catch_no=1;
int ii=0;//记录圈数
//夹取方块并放到小车相应垃圾桶上
void Catch(int n,int cixiu){
    int a;
       int catchorder;
        catchorder=cixiu;
       //s11:1 号舵机（机械夹）初始角度，夹子放在蓝色盘中
       //s12 :1 号舵机（机械夹）夹垃圾块张开的角度
       //s13 :1 号舵机（机械夹）夹垃圾块时的角度
       //s21 :2 号舵机(升降) 初始角度
       //s22:2 号舵机(升降) 从车身垃圾架升降的高度,以便 3 号舵机旋转。
       //s23:号舵机(升降) 为检测到垃圾块后为了夹垃圾块而降下的高度
       //s31:3 号舵机（旋转）初始角度
       //s32:3 号舵机（旋转）从车身垃圾架转到对准垃圾块的角度
       int s11, s12, s13, s21, s22, s23, s31, s32;
    //此处参数需修改
    s11 = 95; s12 = 103; s13 = 68;//数值越大，机械夹张开角度越大
    s21 = 55; s22 =90; s23 = 260;//数值越大，降得越低
       s32 =  sepan[2];//方块前
    //1-3 分别表示红蓝绿 3 个垃圾桶的位置
    switch (n){
        case 1:a = sepan[1]; break;//红
        case 2:a = sepan[2]; break;//蓝
        case 3:a =sepan[3]; break;//绿
        default:return; break;
    }
    myservo1.attach(7);myservo2.attach(12);     myservo3.attach(A0);
     myservo1.write(s11);
      myservo2.write(s21);
       //myservo2.writeMicroseconds(map(s21, 0, 270, 544, 2400));
       myservo3.write(duoji3jiao);
    ServoMove(s21, s22, 2);//2 号升
       ServoMove(duoji3jiao, s32, 3); //3 号转到方块前
       ServoMove(s11, s12, 1);//1 号张开最大
    ServoMove(s22, s23, 2); //2 号降到方块位置
       ServoMove(s12, s13, 1);  // 1 号夹方块
```

```
        ServoMove(s23, s22, 2);//2号升
    ServoMove(s32, sepan[n], 3);// 3号转到对应色盘
        duoji3jiao=sepan[n];
        ServoMove(s22, s21, 2);   //2号降
        ServoMove(s13, s11, 1);//1号松
     if (catchorder==3){
    ServoMove(s21, s22, 2); //2号升
        ServoMove(sepan[n], sepan[1], 3); //抓满3个方块后转到红色盘
        ServoMove(s22, s21, 2);//2号降
     }
     myservo1.detach(); myservo2.detach(); myservo3.detach();
}
//夹取小车上的垃圾并放到相应的垃圾场
void Down(int n){
    int a = 0;
    int s11, s12, s13, s21, s22, s23, s31, s32;
    //此处参数需修改
    s11 = 95; s12 = 103; s13 = 68;//数值越大,机械夹张开角度越大
    s21 = 35; s22 =80; s23 = 40;//放方块2号舵机角度
    s31 = sepan[2]; //初始位置设为蓝色盘
        s32 =42;//放方块3号舵机角度
    //1-3分别表示红蓝绿3个垃圾桶的位置
    switch (n){
        case 1:a = sepan[1]; break;//红
        case 2:a = sepan[2]; break;//蓝
        case 3:a = sepan[3]; break;//绿
    default:return; break;
     }
    myservo1.attach(7);myservo2.attach(12);    myservo3.attach(A0);
        myservo1.write(s11);
        myservo2.write(s21);
        //myservo2.writeMicroseconds(map(s21, 0, 270, 544, 2400));
        myservo3.write(sepan[n]);
        ServoMove(s21, s21, 2);//2号降到
        ServoMove(s11, s13, 1);//1号夹
        ServoMove(s21, s22, 2);//2号升
        ServoMove(sepan[n], s32-(ii*3), 3);//3号转
    ServoMove(s22, s23, 2); //2号降更低
        ServoMove(s13, s11, 1); //1号松
        ServoMove(s23, s22, 2);//2号升
 if (n==3){
    ServoMove(s32, sepan[2], 3);//放完3个方块后3号转到蓝色盘
        duoji3jiao=sepan[2];//放完方块后让机械手位于蓝色盘
  }
  else{
      ServoMove(s32,sepan[n+1], 3);
      }
      ServoMove(s22, s21, 2);//2号降到初始位置
    myservo1.detach(); myservo2.detach(); myservo3.detach();
}
```

```c
/******************setup函数*******************/
void setup() {
    sepan[0]=sepan[2];//开机时机械手位于默认位于蓝色盘
    duoji3jiao=sepan[2];//使开始转变的色盘为蓝盘
  SPEED1 =255;/*左轮速度（0~255）*/
  SPEED2 =255;/*右轮速度（0~255）,*/
    TURN = 255; /*小车原地转180°的速度*/
    DELAY = 370;//小车转弯时的延时
  BACK = 90; //小车后退时的延时
    RGB_difference=10;//R,G,B任意2个的最小差值,如果颜色不正确,将10减少
  Memory[0] = 0;
  Serial.begin(9600);
  mycar.Mode();//定义马达接口
  mytrack.Mode();//定义将与红外探测连接引脚配置为输入
  //定义小车前进时IN1和IN3的电平,即调整马达前进方向
  mycar.Infer(0, 1);//如果左边轮后退将0改为1,如果右边后退将1改变0
  for(int s=0;s!=13;s=s+1){
       Memory[s]=4;
       }
#ifdef Speed //只用作测试小车前进速度。
    while (1){
         mycar.Move(SPEED1,SPEED2, 8, 3);
    }
#endif
#ifdef Duoji
    while (1){
       Catch(1);
    }
#endif
   //设定红外的阀值
      //在指示灯停止闪烁前，蜂鸣器响应将红外全部对准黑线部分放置
   Modify();/*自动检测黑白线阀值*/
#ifndef XunJi
   //设置颜色传感器的输出比例因子为100%
   mysensor.Mode(1, 1);
   Ready();
#endif
   //记忆部分
    while (1){
         if((color[1] +color[2]+ color[3]) !=6){
              Tracking(SPEED1, SPEED2);
         num++;
           if (Memory[num] != color[Memory[num]]){
               In();
           Check(num);
              if(color[Memory[num]] == 0){
              Catch(Memory[num],catch_no);
              color[Memory[num]] = Memory[num];
              Memory[num] = 0;
            catch_no=catch_no+1;
               }
```

```
            else{
              mycar.Move(SPEED1, SPEED2, 2, BACK);
              mycar.Move(0, 0, 5, 1);
                }
                        Out();
          }
        }
            else{
                while (num != 12){
                  if (num==12){
                  Tracking(SPEED1, SPEED2);}
                  else {
                    Tracking(SPEED1, SPEED2);
                  }
                  num++;
                }
                num = 0;
            Tracking(SPEED1, SPEED2);
            TurnR();
            while (num != 3){
             Tracking1(SPEED1-100, SPEED2-100);
             num++;
             if (color[num] != 0){
                        Down(num);
                        catch_no=catch_no-1;
                        color[num]=0;
                    }
                }
                Tracking(SPEED1, SPEED2);
                TurnR();
                    num = 0;
                    ii=ii+1;
                    while (ii==4){mycar.Move(0, 0, 5, 1);}
              }

              }
    for (int i = 1; i <= N; i++){
        Push(i);
    }
}
/*******************loop 函数********************/
void loop() {
    }
```

成果分享

同学们可以把自己安装调试好的智能垃圾分类机器人的机械手臂，放在赛道上进行测试，看看你制作的机器人会不会夹取东西和移动，也请大家把调好的作品供同学们分享，让其他同学也能尽快调试好。同时，不妨把你的过程制作成视频发到朋友圈或分享平台进行分享。

思维拓展

本实验是对垃圾分类机器人的机械手臂进行安装与调试，通过安装调试，可以清楚地认识到，要达到夹取的目的，机械手臂的动作协调性很重要。

开发成功的机械手臂行为动作是所有机械手必须完成的功能，这个行为动作设计可以作为其他领域机械手臂行为动作的案例，如果能改良一下手臂的夹板，换成爪子，那么机器手臂是否会更加灵活？

在本实验中也还有几点值得思考：1. 舵机有角度限制，程序里控制舵机转动的最大值不能越过限制值。2. 如何快速准确调试各个舵机的各个角度值。3. 机械臂整体调试过程中如何微调各个舵机变量值，以达到准确完成捡方块和放方块。另外，调试过程中注意机械臂各个动作的快慢情况，以及三个舵机的动作完成先后次序。

想创就创

歌尔股份有限公司研发的垃圾收集机器人，专利号为：201621492840.5，该实用新型涉及机器人领域，包括箱体，所述箱体上铰接有箱盖，所述箱体下方设有驱动轮，驱动轮连接有动力装置和转向装置，所述箱体的侧部设有激光雷达和摄像头，所述箱体上还设有麦克风；还包括控制器，所述控制器内设有语音识别模块，所述动力装置、所述转向装置、所述激光雷达、所述摄像头和所述麦克风均电连接所述控制器。本实用新型垃圾收集机器人解决了现有垃圾箱使用不方便的技术问题，该实用新型垃圾收集机器人根据语音指令能够自动移动到用户身边，同时还能够自动完成充电、对垃圾进行分类、更换垃圾袋等工作，使用方便，智能化程度高。

歌尔股份有限公司研发的垃圾收集机器人，创意是什么，创新点在那里，有什么价值？我们从中得到什么启发，同学们，想创就创吧，没有梦想不可能有现实，大胆假设，然后把假设变为现实，成功是属于你的。

本章学习评价

完成下列各题，并通过本章的知识链接、探究活动、程序设计、成果分享、思维拓展、想创就创等，综合评价自己在知识与技能、解决实际问题的能力以及相关情感态度与价值观的形成等方面，是否达到了本章的学习目标。

本章完成智能机器人制作之后，班级分组进行一次比赛活动，参赛选手的机器人从统一起点（地图如图 7-46 所示）沿黑色轨道行进（允许机器人掉头行驶），到达各个小区，由裁判计时，在 10 分钟内，将小区的垃圾块拾起及放到机器人的垃圾桶上，并运送到地图底部的垃圾收集区，倾倒到对应的绿、蓝、红垃圾收集区内。当将各个小区的垃圾全部正确收集分类倾倒完后，则视为完成任务。

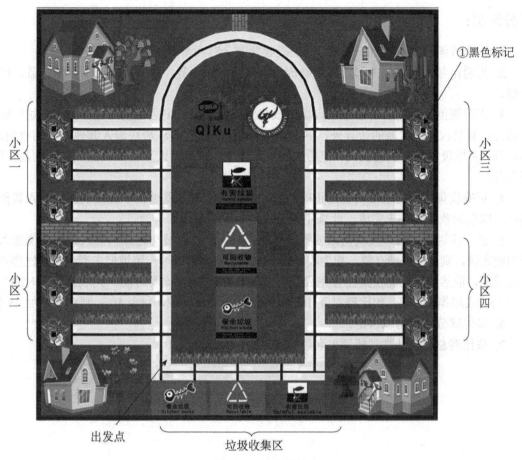

图 7-46 比赛地图

每个参赛选手起始分数：100 分。机器人在比赛中犯规会进行相应的扣分，而完成相应的任务则进行相应的加分，具体参见加分项目及扣分情况，如表 7-9 所示。

表 7-9 评价表

序号	项目	名称	分值	比赛计数或计时	得分	备注
1	加分项目	正确拾起垃圾块	+20 分/个			
2		正确倾倒垃圾块	+20 分/个			
3		垃圾块放置错误或被丢弃	-10 分/个			
4	扣分项目	错误倾倒垃圾块	-10 分/个			
5		重启机器人	-20 分/个			
6		冲出跑道	-20 分/个			
7		原地不动	-100 分/个			
8	正确收集完成剩余时间加分		+0.5 分/s			
9	原始分		100			
合计						

评分说明：

1. 比赛成绩=原始分+加分－扣分+正确收集剩余时间得分。
2. 正确拾起：垃圾被夹起，并正确放置方式为：绿、蓝、红垃圾对应车身绿、蓝、红垃圾桶。
3. 正确倾倒：倾倒后，整个垃圾块被放在对应的颜色收集区域里，即得分；若垃圾块有一部分压到对应正确区域的边界外，不得分；若在倾倒过程中垃圾块滚入其他错误的收集区，不得分；若垃圾块初始放置正确，但后面经过时被车轮或机器人其他部位撞入错误的收集区，则得分。
4. 正确收集：指将垃圾块全部正确放置在收集区，若放置过程中垃圾块错误掉入其他收集区，则视为收集任务未完成，此项不得分。
5. 进一步说明：若垃圾块初始放置正确，但后面经过时被车轮或机器人其他部位撞入错误的收集区，则该项成绩有效，视为收集任务完成。有重启或冲出跑道但未影响正常比赛并收集完成的，依然认为正确收集任务完成。正确收集的加分=（比赛时间－完成比赛的时间）×60×0.5。成绩换算举例：如比赛时间10分钟，9分钟10s完成，剩余50s，则总成绩加25分。
6. 其他评分细则可以自定。
7. 按比赛总成绩从高到低评出名次。

附录　Arduino 语法汇总表

Arduino 的程序可以划分为三个主要部分：结构、变量（变量与常量）、函数。
其中，结构部分的第一至六项在正文第一章至第七章已经介绍，在此不重复。

结构部分

一、结构

1.1 setup()
1.2 loop()

二、结构控制

2.1 if
2.2 if…else
2.3 for
2.4 switch case
2.5 while
2.6 do…while
2.7 break
2.8 continue
2.9 return
2.10 goto

三、扩展语法

3.1 ;（分号）
3.2 {}（花括号）
3.3 //（单行注释）
3.4 /* */（多行注释）
3.5 #define
3.6 #include

四、算数运算符

4.1 =（赋值运算符）
4.2 +（加）
4.3 －（减）
4.4 *（乘）

4.5 /（除）
4.6 %（模）

五、比较运算符

5.1 ==（等于）
5.2 !=（不等于）
5.3 <（小于）
5.4 >（大于）
5.5 <=（小于等于）
5.6 >=（大于等于）

六、布尔运算符

6.1 &&（与）
6.2 ||（或）
6.3 !（非）

七、指针运算符

7.1 * 取消引用运算符
指针运算符：&（取地址）和*（取地址所指的值）
指针对 C 语言初学者来说是一个比较复杂的内容，但是编写大部分 Arduino 代码时可以不用涉及指针。然而，操作某些数据结构时，使用指针能够简化代码，但是指针的操作知识很难在工具书中找到，可以参考 C 语言相关工具书。

7.2 & 引用运算符，详见 7.1 *取消引用运算符

八、位运算符

8.1 &（bitwise and）
按位与（&）：按位操作符对变量进行位级别的计算。它们能解决很多常见的编程问题。下面的材料大多来自这个非常棒的按位运算指导。

下面是所有的运算符的说明和语法。进一步的详细资料，可参考教程。

按位与（&）：位操作符与在 C++中是一个&符，用在两个整型变量之间。按位与运算符对两侧的变量的每一位都进行运算，规则是：如果两个运算元都是 1，则结果为 1，否则输出 0 另一种表达方式：

0 0 1 1 运算元 1
0 1 0 1 运算元 2
----
0 0 0 1（运算元 1&运算元 2）—返回结果

在 Arduino 中，int 类型为 16 位，所以在两个 int 表达式之间使用&会进行 16 个并行按位与计算。代码片段就像这样：

```
int a = 92;    //二进制：0000000001011100
int b = 101;   // 二进制：0000000001100101
int c = a & b; // 结果：   0000000001000100，或 10 进制的 68
```

a 和 b 的 16 位每位都进行按位与计算，计算结果存在 c 中，二进制结果是 01000100，十进制结果是 68。

按位与最常见的作用是从整型变量中选取特定的位，也就是屏蔽。见下方的例子。

按位或（|）：按位或操作符在 C++中是|。和&操作符类似，|操作符对两个变量的每一位都进行运算，只是运算规则不同。按位或规则：只要两个位有一个为 1 则结果为 1，否则为 0。换句话说：

0 0 1 1 运算元 1
0 1 0 1 运算元 2
----
0 1 1 1（运算元 1 | 运算元 2）—返回的结果

这里是一个按位或运算在 C++代码片段：

```
int a = 92;    // 二进制：0000000001011100
int b = 101;   //二进制：0000000001100101
int c = a | b; // 结果：   0000000001111101，或十进制的 125
```

按位与和按位或运算常用于端口的读取—修改—写入。在微控制器中，一个端口是一个 8 位数字，它用于表示引脚状态。对端口进行写入能同时操作所有引脚。

PORTD 是一个内置的常数，是指 0，1，2，3，4，5，6，7 数字引脚的输出状态。如果某一位为 1，着对应管脚为 HIGH。（此引脚需要先用 pinMode()命令设置为输出）因此如果我们这样写，PORTD=B00110001；则引脚 2、3、7 状态为 HIGH。这里有个小陷阱，我们可能同时更改了引脚 0、1 的状态，引脚 0、1 是 Arduino 串行通信端口，因此我们可能会干扰通信。

我们的算法的程序是：

读取 PORT 并用按位与清除我们想要控制的引脚
用按位或对 PORTD 和新的值进行运算

```
int i;    // 计数器
int j;

void setup()
DDRD = DDRD | B11111100; //设置引脚 2~7 的方向，0、1 脚不变(xx|00==xx)
//效果和 pinMode(pin,OUTPUT)设置 2~7 脚为输出一样
serial.begin (9600);
}

void loop () {
for (i=0; i<64; i++){

PORTD = PORTD & B00000011;  // 清除 2~7 位，0、1 保持不变（xx & 11 == xx）
j = (i << 2);               //将变量左移为·2~7 脚，避免 0、1 脚
PORTD = PORTD | j;          //将新状态和原端口状态结合以控制 LED 脚
Serial.println(PORTD, BIN); // 输出掩盖以便调试
```

```
delay(100);
}
}
```

按位异或（∧）：C++中有一个不常见的操作符叫按位异或，也叫作 XOR（通常读作"eks-or"）。按位异或操作符用'∧'表示。此操作符和按位或（|）很相似，区别是如果两个位都为1则结果为0：

0 0 1 1 运算元 1
0 1 0 1 运算元 2
----
0 1 1 0（运算元 1∧运算元 2）－返回的结果

按位异或的另一种解释是如果两个位值相同则结果为0，否则为1。

下面是一个简单的代码示例：

```
int x = 12;      // 二进制: 1100
int y = 10;      // 二进制: 1010
int z = x ∧ y;   // 二进制: 0110, 或十进制 6
// Blink_Pin_5
//演示"异或"
void setup(){
DDRD = DDRD | B00100000;  //设置数字脚5设置为输出
serial.begin (9600);
}

void loop ()  {
PORTD = PORTD ∧ B00100000;  // 反转第5位（数字脚5），其他保持不变
delay(100);
}
```

8.2 |（bitwise or）：

详见 8.1 &（按位与）

8.3 ∧（bitwise xor）：

详见 8.1 &（按位与）

8.4 ~（bitwise not）

按位取反（~）：按位取反在C++语言中是波浪号~。与&（按位与）和|（按位或）不同，按位取反使用在一个操作数的右侧。按位取反将操作数改变为它的"反面"：0变为1，1变成0。例如：

```
0 1      operand1
----------
1 0    ~ operand1
int a = 103;   // 二进制: 0000000001100111
int b = ~a;    // 二进制: 1111111110011000 = -104
```

你可能会惊讶地看到结果为像–104这样的数字。这是因为整数型变量的最高位，即所谓的符号位。如果最高位是 1，这个数字将变为负数。这个正数和负数的编码被称为补。想了

解更多信息，请参考 Wikipedia 文章 two's complement.

顺便说一句，有趣的是，要注意对于任何整数型操作数 X，～X 和－X－1 是相同的。

有时，对带有符号的整数型操作数进行位操作可以造成一些不必要的意外。

8.5 <<（bitshift left）：

bitshift left (<<), bitshift right (>>)

出自 Playground 的 The Bitmath Tutorial 在 C++语言中有两个移位运算符：左移位运算符（«）和右移运算符（»）。这些操作符可使左运算元中的某些位移动右运算元中指定的位数。想了解有关位的更多信息可以单击这里。语法如下：

variable « number_of_bits variable » number_of_bit 其中的参数

variable - (byte, int, long) number_of_bits integer ⇐ 32

例子

```
int a = 5;            // 二进制数：0000000000000101
int b = a << 3;       // 二进制数：0000000000101000，或十进制数：40
int c = b >> 3;       // 二进制数：0000000000000101，或者说回到开始时的 5
//当你将 x 左移 y 位时（x«y），x 中最左边的 y 位会逐个逐个的丢失:
int a = 5;            // 二进制：0000000000000101
int b = a << 14;      // 二进制：0100000000000000 - 101 中最左边的 1 被丢弃
```

如果你确定位移不会引起数据溢出，你可以简单地把左移运算当作对左运算元进行 2 的右运算元次方的操作。例如，要产生 2 的次方，可使用下面的方式：

1 << 0 == 1

1 << 1 == 2

1 << 2 == 4

1 << 3 == 8

...

1 << 8 == 256

1 << 9 == 512

10 << 1 == 1024

...

当你将 x 右移 y 位，如果 x 最高位是 1，位移结果将取决于 x 的数据类型。如果 x 是 int 类型，最高位为符号位，确定是否 x 是负数或不是，正如我们上面的讨论。如果 x 类型为 int，则最高位是符号位，正如我们以前讨论过，符号位表示 x 是正还是负。在这种情况下，由于深奥的历史原因，符号位被复制到较低位：

X = -16; //二进制：1111111111110000

Y = X >> 3 //二进制：1111111111111110

这种结果，被称为符号扩展，往往不是你想要的行为。你可能希望左边被移入的数是 0。右移操作对无符号整型来说会有不同结果，你可以通过数据强制转换改变从左边移入的数据：

```
X = -16; //二进制：1111111111110000
int y = (unsigned int)x >> 3;  // 二进制：0001111111111110
```

如果你能小心地避免符号扩展问题，你可以将右移操作当作对数据除 2 运算。例如：

```
INT = 1000;
Y = X >> 3; 8 1000   //1000整除8，使y=125
```

8.6 >>（bitshift right）：
详见 8.5 <<（左移位运算符）

九、复合运算符

9.1 ++ (increment)
9.1 ++ (递增)/－－(递减)：递增或递减一个变量
语法
```
x++;   //x自增1返回x的旧值
++x;   // x自增1返回x的新值

x--;   // x自减1返回x的旧值
--x;   //x自减1返回x的新值
```

参数
```
x：int 或 long（可能是 unsigned）
```

返回
变量进行自增/自减操作后的原值或新值。
例子
```
x = 2;
y = ++x;      // 现在x=3，y=3
y = x--;      // 现在x=2，y还是3
```

9.2 -- (decrement)：
详见 9.1 ++ (递增)

9.3 += (compound addition)
9.3 += (复合加)：+= , -= , *= , /=
执行常量或变量与另一个变量的数学运算。+=等运算符是以下扩展语法的速记。语法
```
X += Y;   //相当于表达式X = X + Y;
X -= Y;   //相当于表达式X = X - Y;
X *= Y;   //相当于表达式X = X * Y;
X /= Y;   //相当于表达式X = X / Y;
```

参数
X：任何变量类型
Y：任何变量类型或常数
例子
```
x = 2;
x += 4;       // x 现在等于 6
x -= 3;       // x 现在等于 3
```

```
x *= 10;       // x 现在等于 30
x /= 2;        // x 现在等于 15
```

9.4 -= (compound subtraction):

详见 9.3 +=（复合加）

9.5 *= (compound multiplication):

详见 9.3+=（复合加）

9.6 /= (compound division):

详见 9.3+=（复合加）

9.7 &= (compound bitwise and)

复合运算按位与运算符（&=）经常被用来将一个变量和常量进行运算使变量某些位变为 0。这通常被称为"清算"或"复位"位编程指南。语法如下：

x &= y;   // 等价于 x = x & y;

参数

x: char，int 或 long 类型变量

Y: char，int 或 long 类型常量

例如

首先，回顾一下按位与（&）运算符

0 0 1 1 运算元 1

0 1 0 1 运算元 2

----

0 0 0 1（运算元 1&运算元 2）—返回的结果

任何位与 0 进行按位与操作后被清零，如果 myBite 是变量

myByte & B00000000 = 0;

因此，任何位与 1 进行"按位与运算"后保持不变

myByte B11111111 = myByte;

注意：因为我们用位操作符来操作位，所以使用二进制的变量会很方便。如果这些数值是其他值将会得到同样结果，只是不容易理解。同样，B00000000 是为了标示清楚，0 在任何进制中都是 0。因此—清除（置零）变量的任意位 0 和 1，而保持其余的位不变，可与常量 B11111100 进行复合运算按位与（&=）

1 0 1 0 1 0 1 0 变量

1 1 1 1 1 1 0 0 mask

----

1 0 1 0 1 0 0 0

变量不变 位清零

将变量替换为 x 可得到同样结果

X X X X X X X X 变量

1 1 1 1 1 1 0 0 mask

X X X X X X 0 0

变量不变 位清零
同理
myByte = 10101010;
myByte &= B1111100 == B10101000;
9.8 |= (compound bitwise or)
复合按位或操作符（|=）经常用于变量和常量"设置"（设置为 1），尤其是变量中的某一位。语法如下：
x |= y;   //等价于 x = x | y;
参数
x：char，int 或 long 类型
y：整数，int 或 long 类型
例如
首先，回顾一下 OR（|）运算符
　0　0　1　1　　运算元 1
　0　1　0　1　　运算元 2
　----------
　0 1 1 1（运算元 1 | 运算元 2）　-　返回的结果
如果变量 myByte 中某一位与 0 经过按位或运算后不变。
myByte | B00000000 = myByte;
与 1 经过或运算的位将变为 1.
myByte | B11111111 B11111111;
因此—设置变量的某些位为 0 和 1，而变量的其他位不变，可与常量 B00000011 进行按位与运算（|=）
1 0 1 0 1 0 1 0 变量
0 0 0 0 0 0 1 1
----
1 0 1 0 1 0 1 1
变量保持不变位设置
接下来的操作相同，只是将变量用 x 代替
X X X X X X X X 变量
0 0 0 0 0 0 1 1 mask

X X X X X X 1 1
变量保持不变位设置
同上：
myByte = B10101010;
myByte |= B00000011 == B10101011;

变量部分

一、常量

10.1 HIGH|LOW（引脚电压定义）
10.2 INPUT|OUTPUT（数字引脚（Digital pins）定义）
10.3 true | false（逻辑层定义）
10.4 integer constants（整数常量）
10.5 floating point constants（浮点常量）

二、数据类型

11.1 void
11.2 boolean（布尔）
11.3 char（有号数据类型）
11.4 unsigned char（无符号数据类型）

一个无符号数据类型占用 1 个字节的内存。与 byte 的数据类型相同。

无符号的 char 数据类型能编码 0 到 255 的数字。

为了保持 Arduino 的编程风格的一致性，byte 数据类型是首选。

例子

unsigned char myChar = 240;

11.5 byte（无符号数）

一个字节存储 8 位无符号数，从 0 到 255。

例子

byte b = B10010; // "B" 是二进制格式（B10010 等于十进制 18）

11.6 int（整型）

整数是基本数据类型，占用 2 字节。整数的范围为–32,768 到 32,767（$-2\wedge15 \sim (2\wedge15)-1$）。

整数类型使用 2 的补码方式存储负数。最高位通常为符号位，表示数的正负。其余位被"取反加 1"（此处请参考补码相关资料，不再赘述）。

Arduino 为您处理负数计算问题，所以数学计算对您是透明的（术语：实际存在，但不可操作。相当于"黑盒"）。但是，当处理右移位运算符（»）时，可能有未预期的编译过程。

示例

```
int ledPin = 13;
```

语法

```
int var = val;
var - 变量名
val - 赋给变量的值
```

提示

当变量数值过大而超过整数类型所能表示的范围时（–32,768 到 32,767），变量值会"回滚"（详情见示例）。

```
int x
x = -32,768;
x = x - 1;        // x 现在是 32,767。
x = 32,767;
x = x + 1;        // x 现在是 -32,768。
```

11.7 unsigned int（无符号整型）

无符号整型变量扩充了变量容量以存储更大的数据，它能存储 32 位(4 字节)数据。与标准长整型不同无符号长整型无法存储负数，其范围从 0 到 4,294,967,295（2∧32 −1）。

例子

```
unsigned long time;
void setup()
{
    Serial.begin(9600);
}

void loop()
{
  Serial.print("Time: ");
  time = millis();
//程序开始后一直打印时间
  Serial.println(time);
//等待一秒钟，以免发送大量的数据
    delay(1000);
}
```

语法

```
unsigned long var = val;
var - 你所定义的变量名
val - 给变量所赋的值
```

11.8 word

一个存储一个 16 字节无符号数的字符，取值范围从 0 到 65535，与 unsigned int 相同。

例子

```
word w = 10000;
```

11.9 long（长整数型）

长整数型变量是扩展的数字存储变量，它可以存储 32 位（4 字节）大小的变量，从−2,147,483,648 到 2,147,483,647。

例子

```
long speedOfLight = 186000L; //参见整数常量 'L' 的说明
```

语法

```
long var = val;
var - 长整型变量名
var - 赋给变量的值
```

11.10 unsigned long（无符号长整数型）

无符号长整型变量扩充了变量容量以存储更大的数据，它能存储 32 位(4 字节)数据。与标准长整型不同无符号长整型无法存储负数，其范围从 0 到 4,294,967,295（2∧32－1）。

例子

```
unsigned long time;
void setup()
{
    Serial.begin(9600);
}

void loop()
{
  Serial.print("Time: ");
  time = millis();
//程序开始后一直打印时间
  Serial.println(time);
//等待一秒钟，以免发送大量的数据
    delay(1000);
}
```

语法

```
unsigned long var = val;
var - 你所定义的变量名
val - 给变量所赋的值
```

11.11 float（浮点型数）

float，浮点型数据，就是有一个小数点的数字。浮点数经常被用来近似的模拟连续值，因为他们比整数更大的精确度。浮点数的取值范围在 3.4028235E+38～－3.4028235E+38。它被存储为 32 位（4 字节）的信息。

float 只有 6－7 位有效数字。这指的是总位数，而不是小数点右边的数字。与其他平台不同的是，在那里你可以使用 double 型得到更精确的结果（如 15 位），在 Arduino 上，double 型与 float 型的大小相同。

浮点数字在有些情况下是不准确的，在数据大小比较时，可能会产生奇怪的结果。例如，6.0/3.0 可能不等于 2.0。你应该使两个数字之间的差额的绝对值小于一些小的数字，这样就可以近似的得到这两个数字相等这样的结果。

浮点运算速度远远慢于执行整数运算，例如，如果这个循环有一个关键的计时功能，并需要以最快的速度运行，就应该避免浮点运算。程序员经常使用较长的程式把浮点运算转换成整数运算来提高速度。

举例

```
float myfloat;
float sensorCalbrate = 1.117;
```

语法

```
float var = val;
var——您的 float 型变量名称
val——分配给该变量的值
```

示例代码

```
int x;
int y;
float z;
x = 1;
y = x / 2;              // Y 为 0，因为整数不能容纳分数
z = (float)x / 2.0;     // Z 为 0.5（你必须使用 2.0 做除数，而不是 2）
```

11.12 double（双精度浮点数）

双精度浮点数。占用 4 个字节。目前的 Arduino 上的 double 实现和 float 相同，精度并未提高。

提示：如果你从其他地方得到的代码中包含了 double 类变量，最好检查一遍代码以确认其中的变量的精确度能否在 Arduino 上达到。

11.13 string（char array/字符串）

string（字符串）：文本字符串可以有两种表现形式。你可以使用字符串数据类型（这是 0019 版本的核心部分），或者你可以做一个字符串，由 char 类型的数组和空终止字符('\0') 构成。（求助，待润色-Leo）本节描述了后一种方法。而字符串对象（String object）将让你拥有更多的功能，同时也消耗更多的内存资源，关于它的详细信息，请参阅页面（String object）。

举例：以下所有字符串都是有效的声明。

```
char Str1[15];
char Str2[8] = {'a', 'r', 'd', 'u', 'i', 'n', 'o'};
char Str3[8] = {'a', 'r', 'd', 'u', 'i', 'n', 'o', '\0'};
char Str4[ ] = "Arduino";
char Str5[8] = "Arduino";
char Str6[15] = "Arduino";
```

声明字符串的解释

在 Str1 中声明一个没有初始化的字符数组

在 Str2 中声明一个字符数组（包括一个附加字符），编译器会自动添加所需的空字符

在 Str3 中明确加入空字符

在 Str4 中用引号分隔初始化的字符串常数，编译器将调整数组的大小，以适应字符串常量和终止空字符

在 Str5 中初始化一个包括明确的尺寸和字符串常量的数组

在 Str6 中初始化数组，预留额外的空间用于一个较大的字符串

空终止字符

一般来说，字符串的结尾有一个空终止字符（ASCII 代码 0）。以此让功能函数（例如 Serial.pring()）知道一个字符串的结束。否则，他们将从内存继续读取后续字节，而这些并不

属于所需字符串的一部分。

这意味着,你的字符串比你想要的文字包含更多的个字符空间。这就是为什么 Str2 和 Str5 需要八个字符,即使"Arduino"只有七个字符－最后一个位置会自动填充空字符。str4 将自动调整为八个字符,包括一个额外的空。在 Str3 中,已经明确地包含了空字符(写入'\0')。

需要注意的是,字符串可能没有一个最后的空字符（例如,在 Str2 中已定义字符长度为 7,而不是 8)。这会破坏大部分使用字符串的功能,所以不要故意而为之。如果你注意到一些奇怪的现象（在字符串中操作字符）,基本就是这个原因导致的了。

单引号？还是双引号？

定义字符串时使用双引号（例如"ABC"）,而定义一个单独的字符时使用单引号（例如,'A'）

包装长字符串

你可以像这样打包长字符串：char myString[] = "This is the first line""this is the second line""etcetera";

字符串数组

当你的应用包含大量的文字,如带有液晶显示屏的一个项目,建立一个字符串数组是非常便利的。因为字符串本身就是数组,它实际上是一个两维数组的典型。

在下面的代码,"char*"在字符数据类型 char 后跟了一个星号'*'表示这是一个"指针"数组。所有的数组名实际上是指针,所以这需要一个数组的数组。指针对于 C 语言初学者而言是非常深奥的部分之一,但我们没有必要了解详细指针,就可以有效地应用它。

样例

```
char* myStrings[]={
  "This is string 1", "This is string 2", "This is string 3",
  "This is string 4", "This is string 5","This is string 6"};

void setup(){
  Serial.begin(9600);
}

void loop(){
  for (int i = 0; i < 6; i++){
    Serial.println(myStrings[i]);
    delay(500);
  }
}
```

11.14 String object（String 类）

String 类,是 0019 版的核心的一部分,允许你实现比运用字符数组更复杂的文字操作。你可以连接字符串,增加字符串,寻找和替换子字符串以及其他操作。它比使用一个简单的字符数组需要更多的内存,但它更方便。

仅供参考,字符串数组都用小写的 string 表示而 String 类的实例通常用大写的 String 表示。注意,在"双引号"内指定的字符常量通常被作为字符数组,并非 String 类实例。

函数

```
String
charAt()
compareTo()
concat()
endsWith()
equals()
equalsIgnoreCase()
GetBytes()
indexOf()
lastIndexOf
length
replace()
setCharAt()
startsWith()
substring()
toCharArray()
toLowerCase()
toUpperCase()
trim()
```

操作符
[]（元素访问）
+（串联）
==（比较）

举例

```
StringConstructors
StringAdditionOperator
StringIndexOf
StringAppendOperator
StringLengthTrim
StringCaseChanges
StringReplace
StringCharacters
StringStartsWithEndsWith
StringComparisonOperators
StringSubstring
```

11.15 array（数组）

数组是一种可访问的变量的集合。Arduino 的数组是基于 C 语言的，因此这会变得很复杂，但使用简单的数组是比较简单的。

创建（声明）一个数组
下面的方法都可以用来创建（声明）数组。

```
myInts [6];
myPins [] = {2, 4, 8, 3, 6};
mySensVals [6] = {2, 4, -8, 3, 2};
```

```
char message[6] = "hello";
```

你声明一个未初始化数组，例如 myPins。

在 myPins 中，我们声明了一个没有明确大小的数组。编译器将会计算元素的大小，并创建一个适当大小的数组。

当然，你也可以初始化数组的大小，例如在 mySensVals 中。请注意，当声明一个 char 类型的数组时，你初始化的大小必须大于元素的个数，以容纳所需的空字符。

访问数组

数组是从零开始索引的，也就说，上面所提到的数组初始化，数组第一个元素是为索引 0，因此：

```
mySensVals [0] == 2, mySensVals [1] == 4,
```

依此类推。

这也意味着，在包含十个元素的数组中，索引九是最后一个元素。因此，

```
int myArray[10] = {9,3,2,4,3,2,7,8,9,11};
// myArray[9]的数值为 11
// myArray[10]，该索引是无效的，它将会是任意的随机信息（内存地址）
```

出于这个原因，你在访问数组时应该小心。若访问的数据超出数组的末尾（即索引数大于你声明的数组的大小-1），则将从其他内存中读取数据。从这些地方读取的数据，除了产生无效的数据外，没有任何作用。向随机存储器中写入数据绝对是一个坏主意，通常会导致不愉快的结果，如导致系统崩溃或程序故障。要排查这样的错误是也是一件难事。不同于 Basic 或 Java，C 语言编译器不会检查你访问的数组是否大于你声明的数组。

指定一个数组的值

```
mySensVals [0] = 10;
```

从数组中访问一个值：

```
X = mySensVals [4];
```

数组和循环

数组往往在 for 循环中进行操作，循环计数器可用于访问每个数组元素。例如，将数组中的元素通过串口打印，你可以这样做：

```
int i;
for (i = 0; i < 5; i = i + 1) {
Serial.println(myPins[i]);
}
```

例子

如果你需要一个演示数组的完整程序，请参考 Knight Rider exampel。

三、数据类型转换

12.1 char()：将一个变量的类型变为 char。

语法：char(x);

参数 x：任何类型的值

返回 char

12.2 byte()：将一个值转换为字节型数值。

语法：byte(x);

参数 X：任何类型的值

返回：字节

12.3 int()：将一个值转换为 int 类型。

语法：int(x);

参数 x:一个任何类型的值

返回值：int 类型的值

12.4 word()：把一个值转换为 word 数据类型的值，或由两个字节创建一个字符。

语法：word(x)

word(h, l);

参数 X：任何类型的值，H：高阶（最左边）字节，L：低序（最右边）字节。

返回值：字符

12.5 long()：将一个值转换为长整型数据类型。

语法：long(x); 参数，x:任意类型的数值

返回值：长整型数

12.6 float()：将一个值转换为 float 型数值。

语法：float(x);

参数 X：任何类型的值

返回值

float 型数

注释

见 float 中关于 Arduino 浮点数的精度和限制的详细信息。

四、变量作用域&修饰符

13.1 variable scope（变量的作用域）

变量的作用域

在 Arduino 使用的 C 编程语言的变量，有一个名为作用域（scope）的属性。这一点与类似 BASIC 的语言形成了对比，在 BASIC 语言中所有变量都是全局（global）变量。

在一个程序内的全局变量是可以被所有函数所调用的。局部变量只在声明它们的函数内可见。在 Arduino 的环境中，任何在函数（例如，setup(),loop()等）外声明的变量，都是全局变量。

当程序变得更大更复杂时，局部变量是一个有效确定每个函数只能访问其自己变量的途径。这可以防止，当一个函数无意中修改另一个函数使用的变量的程序错误。

有时在一个 for 循环内声明并初始化一个变量也是很方便的选择。这将创建一个只能从 for 循环的括号内访问的变量。

例子

```
int gPWMval;  // 任何函数都可以调用此变量
void setup()
{
  // ...
}

void loop()
{
  int i;     // "i" 只在 "loop" 函数内可用
  float f;   // "f" 只在 "loop" 函数内可用
  // ...

  for (int j = 0; j <100; j++){
    //变量 j 只能在循环括号内访问
  }
}
```

13.2 static（静态变量）

static 关键字用于创建只对某一函数可见的变量。然而，和局部变量不同的是，局部变量在每次调用函数时都会被创建和销毁，静态变量在函数调用后仍然保持着原来的数据。

静态变量只会在函数第一次调用的时候被创建和初始化。

例子

```
/* RandomWalk
 * Paul Badger 2007
 * RandomWalk 函数在两个终点间随机的上下移动
 * 在一个循环中最大的移动由参数 "stepsize" 决定
 *一个静态变量向上和向下移动一个随机量
 *这种技术也被叫作"粉红噪声"或"醉步"
 */

#define randomWalkLowRange -20
#define randomWalkHighRange 20

int stepsize;
int thisTime;
int total;

void setup()
{
    Serial.begin(9600);
}

void loop()
{       //  测试 randomWalk 函数
  stepsize = 5;
  thisTime = randomWalk(stepsize);
  serial.println (thisTime);
```

```
    delay(10);
}

int randomWalk(int moveSize){
  static int place;        // 在 randomwalk 中存储变量
                           // 声明为静态因此它在函数调用之间能保持数据，但其他函数无法改变
它的值
  place = place + (random(-moveSize, moveSize + 1));
  if (place < randomWalkLowRange){                      //检查上下限
    place = place + (randomWalkLowRange - place);       // 将数字变为正方向
  }
  else if(place > randomWalkHighRange){
    place = place - (place - randomWalkHighRange);      // 将数字变为负方向
  }
  return place;
}
```

13.3 volatile

volatile 这个关键字是变量修饰符，常用在变量类型的前面，以告诉编译器和接下来的程序怎么对待这个变量。

声明一个 volatile 变量是编译器的一个指令。编译器是一个将你的 C/C++代码转换成机器码的软件，机器码是 Arduino 上的 Atmega 芯片能识别的真正指令。

具体来说，它指示编译器从 RAM 而非存储寄存器中读取变量，存储寄存器是程序存储和操作变量的一个临时地方。在某些情况下，存储在寄存器中的变量值可能是不准确的。

如果一个变量所在的代码段可能会意外地导致变量值改变那些变量应声明为 volatile，比如并行多线程等。在 Arduino 中，唯一可能发生这种现象的地方就是和中断有关的代码段，成为中断服务程序。

例子

```
//当中断引脚改变状态时，开闭LED
int pin = 13;
volatile int state = LOW;

void setup()
{
  pinMode(pin, OUTPUT);
  attachInterrupt(0, blink, CHANGE);
}

void loop()
{
  digitalWrite(pin, state);
}

void blink()
{
```

```
    state = !state;
}
```

13.4 const

const 关键字代表常量。它是一个变量限定符，用于修改变量的性质，使其变为只读状态。这意味着该变量，就像任何相同类型的其他变量一样使用，但不能改变其值。如果尝试为一个 const 变量赋值，编译时将会报错。

const 关键字定义的常量，遵守 variable scoping 管辖的其他变量的规则。这一点加上使用 #define 的缺陷，使 const 关键字成为定义常量的一个的首选方法。

例子

```
const float pi = 3.14;
float x;

// ....

x = pi * 2;      // 在数学表达式中使用常量不会报错
pi = 7;          // 错误的用法 - 你不能修改常量值，或给常量赋值。
```

#define 或 const

您可以使用 const 或 #define 创建数字或字符串常量。但 arrays，你只能使用 const。一般 const 相对的 #define 是首选的定义常量语法。

五、辅助工具

14.1 sizeof()

sizeof 操作符返回一个变量类型的字节数，或者该数在数组中占有的字节数。

语法：sizeof(variable);

参数 variable：任何变量类型或数组（如 int，float，byte）

示例代码

sizeof 操作符用来处理数组非常有效，它能很方便地改变数组的大小而不用破坏程序的其他部分。

这个程序一次打印出一个字符串文本的字符。尝试改变一下字符串。

```
char myStr[] = "this is a test";
int i;

void setup(){
  Serial.begin(9600);
}

void loop() {
  for (i = 0; i < sizeof(myStr) - 1; i++){
    Serial.print(i, DEC);
    Serial.print(" = ");
    Serial.println(myStr[i], BYTE);
  }
```

```
}
```
请注意 sizeof 返回字节数总数。因此，较大的变量类型，如整数，for 循环看起来应该像这样。
```
for (i = 0; i < (sizeof(myInts)/sizeof(int)) - 1; i++) {
  //用 myInts[i]来做些事
}
```

函数部分

一、数字 I/O

15.1 pinMode()
15.2 digitalWrite()
15.3 digitalRead()

二、模拟 I/O

16.1 analogReference()
配置用于模拟输入的基准电压（即输入范围的最大值）。选项有：
DEFAULT：默认 5V（Arduino 板为 5V）或 3.3V（Arduino 板为 3.3V）为基准电压。
INTERNAL：在 ATmega168 和 ATmega328 上以 1.1V 为基准电压，以及在 ATmega8 上以 2.56V 为基准电压（Arduino Mega 无此选项）
INTERNAL1V1：以 1.1V 为基准电压（此选项仅针对 Arduino Mega）
INTERNAL2V56：以 2.56V 为基准电压（此选项仅针对 Arduino Mega）
EXTERNAL：以 AREF 引脚（0 至 5V）的电压作为基准电压。
参数：type：使用哪种参考类型（DEFAULT，INTERNAL，INTERNAL1V1，INTERNAL2V56，或者 EXTERNAL）。
返回：无
注意事项
改变基准电压后，之前从 analogRead()读取的数据可能不准确。不要在 AREF 引脚上使用任何小于 0V 或超过 5V 的外部电压。如果你使用 AREF 引脚上的电压作为基准电压，你在调用 analogRead()前必须设置参考类型为 EXTERNAL。否则，你将会削短有效的基准电压（内部产生）和 AREF 引脚，这可能会损坏您 Arduino 板上的单片机。
另外，您可以在外部基准电压和 AREF 引脚之间连接一个 5K 电阻，使你可以在外部和内部基准电压之间切换。请注意，总阻值将会发生改变，因为 AREF 引脚内部有一个 32K 电阻。这两个电阻都有分压作用。所以，例如，如果输入 2.5V 的电压，最终在 AREF 引脚上的电压将为 2.5 * 32/（32+5）=2.2V。

16.2 analogRead()
16.3 analogWrite() PWM

三、高级 I/O

17.1 tone()

在一个引脚上产生一个特定频率的方波（50%占空比）。持续时间可以设定，否则波形会一直产生直到调用 noTone()函数。该引脚可以连接压电蜂鸣器或其他喇叭播放声音。

在同一时刻只能产生一个声音。如果一个引脚已经在播放音乐，那调用 tone()将不会有任何效果。如果音乐在同一个引脚上播放，它会自动调整频率。

使用 tone()函数会与 3 脚和 11 脚的 PWM 产生干扰（Mega 板除外）。

注意：如果你要在多个引脚上产生不同的音调，你要在对下一个引脚使用 tone()函数前对此引脚调用 noTone()函数。

语法：

tone(pin, frequency)

tone(pin, frequency, duration)

参数：pin：要产生声音的引脚；frequency：产生声音的频率，单位 Hz，类型 unsigned int；duration：声音持续的时间，单位毫秒（可选），类型 unsigned long

17.2 noTone()

停止由 tone()产生的方波。如果没有使用 tone()将不会有效果。

如果你想在多个引脚上产生不同的声音，你要在对下个引脚使用 tone()前对刚才的引脚调用 noTone()。

语法：noTone(pin)

参数：pin：所要停止产生声音的引脚

17.3 shiftOut()

将一个数据的一个字节一位一位的移出。从最高有效位（最左边）或最低有效位（最右边）开始。依次向数据脚写入每一位，之后时钟脚被拉高或拉低，指示刚才的数据有效。如果你所连接的设备时钟类型为上升沿，你要确定在调用 shiftOut()前时钟脚为低电平，如调用 digitalWrite(clockPin, LOW)。

注意：这是一个软件实现；Arduino 提供了一个硬件实现的 SPI 库，它速度更快但只在特定脚有效。

语法：shiftOut(dataPin, clockPin, bitOrder, value)

参数：dataPin：输出每一位数据的引脚（int）；clockPin：时钟脚，当 dataPin 有值时此引脚电平变化（int）；bitOrder：输出位的顺序，最高位优先或最低位优先；value：要移位输出的数据（byte）

返回：无

注意：dataPin 和 clockPin 要用 pinMode()配置为输出。shiftOut 目前只能输出 1 个字节（8位），所以如果输出值大于 255 需要分两步。

```
//最高有效位优先串行输出
int 数据= 500;
//移位输出高字节
shiftOut(dataPin, clock, MSBFIRST, (data >> 8));
//移位输出低字节
shiftOut(data, clock, MSBFIRST, data);
```

```
//最低有效位优先串行输出
data = 500;
//移位输出低字节
shiftOut(dataPin, clock, LSBFIRST, data);
//移位输出高字节
shiftOut(dataPin, clock, LSBFIRST, (data >> 8));
```
例子
相应电路，查看tutorial on controlling a 74HC595 shift register

```
// ************************************************** ************** //
// Name      : shiftOut 代码, Hello World                             //
// Author    : Carlyn Maw,Tom Igoe                                    //
// Date      : 25 Oct, 2006                                           //
// 版本：1.0                                                          //
// 注释：使用74HC595移位寄存器从0到255计数                            //
//
// ************************************************** ****************

//引脚连接到74HC595的ST_CP
int latchPin = 8;
//引脚连接到74HC595的SH_CP
int clockPin = 12;
// //引脚连接到74HC595的DS
int dataPin = 11;
 void setup() {
//设置引脚为输出
  pinMode(latchPin, OUTPUT);
  pinMode(clockPin, OUTPUT);
  pinMode(dataPin, OUTPUT);
}
 void loop() {
 //向上计数程序
   (J = 0; J <256; J + +) {
     //传输数据的时候将latchPin拉低
digitalWrite(latchpin, LOW);
      shiftOut的 (dataPin, clockPin, LSBFIRST, J);
    //之后将latchPin拉高以告诉芯片
      //它不需要再接受信息了
digitalWrite(latchpin, HIGH);
    delay(1000);
 }
}
```

17.4 shiftIn()

将一个数据的一个字节一位一位的移入。从最高有效位（最左边）或最低有效位（最右边）开始。对于每个位，先拉高时钟电平，再从数据传输线中读取一位，再将时钟线拉低。

注意：这是一个软件实现；Arduino提供了一个硬件实现的SPI库，它速度更快但只在特定脚有效。

语法：shiftIn（dataPin，clockPin，bitOrder）

参数：dataPin：输出每一位数据的引脚(int)；clockPin：时钟脚，当 dataPin 有值时此引脚电平变化(int)；bitOrder：输出位的顺序，最高位优先或最低位优先。

17.5 pulseIn()

读取一个引脚的脉冲（HIGH 或 LOW）。例如，如果 value 是 HIGH，pulseIn()会等待引脚变为 HIGH，开始计时，再等待引脚变为 LOW 并停止计时。返回脉冲的长度，单位微秒。如果在指定的时间内无脉冲函数返回。

此函数的计时功能由经验决定，长时间的脉冲计时可能会出错。计时范围从 10 微秒至 3 分钟。（1s=1000 毫秒=1000000 微秒）

语法

pulseIn(pin, value)

pulseIn(pin, value, timeout)

参数：pin：你要进行脉冲计时的引脚号（int）。

value：要读取的脉冲类型，HIGH 或 LOW（int）。

timeout (可选)：指定脉冲计数的等待时间，单位为微秒，默认值是 1s（unsigned long）

返回：脉冲长度（微秒），如果等待超时返回 0（unsigned long）。

例子

```
int pin = 7;
unsigned long duration;
 void setup()
{
  pinMode(pin, INPUT);
}
 void loop()
{
duration = pulseIn(pin, HIGH);;
}
```

四、时间

18.1 millis()

返回 Arduino 开发板从运行当前程序开始的毫秒数。这个数字将在约 50 天后溢出（归零）。

参数：无

返回：返回从运行当前程序开始的毫秒数（无符号长整数）。

例子

```
unsigned long time;

void setup(){
    Serial.begin(9600);
}
void loop(){
serial.print("Time:");
```

```
time = millis();
//打印从程序开始到现在的时间
serial.println(time);
//等待一秒钟,以免发送大量的数据
    delay(1000);
}
```

注意:参数 millis 是一个无符号长整数,试图和其他数据类型(如整型数)做数学运算可能会产生错误。

当中断函数发生时,millis()的数值将不会继续变化。

18.2 micros()

返回 Arduino 开发板从运行当前程序开始的微秒数。这个数字将在约 70 分钟后溢出(归零)。在 16MHz 的 Arduino 开发板上(比如 Duemilanove 和 Nano),这个函数的分辨率为四微秒(即返回值总是四的倍数)。在 8MHz 的 Arduino 开发板上(比如 LilyPad),这个函数的分辨率为八微秒。注意:每毫秒是 1,000 微秒,每秒是 1,000,000 微秒。

参数:无

返回:返回从运行当前程序开始的微秒数(无符号长整数)。

例子

```
unsigned long time;

void setup(){
    Serial.begin(9600);
}
void loop(){
Serial.print("Time:");
time = micros();
//打印从程序开始的时间
Serial.println(time);
//等待一秒钟,以免发送大量的数据
    delay(1000);
}
```

18.3 delay()

使程序暂定设定的时间(单位毫秒)。(一秒等于 1000 毫秒)

语法:delay(ms)

参数:ms:暂停的毫秒数(unsigned long)

返回:无

例子

```
ledPin = 13 //  LED连接到数字13脚
 void setup()
{
  pinMode(ledPin, OUTPUT);       // 设置引脚为输出
}
 void loop()
```

```
{
 digitalWrite(ledPin, HIGH);    // 点亮 LED
 delay(1000);                   // 等待 1s
 digitalWrite(ledPin, LOW);     // 灭掉 LED
 delay(1000);                   // 等待一秒
}
```

注意：虽然创建一个使用 delay()的闪烁 LED 灯很简单，并且许多例子将很短的 delay 用于消除开关抖动，delay()确实拥有很多显著的缺点。在 delay 函数使用的过程中，读取传感器值、计算、引脚操作均无法执行，因此，它所带来的后果就是使其他大多数活动暂停。其他操作定时的方法请参加 millis()函数和它下面的例子。大多数熟练的程序员通常避免超过 10 毫秒的 delay()，除非 arduino 程序非常简单。

但某些操作在 delay()执行时仍然能够运行，因为 delay 函数不会使中断失效。通信端口 RX 接收到得数据会被记录，PWM(analogWrite)值和引脚状态会保持，中断也会按设定的执行。

18.4 delayMicroseconds()

使程序暂停指定的一段时间（单位：微秒）。一秒等于 1000000 微秒。目前，能够产生的最大的延时准确值是 16383。这可能会在未来的 Arduino 版本中改变。对于超过几千微秒的延迟，你应该使用 delay()代替。

语法：delayMicroseconds(us)

参数：us：暂停的时间，单位微秒（unsigned int）。

返回：无

例子

```
int outPin = 8;                 // digital pin 8

void setup()
{
pinMode(outPin, OUTPUT);   //设置为输出的数字管脚
}

void loop()
{
digitalWrite(outPin, HIGH);    //设置引脚高电平
 delayMicroseconds(50);        // 暂停 50 微秒
 digitalWrite(outPin, LOW);    // 设置引脚低电平
 delayMicroseconds(50);        // 暂停 50 微秒
}
```

将 8 号引脚配置为输出脚。它会发出一系列周期 100 微秒的方波。

注意事项和已知问题

此函数在 3 微秒以上工作的非常准确。我们不能保证，delayMicroseconds 在更小的时间内延时准确。

Arduino0018 版本后，delayMicroseconds()不再会使中断失效。

五、数学运算

19.1 min()

min(x, y)：计算两个数字中的最小值。

参数：X：第一个数字，任何数据类型；Y：第二个数字，任何数据类型

返回：两个数字中的较小者。

举例

sensVal = min(sensVal，100); //将 sensVal 或 100 中较小者赋值给 sensVal

//确保它永远不会大于 100。

注释

直观的比较，max()方法常被用来约束变量的下限，而 min()常被用来约束变量的上限。由于 min()函数的实现方式，应避免在括号内出现其他函数，这将导致不正确的结果。

min(a++, 100); //避免这种情况—会产生不正确的结果

a++;

min(a, 100); //使用这种形式替代—将其他数学运算放在函数之外

19.2 max()

max(x,y)：计算两个数的最大值。

参数：X：第一个数字，任何数据类型

Y：第二个数字，任何数据类型

返回：两个参数中较大的一个。

例子

sensVal = max(senVal, 20); // 将 20 或更大值赋给 sensVal

// （有效保障它的值至少为 20）

注意

和直观相反，max()通常用来约束变量最小值，而 min()通常用来约束变量的最大值。由于 max()函数的实现方法，要避免在括号内嵌套其他函数，这可能会导致不正确的结果。

```
max(a--, 0);      //避免此用法，这会导致不正确结果
a--;              // 用此方法代替
max(a, 0);        // 将其他计算放在函数外
```

19.3 ABC()

ABS（X）：计算一个数的绝对值。

由于实现 ABS()函数的方法，避免在括号内使用任何函数（括号内只能是数字），否则将导致不正确的结果。

```
ABS（a++）;     //避免这种情况，否则它将产生不正确的结果
a ++;           //使用这段代码代替上述的错误代码
ABS（a）;       //保证其他函数放在括号的外部
```

19.4 constrain()

constrain()：将一个数约束在一个范围内。

参数：x：要被约束的数字，所有的数据类型适用。

a：该范围的最小值，所有的数据类型适用。
b：该范围的最大值，所有的数据类型适用。
返回值：
x：如果 x 是介于 a 和 b 之间
a：如果 x 小于 a
b：如果 x 大于 b
例子：

```
sensVal = constrain(sensVal, 10, 150);
//传感器返回值的范围限制在 10 到 150 之间
```

19.5 map()

map(value, fromLow, fromHigh, toLow, toHigh)

将一个数从一个范围映射到另外一个范围。也就是说，会将 fromLow 到 fromHigh 之间的值映射到 toLow 在 toHigh 之间的值。

不限制值的范围，因为范围外的值有时是刻意的和有用的。如果需要限制的范围，constrain() 函数可以用于此函数之前或之后。

注意，两个范围中的"下限"可以比"上限"更大或者更小，因此 map() 函数可以用来翻转数值的范围，例如：

y = map(x, 1, 50, 50, 1);

这个函数同样可以处理负数，请看下面这个例子：

y = map(x, 1, 50, 50, −100);

是有效的并且可以很好地运行。

map() 函数使用整型数进行运算因此不会产生分数，这时运算应该表明它需要这样做。小数的余数部分会被舍去，不会四舍五入或者平均。

参数
value：需要映射的值。
fromLow：当前范围值的下限。
fromHigh：当前范围值的上限。
toLow：目标范围值的下限。
toHigh：目标范围值的上限。
返回值：被映射的值。
例子

```
/*映射一个模拟值到 8 位（0 到 255）*/
void setup(){}

void loop()
{
int val = analogRead(0);
val = map(val, 0, 1023, 0, 255);
analogWrite(9, val);
}
```

19.6 pow()

pow(base, exponent)：计算一个数的幂次方。Pow()可以用来计算一个数的分数幂。这用来产生指数幂的数或曲线非常方便。

参数：base：底数（float）；exponent：幂（float）

返回：一个数的幂次方值（double）

例子

详情见库代码中的 fscale 函数。

19.7 sqrt()

19.8 ceil()

19.9 exp()

19.10 fabs()

19.11 floor()

19.12 fma()

19.13 fmax()

19.14 fmin()

19.15 fmod()

19.16 ldexp()

19.17 log()

19.18 log10()

19.19 round()

19.20 signbit()

19.21 sq()

19.22 square()

19.23 trunc()

六、三角函数

20.1 sin()

20.2 cos()

20.3 tan()

20.4 acos()

20.5 asin()

20.6 atan()

20.7 atan2()

20.8 cosh()

20.9 degrees()

20.10 hypot()

20.11 radians()

20.12 sinh()

20.13 tanh()

七、随机数

21.1 randomSeed()

randomSeed(seed)：使用 randomSeed() 初始化伪随机数生成器，使生成器在随机序列中的任意点开始。这个序列，虽然很长，并且是随机的，但始终是同一序列。

如需要在一个 random() 序列上生成真正意义的随机数，在执行其子序列时使用 randomSeed() 函数预设一个绝对的随机输入，例如在一个断开引脚上的 analogRead() 函数的返回值。

反之，有些时候伪随机数的精确重复也是有用的。这可以在一个随机系列开始前，通过调用一个使用固定数值的 randomSeed() 函数来完成。

参数：long, int－通过数字生成种子。

返回：没有返回值

例子

```
long randNumber;
void setup(){
  Serial.begin(9600);
  randomSeed(analogRead(0));
}

void loop(){
  randNumber = random(300);
  Serial.println(randNumber);

  delay(50);
}
```

21.2 random()：使用 random() 函数将生成伪随机数。

语法：random(max)

random(min, max)

参数：min - 随机数的最小值，随机数将包含此值。（此参数可选）

max - 随机数的最大值，随机数不包含此值。

返回：min 和 max-1 之间的随机数（数据类型为 long）

注意

如需要在一个 random() 序列上生成真正意义的随机数，在执行其子序列时使用 randomSeed() 函数预设一个绝对的随机输入，例如，在一个断开引脚上的 analogRead() 函数的返回值。

反之，有些时候伪随机数的精确重复也是有用的。这可以在一个随机系列开始前，通过调用一个使用固定数值的 randomSeed() 函数来完成。

例子

```
long randNumber;
```

```
void setup(){
  Serial.begin(9600);

//如果模拟输入引脚 0 为断开，随机的模拟噪声
//将会调用 randomSeed()函数在每次代码运行时生成
//不同的种子数值。
//randomSeed()将随机打乱 random 函数。
  randomSeed(analogRead(0));
}
void loop() {
//打印一个 0 到 299 之间的随机数
  randNumber = random(300);
  Serial.println(randNumber);

//打印一个 10 到 19 之间的随机数
  randNumber = random(10, 20);
  Serial.println(randNumber);

  delay(50);
}
```

八、位操作

22.1 lowByte()：提取一个变量（例如一个字）的低位（最右边）字节。

语法：lowByte(x)

参数：x：任何类型的值

返回：字节

22.2 highByte()：提取一个字节的高位（最左边的），或一个更长的字节的第二低位。

语法：highByte(x)

参数：x：任何类型的值

返回：byte

22.3 bitRead()：读取一个数的位。

语法：bitRead(x, n)

参数：x：想要被读取的数 N：被读取的位，0 是最低有效位（最右边）

返回：该位的值（0 或 1）。

22.4 bitWrite()：在位上写入数字变量。

语法：bitWrite(x, n, b)

参数：x：要写入的数值变量

N：要写入的数值变量的位，从 0 开始是最低（最右边）的位

B：写入位的数值（0 或 1）

返回：无

22.5 bitSet()：为一个数字变量设置一个位。

语句：bitSet(x, n)
语法：x：想要设置的数字变量
N：想要设置的位，0是最重要（最右边）的位
返回：无

22.6 bitClear()：清除一个数值型数值的指定位（将此位设置成0）
语法：bitClear(x, n)
参数：x：指定要清除位的数值 N：指定要清除位的位置，从0开始，0表示最右端位
返回值：无

22.7 bit()：计算指定位的值（0位是1，1位是2，2位4，以此类推）。
语法：bit(n)
参数：n：需要计算的位
返回值：位值

九、设置中断函数

23.1 attachInterrupt()
attachInterrupt(interrupt, function, mode)
当发生外部中断时，调用一个指定函数。当中断发生时，该函数会取代正在执行的程序。大多数的Arduino板有两个外部中断：0（数字引脚2）和1（数字引脚3）。
arduino Mege有四个外部中断：数字2（引脚21），3（20针），4（引脚19），5（引脚18）。
语法：interrupt：中断引脚数
function：中断发生时调用的函数，此函数必须不带参数和不返回任何值。该函数有时被称为中断服务程序。
mode：定义何时发生中断以下四个contstants预定有效值。
LOW 当引脚为低电平时，触发中断。
CHANGE 当引脚电平发生改变时，触发中断。
RISING 当引脚由低电平变为高电平时，触发中断。
FALLING 当引脚由高电平变为低电平时，触发中断。
返回：无
注意事项
当中断函数发生时，delay()和millis()的数值将不会继续变化。当中断发生时，串口收到的数据可能会丢失。你应该声明一个变量来在未发生中断时储存变量。
使用中断
在单片机自动化程序中，当突发事件发生时，中断是非常有用的，它可以帮助解决时序问题。一个使用中断的任务可能会读一个旋转编码器，监视用户的输入。
如果你想以确保程序始终抓住一个旋转编码器的脉冲，从来不缺少一个脉冲，它将使写一个程序做任何事情都要非常棘手，因为该计划将需要不断轮询的传感器线编码器，为了赶上脉冲发生时。其他传感器也是如此，如试图读取一个声音传感器正试图赶上一按，或红外线槽传感器（照片灭弧室），试图抓住一个硬币下降。在所有这些情况下，使用一个中断可以

释放的微控制器来完成其他一些工作。

程序示例

```
int pin = 13;
volatile int state = LOW;

void setup()
{
  pinMode(pin, OUTPUT);
  attachInterrupt(0, blink, CHANGE);
}

void loop()
{
  digitalWrite(pin, state);
}

void blink()
{
  state = !state;
}
```

23.2 detachInterrupt()

detachInterrupt(interrupt)：关闭给定的中断。

参数：interrupt: 中断禁用的数（0 或者 1）。

十、开关中断

24.1 interrupts()（中断）

重新启用中断（使用 noInterrupts()命令后将被禁用）。中断允许一些重要任务在后台运行，默认状态是启用的。禁用中断后一些函数可能无法工作，并传入信息可能会被忽略。中断会稍微打乱代码的时间，但是在关键部分可以禁用中断。

参数：无

返回：无

例子

```
void setup() {
}

void loop()
{
  noInterrupts();
  //重要、时间敏感的代码
  interrupts();
  //其他代码写在这里
}
```

24.2 noInterrupts()（禁止中断）

禁止中断（重新使能中断 interrupts()）。中断允许在后台运行一些重要任务，默认使能中断。禁止中断时部分函数会无法工作，通信中接收到的信息也可能会丢失。中断会稍影响计时代码，在某些特定的代码中也会失效。

参数：无

返回：无

例子

```
void setup()

void loop()
{
noInterrupts();
//关键的、时间敏感的代码放在这
  interrupts();
//其他代码放在这
}
```

十一、通讯

25.1 Serial

用于 Arduino 控制板和一台计算机或其他设备之间的通信。所有的 Arduino 控制板有至少一个串口（又称作为 UART 或 USART）。它通过 0（RX）和 1（TX）数字引脚经过串口转换芯片连接计算机 USB 端口与计算机进行通信。因此，如果你使用这些功能的同时你不能使用引脚 0 和 1 作为输入或输出。

您可以使用 Arduino IDE 内置的串口监视器与 Arduino 板通信。单击工具栏上的串口监视器按钮，调用 begin()函数（选择相同的波特率）。

Arduino Mega 有三个额外的串口：Serial1 使用 19（RX）和 18（TX），Serial2 使用 17（RX）和 16（TX），Serial3 使用 15（RX）和 14（TX）。若要使用这三个引脚与您的个人电脑通信，你需要一个额外的 USB 转串口适配器，因为这三个引脚没有连接到 Mega 上的 USB 转串口适配器。若要用它们来与外部的 TTL 串口设备进行通信，将 TX 引脚连接到您的设备的 RX 引脚，将 RX 引脚连接到您的设备的 TX 引脚，将 GND 连接到您的设备的 GND。（不要直接将这些引脚直接连接到 RS232 串口;他们的工作电压在+/-12V，可能会损坏您的 Arduino 控制板。）

Arduino Leonardo 板使用 Serial1 通过 0（RX）和 1（TX）与 viaRS-232 通信。Serial 预留给使用 Mouse and Keyboard libarariies 的 USB CDC 通信。更多信息，请参考 Leonardo 开始使用页和硬件页。

表示指定的串口是否准备好。

在 Leonardo 上，if（Serial）表示不论有无 USB CDC，串行连接都是开放的。对于所有其他的情况，包括 Leonardo 上的 if（Serial1），将一直返回 true。这来自于 Arduino 1.0.1 版本的介绍。

语法

对于所有的 arduino 板：

if (Serial)

Arduino Leonardo 特有：

if (Serial1)

Arduino Mega 特有：

if (Serial1)

if (Serial2)

if (Serial3)

参数：无

返回：布尔值，如果指定的串行端口是可用的，则返回 true。如果查询 Leonardo 的 USB CDC 串行连接之前，它是准备好的，将只返回 false。

例子

```
void setup() {
//初始化串口和等待端口打开：
  Serial.begin(9600);
  while (!Serial) {
//等待串口连接。只有 Leonardo 需要。
  }
}

void loop() {
  //正常进行
}
```

25.1.2 Serial.available()

获取从串口读取有效的字节数（字符）。这是已经传输到，并存储在串行接收缓冲区（能够存储 64 个字节）的数据。available()继承了 Stream 类。

语法：Serial.available()仅适用于 Arduino Mega。

Serial1.available()

Serial2.available()

Serial3.available()

参数：无

返回：可读取的字节数

例子

```
incomingByte = 0; //传入的串行数据
 void setup() {
  Serial.begin(9600);       // 打开串行端口，设置传输波特率为 9600 bps
}

void loop() {

  //只有当你接收到数据时才会发送数据,：
```

```
if (Serial.available() > 0) {
  //读取传入的字节:
  incomingByte = Serial.read();

  //显示你得到的数据:
  Serial.print("I received: ");
  Serial.println(incomingByte, DEC);
}
}
```

Arduino Mega 的例子:

```
void setup() {
  Serial.begin(9600);
  Serial1.begin(9600);

}

void loop() {
  //读取端口0,发送到端口1:
  if (Serial.available()) {
    int inByte = Serial.read();
    Serial1.print(inByte, BYTE);

  }
  //读端口1,发送到端口0:
  if (Serial1.available()) {
    int inByte = Serial1.read();
    Serial.print(inByte, BYTE);
  }
}
```

25.1.3 Serial.begin()

将串行数据传输速率设置为位/s(波特)。与计算机进行通信时,可以使用这些波特率:300,1200,2400,4800,9600,14400,19200,28800,38400,57600 或 115200。当然,您也可以指定其他波特率－例如,引脚 0 和 1 和一个元件进行通信,它需要一个特定的波特率。

语法:Serial.begin(speed)仅适用于 Arduino Mega:Serial1.begin(speed) Serial2.begin(speed) Serial3.begin(speed)

参数:speed:位/s(波特)－long

返回:无

例子

```
void setup() {
    Serial.begin(9600); // 打开串口,设置数据传输速率为 9600bps
}

void loop() {
```

Arduino Mega 的例子：

```
// Arduino Mega 可以使用四个串口
// (Serial, Serial1, Serial2, Serial3),
// 从而设置四个不同的波特率：

void setup(){
  Serial.begin(9600);
  Serial1.begin(38400);
  Serial2.begin(19200);
  Serial3.begin(4800);

  Serial.println("Hello Computer");
  Serial1.println("Hello Serial 1");
  Serial2.println("Hello Serial 2");
  Serial3.println("Hello Serial 3");
}

void loop() {}
```

25.1.4 Serial.end()

停用串行通信，使 RX 和 TX 引脚用于一般输入和输出。要重新使用串行通信，需要 Serial.begin()语句。

语法：Serial.end()

仅适用于 Arduino Mega: Serial1.end() Serial2.end() Serial3.end()

参数：无

返回：无

25.1.5 Serial.find()

Serial.find()从串行缓冲器中读取数据，直到发现给定长度的目标字符串。如果找到目标字符串，该函数返回 true，如果超时则返回 false。Serial.flush() 继承了 Stream 类。

语法：Serial.find(target)

参数：target：要搜索的字符串（字符）

返回：布尔型

25.1.6 Serial.findUntil()

Serial.findUntil()从串行缓冲区读取数据，直到找到一个给定的长度或字符串终止位。如果目标字符串被发现，该函数返回 true，如果超时则返回 false。

Serial.findUntil()继承了 Stream 类。

语法：Serial.findUntil(target, terminal)

参数：target：要搜索的字符串(char) terminal：在搜索中的字符串终止位 (char)

返回：布尔型

25.1.7 Serial.flush()

等待超出的串行数据完成传输。（在 1.0 及以上的版本中，flush()语句的功能不再是丢弃所有进入缓存器的串行数据。）flush()继承了 Stream 类。

语法：Serial.flush()仅 Arduino Mega 可以使用的语法。
Serial1.flush()
Serial2.flush()
Serial3.flush()
参数：无
返回：无

25.1.8 Serial.parseFloat()

Serial.parseFloat()命令从串口缓冲区返回第一个有效的浮点数. Characters that are not digits (or the minus sign) are skipped. parseFloat() is terminated by the first character that is not a floating point number.

Serial.parseFloat()继承了 Stream 类。
语法：Serial.parseFloat()
参数：无
返回：float

25.1.9 Serial.parseInt()

查找传入的串行数据流中的下一个有效的整数。parseInt()继承了 Stream 类。
语法：Serial.parseInt()
下面三个命令仅适用于 Arduino Mega：
Serial1.parseInt()
Serial2.parseInt()
Serial3.parseInt()
参数：无
返回：int：下一个有效的整数

25.1.10 Serial.peek()

返回传入的串行数据的下一个字节（字符），而不是进入内部串行缓冲器调取。也就是说，连续调用 peek()将返回相同的字符，与调用 read()方法相同。peek()继承自 Stream 类。
语法：Serial.peek()
仅适用于 Arduino Mega：
Serial1.peek()
Serial2.peek()
Serial3.peek()
参数：无
返回：传入的串行数据的第一个字节（或-1，如果没有可用的数据的话）- int

25.1.11 Serial.print()

以人们可读的 ASCII 文本形式打印数据到串口输出。此命令可以采取多种形式。每个数字的打印输出使用的是 ASCII 字符。浮点型同样打印输出的是 ASCII 字符，保留到小数点后两位。Bytes 型则打印输出单个字符。字符和字符串原样打印输出。Serial.print()打印输出数据不换行，Serial.println()打印输出数据自动换行处理。例如，

Serial.print(78)输出为"78"

Serial.print(1.23456)输出为"1.23"
Serial.print("N")输出为"N"
Serial.print("Hello world.")输出为"Hello world."

也可以自己定义输出为几进制（格式）；可以是 BIN（二进制，或以 2 为基数），OCT（八进制，或以 8 为基数），DEC（十进制，或以 10 为基数），HEX（十六进制，或以 16 为基数）。对于浮点型数字，可以指定输出的小数数位。例如，

Serial.print(78,BIN)输出为"1001110"
Serial.print(78,OCT)输出为"116"
Serial.print(78,DEC)输出为"78"
Serial.print(78,HEX)输出为"4E"
Serial.println(1.23456,0)输出为"1"
Serial.println(1.23456,2)输出为"1.23"
Serial.println(1.23456,4)输出为"1.2346"

你可以通过基于闪存的字符串来进行打印输出，将数据放入 F()中，再放入 Serial.print()。例如 Serial.print（F("Hello world")）若要发送一个字节，则使用 Serial.write()。

语法：Serial.print(val)
Serial.print(val，格式)
参数：val：打印输出的值－任何数据类型
格式：指定进制（整数数据类型）或小数位数（浮点类型）
返回：字节 print()将返回写入的字节数，但是否使用（或读出）这个数字是可设定的
例子

```
/ *
使用 for 循环打印一个数字的各种格式。
* /
int x = 0;       // 定义一个变量并赋值

void setup() {
  Serial.begin(9600);        // 打开串口传输，并设置波特率为 9600
}

void loop() {
  / /打印标签
  Serial.print("NO FORMAT");        // 打印一个标签
  Serial.print("\t");               // 打印一个转义字符
  Serial.print("DEC");
  Serial.print("\t");
  Serial.print("HEX");
  Serial.print("\t");
  Serial.print("OCT");
  Serial.print("\t");
  Serial.print("BIN");
  Serial.print("\t");
  for(x=0; x< 64; x++){      // 打印 ASCII 码表的一部分，修改它的格式得到需要的内容
    / /打印多种格式：
```

```
    Serial.print(x);         // 以十进制格式将 x 打印输出 - 与 "DEC"相同
  Serial.print("\t");        // 横向跳格
   Serial.print(x, DEC);     // 以十进制格式将 x 打印输出
  Serial.print("\t");        // 横向跳格
   Serial.print(x, HEX);     // 以十六进制格式打印输出
  Serial.print("\t");        // 横向跳格
   Serial.print(x, OCT);     // 以八进制格式打印输出
  Serial.print("\t");        // 横向跳格
   Serial.println(x, BIN);   // 以二进制格式打印输出
                        //然后用 "println"打印一个回车
   delay(200);              // 延时 200ms
  }
  Serial.println("");        // 打印一个空字符，并自动换行
}
```

编程技巧作为 1.0 版本，串行传输是异步的；Serial.print()将返回之前接收到的任何字符。

25.1.12 Serial.println()

打印数据到串行端口，输出人们可识别的 ASCII 码文本并回车（ASCII 13, 或 '\r'）及换行（ASCII 10, 或 '\n'）。此命令采用的形式与 Serial.print ()相同。

语法：Serial.println(val)

Serial.println(val, format)

参数：val：打印的内容－任何数据类型都可以

format：指定基数（整数数据类型）或小数位数（浮点类型）

返回：字节（byte）

println()将返回写入的字节数，但可以选择是否使用它。

例子

```
/*
模拟输入信号
读取模拟口 0 的模拟输入，打印输出读取的值。
由 Tom Igoe 创建于 2006 年 3 月 24 日
*/
int analogValue = 0;    // 定义一个变量来保存模拟值

void setup() {
//设置串口波特率为 9600 bps:
  Serial.begin(9600);
}

void loop() {
  analogValue = analogRead(0);   //读取引脚 0 的模拟输入:

  //打印 g 各种格式:
  Serial.println(analogValue);          //打印 ASCII 编码的十进制
  Serial.println(analogValue, DEC);     //打印 ASCII 编码的十进制
  Serial.println(analogValue, HEX);     //打印 ASCII 编码的十六进制
  Serial.println(analogValue, OCT);     //打印 ASCII 编码的八进制
  Serial.println(analogValue, BIN);     //打印一个 ASCII 编码的二进制
```

```
    delay(10);                    // 延时 10 毫秒
}
```

25.1.13 Serial.read()

Serial.read()读取传入的串口的数据。read()继承自 Stream 类。

语法：serial.read()

Arduino Mega 独有：

serial1.read()

serial2.read()

serial3.read()

参数：无

返回：传入的串口数据的第一个字节（或-1，如果没有可用的数据）－int

例子

```
int incomingByte = 0;      // 传入的串行数据
void setup() {
  Serial.begin(9600);       // 打开串口，设置数据传输速率 9600
}

void loop() {

  // 当你接收数据时发送数据
  if (Serial.available() > 0) {
    // 读取传入的数据：
    incomingByte = Serial.read();

    //打印你得到的:
    Serial.print("I received: ");
    Serial.println(incomingByte, DEC);
  }
}
```

25.1.14 Serial.readBytes()

Serial.readBytes()从串口读字符到一个缓冲区。如果预设的长度读取完毕或者时间到了（参见 Serial.setTimeout()），函数将终止。Serial.readBytes()返回放置在缓冲区的字符数。返回 0 意味着没有发现有效的数据。Serial.readBytes()继承自 Stream 类。

语法：Serial.readBytes(buffer, length)

参数：buffer：用来存储字节（char[]或 byte[]）的缓冲区

length：读取的字节数（int）

返回：byte

25.1.15 Serial.readBytesUntil()

Serial.readBytesUntil()将字符从串行缓冲区读取到一个数组。如果检测到终止字符，或预设的读取长度读取完毕，或者时间到了（参见 Serial.setTimeout()）函数将终止。Serial.readBytesUntil()返回读入数组的字符数。返回 0 意味着没有发现有效的数据。Serial.readBytesUntil()继承自

Stream 类。

语法：Serial.readBytesUntil(character, buffer, length)

参数：character：要搜索的字符（char）

buffer：缓冲区来存储字节（char[]或 byte[]）

length:读的字节数（int）

返回：byte

25.1.16 Serial.setTimeout()

Serial.setTimeout()设置使用 Serial.readBytesUntil() 或 Serial.readBytes()时等待串口数据的最大毫秒值，默认为 1000 毫秒。Serial.setTimeout()继承自 Stream 类。

语法：Serial.setTimeout(time)

参数：time：以毫秒为单位的超时时间（long）。

返回：无

25.1.17 Serial.write()

写入二级制数据到串口。发送的数据以一个字节或者一系列的字节为单位。如果写入的数字为字符，需使用 print()命令进行代替。

语法

Serial.write(val)

Serial.write(str)

Serial.write(buf, len)

Arduino Mega 还支持：Serial1，Serial2，Serial3（替代 Serial）

参数：val：以单个字节形式发的值，str：以一串字节的形式发送的字符串；buf：以一串字节的形式发送的数组；len：数组的长度。

返回：byte；write()将返回写入的字节数，但是否使用这个数字是可选的。

例子

```
void setup(){
  Serial.begin(9600);
}

void loop(){
  Serial.write(45); // 发送一个值为 45 的字节
  int bytesSent = Serial.write("hello"); //发送字符串"hello"，返回该字符串的长度.
}
```

25.1.18 Serial.SerialEvent()

25.2 Stream

十二、USB（仅适用于 Leonardo 和 Due）

26.1 Mouse（键盘）

26.2 Keyboard（鼠标）

参考文献

[1] 晶辉科技(深圳)有限公司. 温度控制阀及蒸箱：201110027998.0[P]. 2011-05-04. http://www.soopat.com/Patent/201110027998?lx=FMSQ

[2] 湖北省安防科技研究中心. 一种火焰控制灭火装置：201620179443.6[P]. 2016-08-24. http:// www.soopat.com/Patent/201620179443

[3] 盘锦兴凯隆电子科技有限公司. 一种人体感应指纹门锁：201410565353.6 G07C9/00（2006.01）. 2014-10-22. http://www.soopat.com/Patent/201410565353

[4] 浙江菲达环保科技股份有限公司. 一种脱除烟气中 PM2.5 的装置：201120315559.5[P]. 2012-06-13http://www.soopat.com/Patent/201120315559

[5] 士林电机厂股份有限公司. 一种雨滴感应装置：201320660360.5G01N21/17（2006.01）I2014-05-07http: //www.soopat.com/Patent/201320660360

[6] 东莞虹盛电子科技有限公司. 基于蓝牙技术的风扇控制结构：201520451538.4F04D27/00（2006.01）I2016-01-20http://www.soopat.com/Patent/201520451538

[7] 上海海立特种制冷设备有限公司. 一种集 PC、手机 APP 控制的中央空调控制系统 201410290585.5F24F11/00（2006.01）I2017-02-15http://www.soopat.com/Patent/201410290585

[8] 硕颖数码科技（中国）有限公司的. WIFI 相机：201320641703.3. H04N5/225（2006.01）I2014-04-16 http://www.soopat.com/Patent/201320641703

[9] 江苏桑夏太阳能产业有限公司. 通过网页控制的太阳能集热装置远程监控系统：2010 20183745.3 F24J2/40（2006.01）I 2010-11-24 http://www.soopat.com/Patent/201020183745

[10] 盛玉林. 一种语音控制开关：200910212908.8[p]2011-05-11. http://www.soopat.com/Patent/ 200910212908

[11] 浙江中博智能技术有限公司. 智能安防短信报警器：201220343665.9 G08B25/10（2006.01）I.2013-03-13 http://www.soopat.com/Patent/201220343665

[12] 扬州大学. 基于开源电子原型平台的 PM2.5 检测仪：201620815510.9G01N15/06（2006.01）2017-07-18 http://www.soopat.com/Patent/201620815510

[13] 惠州经济职业技术学院. 一种基于微信控制的智能门锁系统：201620883539.02017-04-12http://www.soopat.com/Patent/201620883539

[14] 深圳市博电电子技术有限公司. 一种遥控器：201620146758.0G08C23/04（2006.01）I2016- 08-24 http://www.soopat.com/Patent/201620146758

[15] 江苏商贸职业学院. 红外识别的自动语音播报装：201620057141.1 G08B3/10（2006.01）I2016-08-31 http://www.soopat.com/Patent/201620057141

[16] 周海，吕衿轲. 花盆自动浇水装置：201410724130.X A01G27/00（2006.01）I[P] 2015-02-25 http://www.soopat.com/Patent/201410724130

[17] 长春远洋特种工业材料有限公司. 一种自动灭火器：201310753494.6 A62C19/00（2006.01）I2017-02-01 http://www.soopat.com/Patent/201310753494?lx=FMSQ

[18] 浙江大学城市学院. 基于 Arduino 控制的音乐喷泉：201320709557.3 B05B17/08（2006.01）I 2014-06-18 http://www.soopat.com/Patent/201320709557

[19] 喜越（上海）商贸有限公司. 一种感温杯：201520905715.1 A47G19/22（2006.01）I 2016-08-31 http://www.soopat.com/Patent/201520905715

[20] 无锡普智联科高新技术有限公司. 一种基于路边停车场的车位地理信息采集及车位检测方法：201310590019.1 G08G1/14（2006.01）I2015-06-10 http://www.soopat.com/Patent/201310 590019?lx=FMSQ

[21] 赵郑金好. 一种 RFID 电子锁：200810083627.2 G09F3/03（2006.01）I 2010-12-29

[22] 天津商业大学. 循迹送餐机器人：201510296464.6 B25J11/00（2006.01）I 2016-08-24 http://www.soopat.com/Patent/201510296464?lx=FMSQ

[23] 宁波吉利汽车研究开发有限公司. 汽车自动驾驶系统：201310280413.5 G01C21/34（2006.01）I 2013-11-06 http://www.soopat.com/Patent/201310280413

[24] 厦门匠客信息科技有限公司一种机械手：201620666285.7 B25J15/02（2006.01）I.2017-02-01 http://www.soopat.com/Patent/201620666285

[25] 歌尔股份有限公司. 垃圾收集机器人：201621492840.5 B65F1/06（2006.01）I 2017-10-31http://www.soopat.com/Patent/201621492840

[26] 河南科强电器科技有限公司. 一种 LED 声控灯：201520641678.8 F21K9/20（2016.01）I 2016-02-10 http://www.soopat.com/Patent/201520641678

[27] 南昌大学. 超声波测距方法：201410161074.3 G01S15/08（2006.01）I 2016-08-24 http://www.soopat.com/Patent/201410161074?lx=FMSQ

[28] 南京林业大学阜阳市金木工艺品有限公司. 木材颜色识别系统：201520739355.2G01N21/25（2006.01）I，2016-03-16，http://www.soopat.com/Patent/201520739355

[29] 赵志. Arduino 开发实践指南[M]. 北京：机械工业出版社，2015.

[18]衡阳达力泵业有限公司. 基于 Arduino 控制的节水泵[P]. 201520709557.3 B05B17/08 (2006.01) J. 2016-06-18 http://www.soopat.com/Patent/201520709557/

[19]孟琦(上海)智能有限公司. 一种智能插座. 201520097154 A27G19/22 (2006.01) J. 2016-08-31 http://www.soopat.com/Patent/201520097515/

[20]无锡科博斯科医药技术有限公司. 一种基于物联网的远程遥控调节的其实际效率智能测试方法. 201310590079.1 G06Q7/14 (2006.01) J. 2015-06-19 http://www.soopat.com/Patent/201310590079?kx=FMSO

[21]苏汉丰发明. 一种ESTD 电子空腰. 200510683627.2 G07F3/00 (2006.01) J. 2010-12-29

[22]合肥工业大学. 苍耳运动监测系统[P]. 201510290464.6 B25J13/00 (2006.01) J. 2016-08-24 http://www.soopat.com/Patent/201510290464?kx=FMSO

[23]宁波市鄞区东吴亚欧汽配有限公司. 大屏幕触屏电视接配[P]. 201310280413.5 G01C21/14 (2006.01) J. 2014-11-06 http://www.soopat.com/Patent/cn/iv/Patent/201310280413

[24]南江江苏帝轨电子有限公司. 一种智能手环[P]. 201520665285.7 B23J15/02 (2006.01) J. 2017-02-01 http://www.soopat.com/Patent/201620665285

[25]宁波新科有限公司. 智能化物联网系统[P]. 201621492840.5 B65B74/06 A (2006.01) J. 2017-10-3 http://www.opat.com/Patent/201621492340/

[26]苏州科园利电器技术有限公司. 一种 LED 灯控制. 201520416785 F21K9/20 (2016.01) J. 2016-02-10 http://www.soopat.com/Patent/201522641475

[27]湖南农业大学. 数字化温湿度仪[P]. 201310161074.5 G01S1/08 (2006.01) J. 2016-08-24 http://www.soopat.com/Patent/201410107472?kx=FMSO

[28]常德市大学市海阳市金水工艺先有限公司. 木材腐色烘板装备. 201520759555 2C01N27/26 (2006.01) J. 2016-03-16. http://www.soopat.com/Patent/201520759555

[29]陈本. Arduino 开发应用导图[M]. 北京: 机械工业出版社, 2015